拥有一个
你说了算的人生

终身成长篇

武志红 / 著

民主与建设出版社
·北京·

© 民主与建设出版社，2022

图书在版编目（CIP）数据

拥有一个你说了算的人生. 终身成长篇 / 武志红著
. —北京：民主与建设出版社，2018.12（2022.1重印）
ISBN 978-7-5139-2365-1

Ⅰ.①拥… Ⅱ.①武… Ⅲ.①心理学—通俗读物
Ⅳ.①B821-49②B84-49

中国版本图书馆CIP数据核字（2018）第270817号

拥有一个你说了算的人生. 终身成长篇
YONGYOU YIGE NI SHUOLESUAN DE RENSHENG. ZHONGSHEN CHENGZHANG PIAN

著　　者	武志红	
责任编辑	程　旭	
出版发行	民主与建设出版社有限责任公司	
电　　话	（010）59417747　59419778	
社　　址	北京市海淀区西三环中路10号望海楼E座7层	
邮　　编	100142	
印　　刷	河北鹏润印刷有限公司	
版　　次	2019年2月第1版	
印　　次	2022年1月第6次印刷	
开　　本	710mm×1000mm　1/16	
印　　张	20.5	
字　　数	350千字	
书　　号	ISBN 978-7-5139-2365-1	
定　　价	58.00元	

注：如有印、装质量问题，请与出版社联系。

目录
CONTENTS

第一章　觉知

觉知，是最大的容器 / 002

觉知的力量 / 003

潜意识概念的提出 / 006

个人历史的潜意识 / 009

自我，也是个容器 / 012

互动：让感觉在你心中开花、结果 / 015

集体历史的潜意识 / 017

集体无意识的提出 / 018

社会无意识 / 020

家族无意识 / 022

保护好"我"这个容器 / 025

互动：集体是如何修剪个人的 / 029

回家过年的怕与爱 / 031

春节为什么要逼婚 / 032

用可控第三者对待应酬 / 035

集体性自我带来的焦虑 / 038

创造属于你的春节 / 039

互动：春节习俗变动的背后 / 042

梦——通往潜意识的捷径 / 044

向梦寻求答案 / 045

自我解梦的方法 / 049

梦与心灵一起成长 / 051

一些常见的梦 / 055

互动：梦可以整理心灵碎片 / 057

自我防御机制 / 060

自我防御机制的定义与介绍 / 061

自我防御机制的连环套 / 064

切割与吸纳 / 067

一些常见的防御机制 / 071

互动：问题越大，防御越简单 / 074

第二章　空间

创造你的空间 / 078

房子的隐喻 / 079

我们都需要一个安全的空间 / 082

让家成为真正的港湾 / 084

修炼掌控力 / 087

互动：你想要一个什么样的房子 / 090

创造你的工作空间 / 094

维护你的权力空间 / 094

做一棵永远成长的苹果树 / 096

个性化、社会化与体系化 / 099

工作空间的无情 / 102

互动：死能量终究导致死亡 / 103

宅 / 106

程序、封闭与控制 / 107

宅，是为了切断敌意 / 110

越封闭，越累 / 113

迟到、早到、拖延与权力 / 115

互动：守住你的节奏 / 119

与原生家庭分离 / 121

心理断乳的谎言 / 122

父性与秩序 / 125

从黏稠到清爽 / 129

听话、叛逆、感恩与背叛 / 132

互动：成年人可以健康共生吗 / 135

第三章　创造

创造，来自臣服 / 140

如何有创造力地写作 / 141

容忍模糊 / 143

爱因斯坦的策略 / 146

最朴素的创新方法 / 148

互动：臣服什么，又冒犯什么 / 150

臣服的动力 / 152

迪士尼的策略 / 153

你在，我才能流动 / 156

内在的批评者 / 158

创造和扩容 / 161

互动：总感觉不到自己怎么办 / 164

提升你的挫折商 / 165

控制与归因 / 166

延伸与耐力 / 169

学习与转化 / 171

给你的自我腾挪出空间 / 174

互动：内聚性自我如何形成 / 176

创造与枯竭 / 179

男人的中年危机 / 180

疾病的隐喻 / 182

职业枯竭 / 185

互动：胃部的隐喻 / 187

第四章　现实

单纯 / 192

越简单，越复杂 / 193

好人逃避了什么 / 196

输在起跑线上 / 199

互动：幼稚、单纯、世故和成熟 / 201

从想象世界到现实世界 / 203

三重世界 / 204

两条道路 / 207

如何迈入复杂 / 210

强与弱、善与恶 / 212

互动：从现实世界到想象世界 / 214

金钱的隐喻 / 216

金钱恐惧症 / 217

金钱恐惧症的核心恐惧 / 220

金钱与嫉羡 / 223

升级你的生命尺度 / 225

互动：从嫉羡到感恩 / 228

从分裂到整合 / 231

偏执、分裂与整合 / 232

你可以好，也可以坏 / 235

你可以执着，也可以放弃 / 237

最终的整合 / 240

互动：偏执分裂位不等于错误 / 243

第五章　自由

自我实现 / 246

自我实现者的人格特征（上）/ 247

自我实现者的人格特征（下）/ 249

怎样回归自主 / 253

高峰体验 / 257

互动：心流与高峰体验 / 260

让情绪流动 / 262

让悲伤流动 / 263

让愤怒流动 / 265

两种愤怒 / 268

让一切情绪流动 / 272

互动：流动是一种什么样的体验 / 275

让欲求流动 / 277

没有麻烦，就没有情感 / 278

你的需求不是罪 / 281

让你的声音流动 / 283

呼吸的隐喻 / 286

互动：罪疚感，是完整人性的一部分 / 288

第六章　无常

自我的生灭 / 292

我，是一个流动的概念 / 293

让一切流经你的心 / 296

活在当下 / 299

头脑的伟大之处 / 301

互动：自我总是会被打破 / 304

生命的意义在于选择 / 306

尼奥的选择 / 307

衔尾蛇——无常的隐喻 / 310

自性化：从生到死的英雄之旅 / 312

身体的隐喻 / 315

互动：不做选择，你连悲剧都不算 / 318

第一章　觉知

觉知，是最大的容器

精神分析学家比昂有一对词语——"容器"与"被容物"。最原始的被容物，是不能被一个人的自我所接受的，他要把它们投射出去。这就需要另一个人作为容器，容纳这个人投射出去的东西。先经由另一个人的容器容纳后，这个人原来不能容忍的东西就变得可以容忍了。

最原始的被容物，比昂把它称为"贝塔元素"，经由容纳，变成阿尔法元素。阿尔法元素再经由容纳，变成梦和梦样思维，再被容纳，变成预想，再被容纳，变成前概念，再被容纳，发展为概念，再被容纳，发展成科学演绎系统，再被容纳则发展成代数公式。

语言文字是一个巨大的容器，绝大多数事物都能用语言文字来讲述。这时，语言文字就起到了容纳作用。

最大的容器是觉知，或许一切事物都能被人类所觉知。所以，觉知本身就成了可以容纳一切的容器。那些原本不被理解的事物，一旦被觉知到，就会发生变化。

什么时候，你觉知到了自己的一些东西，你就会迅速发生转变。

觉知就是光，被觉知之物，就是阴影。分享鲁米的一首诗：

你跑得愈快，

你的影子跟得愈紧。

有时，它还会跑在你的前头呢！

只有日正当中的太阳，

才能让它退减。

但你可知道，你那影子一直都在服侍着你呢！

加害你的，也必保护你。

黑暗就是你的蜡烛。

你的边界，就是你追寻的起点。

——鲁米

觉知的力量

我偶尔会想起这个问题：人，可以按照一些简单的原则生活，而让自己的心灵臻于完美吗？甚至，别说完美，就是健康、幸福地活着这个目标，可以通过遵守一些正确的原则而实现吗？对于这个问题，我有一个答案：不能！因为这些简单的原则，一旦被视为"正确的"，那就会构成二元对立，产生一个"错误的"东西。而这会导致对人性的切割，最终妨碍对人性的觉知，并阻碍人性的圆满。

我是人性的觉知派，认为人性甚至一切都可以被观察与觉知。我推测，人可以达到全意识状态。也就是说，能觉知到人性的一切，甚至超出人们一般理解的人性的部分。这个说法有点儿夸张，但太多人是这么认为的。例如，心学的创始人、著名思想家王阳明就说"此心之外，更无他求"。

有一位男士来找我做咨询，他说他想报复他老婆。

为什么他想报复他老婆呢？因为他认为，他老婆已经和他们认识的几乎所有男人上过床了。对此，他感到无比羞耻，于是产生了想报复老婆的恨意。

这是非常严重的问题，它可以被称为"嫉妒妄想"。有这种妄想的人，会怀疑伴侣出轨了。虽然没有确凿的证据，但他们偏执地信以为真，很难改变。

妄想有很多种，比如被迫害妄想、钟情妄想等。妄想是偏执的一种表现。有妄想的人，常常是在妄想这件事上失去了现实检验能力，虽然其他方面他们心智正常。因此，人们容易忽略妄想的严重程度。

例如这位男士，他硕士毕业，教育背景良好，是大企业的高层管理人员，有很好的逻辑能力。所以，我最初想试试理性的对话，于是问他："你知道什么叫'冒烟的枪'（smoking gun，即确凿证据）吧？"

他说："知道，不就是说的证据吗？要判定一个人枪杀了别人，最好是找到那把'冒烟的枪'。"

我说："那么，你刚才给我列举的你太太出轨的迹象都是蛛丝马迹，有哪个是'冒烟的枪'呢？"

我这个问法让他愣了一下。很明显，他也知道，这些都不叫"证据"，但他接着用逻辑狠狠地反驳了我一下。他说："是啊，这些都不算证据，可是蛛丝马迹这么多，总可以推理，我太太有极大的可能出轨吧？"

他这个反问，我觉得逻辑很严密，不能再在这件事上辩论下去了。如果继续辩论，那就会陷入和传销者对话的那种感觉。我曾经多次和传销者对话，他们深陷传销陷阱却不自知。和他们辩论，就算我在逻辑上赢了，他们仍能找到让他们坚信传销能挣大钱的理由。

此路不通，那就换一条。我问他："你以前有过报复你老婆的想法吗？"

他说："有啊，还有两次，一次在几年前，另一次在10年前。"

然后，我试着请他一一讲讲，现在、几年前和10年前，在他对老婆有报复心前，发生了什么，有什么共同之处。

他一一列举，然后发现，最明显的共同之处是：他控制欲极强的妈妈从乡下老家过来，和他们一起住了半年以上时，他对老婆就会有此念头。

看到这一点后，我问他："你到底想报复谁？"

他沉默了很久后说，他想报复他妈妈。承认这一点后，他情绪崩溃，号啕大哭。

为什么会对妈妈有这么大的恨意？因为他觉得，妈妈的控制欲望把他们第二代毁了就算了，他认命，可妈妈还想控制第三代孙辈，他感到非常绝望。可妈妈又像顽石一样坚固，好像根本不会接受任何人的建议并改变，于是他对妈妈起了报复心。

想报复妈妈，这是他的内在现实；而外在现实，是他对妈妈非常孝顺。

孝顺妈妈，是他的一个简单、正确的原则，他把这个做到了极致。结果，对妈妈的恨意就只能压抑到潜意识中，不能被很好地觉察到，转而投射到了老婆身上，变成了想报复老婆。

类似的逻辑，是非常常见的。无数男人，因孝道的压力，不能合理地表达对母亲的恨意，甚至都不能承认自己有这种恨。结果，他们把这种恨意转嫁到了老婆甚至女儿身上。

这位男士应该可以被诊断为偏执型人格，甚至是偏执型精神分裂症，属于很难被治疗之列。如果他的求治意愿非常强，又找到了一位非常好的心理治疗师，可以用五年以上的时间来治疗，最终可以得到疗愈。但是，我和他只共同工作了一年半，他的生活就发生了全方位改变，他和妻子、孩子的关系变得亲近了很多。

特别是他和妈妈的关系，先经历了一段"让恨意流动"，他和妈妈变得非常疏远。后来，他又逐渐看到自己对妈妈很深的爱意和敬意，他们的关系又得以恢复了。不过，不管怎么爱和尊敬，他都有意识地不让妈妈常住在他家里。他知道，自己得和妈妈保持一定的距离。

这是一个很难被治疗的个案，却因为觉知，有了很好的疗愈。

觉知除了给当事人带来改变和疗愈，还可以让其他人做更好的选择。

我的一个学医的朋友，和一位偏执狂男子谈了多年的恋爱。恋爱期间，这位男士逼迫她承认和上百个男人发生过性关系。每当她承认了，这个偏执狂就会暴打她。但看到她被打得流血后，他又会跪下来大哭，求原谅。这样的事情一再重复，我这位朋友又羞于和别人谈，结果就陷在了这个可怕的陷阱中。

后来，她去学心理学，老师讲到了偏执狂（即偏执型人格和偏执型精神分裂症），她恍然大悟说："我男朋友不就是典型的患者吗？"因为这个，她当机立断，决定分手。

以上两个案例，我们要做一个区分：对我的那位来访者来说，意识到对老婆的恨意，是对妈妈恨意的转嫁，这叫作"觉知"；而对我这位朋友来说，这叫作"认识"。因为觉知，必然意味着对自身的了解，并且还会伴随着深刻的体验。如果只是头脑的认识，那还不叫"觉知"。

真正的觉知，会立即带来一些改变。例如我的这位来访者，他几乎是立刻就放下了对妻子的嫉妒妄想和恨意。虽然他还是会怀疑妻子可能有外遇，但那会是建立在现实基础上的合理怀疑，而恨意也是他们夫妻二人在二元关系中必然产生的一些情绪。

觉知是光，而没有被觉知之物，就藏在黑暗中。一旦有觉知之光照进来，黑暗不仅无所遁形，而且黑暗中的动力还可以变成光明之物。

任何我们觉得有点儿不对劲儿的事，背后必有原因。学心理学，特别是精神分析，就可以锻炼自己的觉知，不断去认识自己觉得各种不对劲儿的事物背后的原因。

潜意识概念的提出

有人认为：弗洛伊德的学说是伪科学，弗洛伊德的理论已经过时了。在弗洛伊德的时代，他的学说的确不能用当时的科学手段做很好的验证，但随着科学手段的发展，他的很多学说已经被证实了。同时，他至少有两个学说，只怕是人类存在，就永远不会过时：一个是潜意识，一个是自我防御体系。

我认为，最重要的是从弗洛伊德开始的精神分析的态度。也就是说，不管发现了什么，都要如实地看待，不因为个人的好恶和社会道德等去修改和删减。

弗洛伊德在 1895 年出版的《歇斯底里症研究》（*Studies in Hysteria*）一书中，第一次提出了"潜意识"的概念。这本书是他与布洛伊尔合著的，书中也正式提出了"精神分析学"的概念。歇斯底里症又被称为"癔症"，这本书中译本的书名是《癔症研究》。

癔症给人最直观的深刻印象是夸张，像是在表演一样（常见于女性）。它有两种核心症状：分离症状和转换症状。

所谓"分离症状"，即个案的意识解体不能将身、心、灵三者整合为一个整体——身体、心理和灵魂这三者像是分开了。比如，一个人情绪大爆发，但爆发后说"刚才发生了什么？我不记得了"。又如身份改变，突然间一个人变成了另一个人，就像是被附体了一样。

所谓"转换症状"，即各种生理上的障碍，例如临时瘫痪、痉挛、抽搐、奇特的肌肉张力紊乱、听觉障碍、视觉障碍等，做什么医学检查都查不出原因。我们民间所说的"撒吆挣"，就是癔症的一种。

我的一位来访者的妈妈常爆发癔症，发病时会浑身抽搐、口吐白沫，很像是癫痫发作，说自己是"神灵"或"恶魔"，不听她的，就会有大灾难降临。神奇的是，这时候，她非常厉害，能知道家人各种隐秘的事情。

有一次，这位来访者非常痛苦，突然间也爆发了一次癔症。这时候，她深深地体验到了一种感觉：啊！太爽了！因为所有人都被吓着了，所有人都得乖乖听我的。

通过这次发作，她洞见了妈妈用到癔症中的一个功能：威胁大家，让大家听自己的。

并且，因为攻击性和全能自恋的宣泄，她发现自己的记忆力和洞察力一下子变得非常可怕。过去被自己忽略的蛛丝马迹都连在了一起，好像突然间能知道家人的各种隐秘事件似的。

弗洛伊德发现，他处理的癔症患者，背后多有性的动力在作祟。例如，他的著名个案"少女杜拉"。她有很多癔症的症状，如周期性偏头痛、神经性咳嗽和失语症。一次被父亲责备时，她突然间晕死过去。

弗洛伊德为杜拉做了3个月的治疗，一个星期6次。结果发现，杜拉的这些症状多指向了这样的事实：

（1）她父亲的朋友K先生多次骚扰她，而杜拉爱上了K先生，K先生的一些骚扰也唤起了她明显的性欲，这让她感到非常羞耻和不安。

（2）她父亲和K太太有通奸行为，这给了杜拉强烈的刺激。

（3）更深之处是，杜拉有恋父仇母心理，所以爱上了K先生。这是恋父的一种转移，杜拉同时也与K太太竞争，这又是仇母心理的转移。

……

对这些事实一一理解后，杜拉的癔症有了改善。最后，弗洛伊德对杜拉说："杜拉，要深挖你的感情。你并不害怕K先生，对吗？你怕的是你自己，怕自己可能会抵挡不住诱惑。不要隐瞒真情了，秘密是保不住的。"

杜拉则说："我再也不想保密了，医生。我很高兴它们能被揭露出来。所有为我治疗过的大夫中，唯有你看透了我的心思。我瞧不起那些人，因为他们根本不知道我的隐私是什么。也许你使我真正地解脱了。"

可以说，杜拉先是将自己的恋父仇母心理压抑到潜意识中了。在和 K 先生接触的过程中，她又把对 K 先生的爱慕和对 K 太太的仇视压抑了下去。这种压抑太辛苦了。而癔症发作的时候，这些饱含着性欲、毁灭欲、爱意与恨意的情感就可以象征性地表达出来，从而癔症有了宣泄的功能。而当她理解了这一切，就是把这些潜意识上升到意识层面后，疗愈就发生了。

在弗洛伊德看来，心理治疗就是将潜意识的内容意识化。并且，潜意识中隐藏的东西就是不被接受的性欲和攻击欲，而要意识化就是我们要意识到它们。

特别是性欲。弗洛伊德身处的时代，被称为"维多利亚时代"。当时的社会整体上呈严重性压抑状态。这只是表面现象，实际上，当时也是黄色小说盛行的时代。社会也像人一样，意识上要显得正人君子，而潜意识中则"暗潮涌动"。

有一部电影《危险方法》，是围绕着弗洛伊德和荣格编导的，影片中有两个细节让我印象深刻：

一是弗洛伊德对相信神秘体验的荣格说："你要明智一点儿，我谈论性就已经引起这么多非议了，你还要谈神秘体验，这会让你在学术界更被排斥。"

二是荣格的女病人萨宾娜有严重的癔症，意识层面的原因，是父亲经常打萨宾娜的屁股，这让她非常恨父亲。结果，在一次癔症发作时，荣格和萨宾娜发现，癔症是在掩饰一个让萨宾娜非常羞耻的真相，就是在被打屁股时，她有强烈的性快感。

这两个细节，并不公开谈论，它们的真相，一样不容易被面对、被接纳。

美国当代著名心理学家、著名作家欧文·亚隆说，日本的心理咨询与治疗之所以没有发展起来，是因为日本的文化，日本到现在还不能接受对父母的批评。亚隆有一个日本裔的儿媳妇，所以对日本比较了解。

如果这个说法成立，那就意味着，在日本社会，对父母的爱是可以呈现在社会和个人意识中的，而对父母的恨却只能停留在个人和社会的潜意识中（即阴影中），还有待觉知之光照亮。

觉知是最大的容器，而觉知的拓展，当然是和时代联系在一起的。弗洛伊德如果早几百年出现，只怕会因为自己的学说而被送进宗教裁判所。从这个意义上来讲，人类作为一个整体，能容纳的事物越来越多。相对来说，社会层面的觉知（即这个容器）也会越来越大。

个人历史的潜意识

意识和潜意识，就像是一座冰山，浮出水面的是意识部分，而藏在水下的是潜意识部分。

按照水和冰的比重，冰山浮出水面的部分，约占十分之一，而藏在水下的部分，则占十分之九。用这个比例来形容弗洛伊德谈的潜意识，是比较合适的。

我自己将潜意识分为三个层级。最表层的是个人历史的潜意识，弗洛伊德主要谈的是这个层面。再深一些，是集体历史的潜意识，这是荣格探讨的部分。更深一些，则是佛学说的阿赖耶识，其中蕴藏着一切。

个人历史的潜意识，用冰山来比喻，是比较恰当的。可是，一旦涉及集体历史的潜意识和阿赖耶识就会知道，意识层面实在是非常非常有限的部分。人类的认识能力虽然越来越强，但潜意识层面的东西仍是无限的，所以深入潜意识也是一个无限的过程，并且它其乐无穷。

同时，觉知这个容器也是无限的，我们可以不断地扩大自己的觉知范围，而碰触到潜意识的无限深渊。

如何碰触个人历史层面的潜意识的深渊？我的一位来访者，她读初中的女儿不接受自己的女性身份，决心要去做变性手术。这个女孩非常有力量，她用各种行为表达了自己的决心。例如，剪掉了自己的一头长发，穿得非常中性，想办法和男生混在一起，拒绝和女孩玩。

父母非常担心她，带她去找了多位心理咨询师。还去过医院的心理科，她被诊断为精神分裂症。而有咨询师则说，她这叫"异性癖"。

到了我这儿时，女孩已经拒绝再接受任何心理帮助了，所以只是她妈妈过来向我咨询，我觉得事情并非这么简单。例如，女孩非常爱一个男孩，而这个男孩的样子和气质很像女孩的父亲。

因此，我叫女孩的父亲来和我谈谈。这位父亲很木讷，但他说出了很多女儿恋父的信息。例如，女儿有时直勾勾地看着他，就像看情人一样。因为木讷，这位父亲没觉得这些多么有问题，但我判断，女孩存在恋父情结。

然而，比恋父更严重的，是恋不着。女孩父亲的家族严重重男轻女，这个小家庭也存在这个问题，比如生了几个孩子，就是为了生个儿子，而女孩和父亲亲近的时间很少。

这个家庭不适合做精神分析式的治疗，所以，我给他们提了一些建议：

（1）建议女孩的父亲单独带女孩去附近旅游，可以单独带她爬爬山。如果其他孩子也参加的话，把女孩放到第一位。实际上，虽然重男轻女，但这位父亲和多数父亲一样，也是心里喜欢女儿，而头脑和做法上重视儿子，所以这个建议立即被他们接受了。

（2）建议女孩的妈妈也多和孩子亲近，多制造一家人在一起的时光，并且不经意地鼓励女儿和父亲亲近。

（3）女孩的父母，多一些单独出去浪漫的时光。

当时，我还没有明确形成一元关系、二元关系和三元关系的理念，但以上建议是符合这个理念的。不把女孩恋父视为洪水猛兽，甚至看到，根本上不是恋父，而是女孩和父亲的情感联结太弱，所以要增强。同时，也增强女孩和母亲以及父母之间的情感联结，让处于一元关系中的女孩进入三元关系的世界里。

女孩的父母非常好地接纳了这些建议，结果半年后，女孩就不再闹着要做变性手术了，她的打扮重新变得女性化了。

几年后，再次见到女孩的母亲，她说女儿很自然地和男孩恋爱了。

这个故事并非是说，所有想变性的女孩、男孩都有类似的逻辑，只是在这个故事中，女孩的变性诉求，只是意识层面的东西，而潜意识层面的东西恰恰是相反的。她惧怕自己的女性部分，惧怕自己指向父亲的情欲。而当父母都若无其事地鼓励了她和父亲亲近后，这部分情欲就被部分修通了。

类似这个女孩的故事实在是太多了，绝大多数性的问题，都可以在俄狄浦斯情结的框架中得到很好的理解。而一旦来访者觉知到了这一部分，改变就会发生。

我们最惧怕的，是生命力本身，因为生命力和恨、攻击性乃至毁灭欲是混杂在一起的，这让我们非常不安。

因为这些不安，我们会试着把它们压抑到潜意识中。家庭是社会的缩影，人是家庭的缩影。如果家庭内部也接受了这种文化逻辑，而要求孩子阉割掉自己的性、攻击性和自恋这三种动力，那么，一个孩子长大后，他意识层面留下的好东西就不多了。

对这样一个人的疗愈过程，就是相反的。这个过程主要是觉知与容纳，觉知到自己的性欲并容纳，觉知到自己的攻击性并容纳，觉知到自己的自恋与全能自恋并容纳，觉知到自己的毁灭欲并容纳。

或许，当我们的觉知不够的时候，越深入到潜意识的深渊中，越会害怕。这时候，我们就会觉得，压制人性是必需的。但是在压制中，人性的圆满就遭到了割裂和破坏。

当一直都能保持觉知的时候，我们就会有容纳的态度，而被容纳的各种能量（如自恋、性和攻击性）就得以流动。结果，它们就成为我们生命的一部分，并且是非常宝贵的一部分。甚至，面临死亡的时候，人一样可以保持觉知。

前不久，我在广州与美国的瑜伽大师米勒对话。他说任何时候人都可以保持存在感——任何时候都可以保持觉知。我问他，当被枪指着头的时候也可以吗？他用自己的故事给了回答。

一次，他遭遇了抢劫，劫匪都将刀浅浅地插到他的肉里了，而他仍然保持着觉知，并问劫匪："你想要什么？"

劫匪想要钱，可米勒钱包里的钱太少了，米勒还有一部手机，但也不值钱。米勒的存在感也影响到了劫匪，劫匪说："算了，不要你东西了。"便准备离开，他刚走几步又返回来说，"不行，我总得要拿走点儿东西，不然心里不爽。"最终，他还是拿走了米勒的手机。

在整个过程中，米勒说他一直都"在"，他没有让觉知与自己的心灵发生分离，这份真实的死能量切断不了他的心流。

自我，也是个容器

有些人的记忆非常早，而且从童年开始的一生的记忆，是一个连续体；有些人的记忆则很晚，而且记忆是不连续的，这主要体现在童年。

记忆早的，比如孙博，她最早的记忆是在火车上。她妈妈抱着她，有阳光从窗户照射进来，阳光的角度、火车的方向，以及各种环境的细节，她都描述得栩栩如生。她妈妈一开始不信她记得，因为那个时候她只有 1 岁左右，是妈妈抱着她去看望外出考古的父亲。可是，各种细节她都记得非常清晰，这就是她的确记得的证明。

记忆晚的，例如我的一位朋友，刚认识我时，她 15 岁之前的事都不记得了。她的解释是，曾经遭遇过三次车祸，所以记忆受损。后来，她连续做了多年的标准精神分析，一个星期五次，很多记忆被找回了。她才明白，之所以记不得 15 岁之前的事，是因为童年时的痛苦太多了。

为什么人的记忆能力相差这么大？并且，这也主要体现在童年时，成年以后，绝大多数人的记忆都是连续的了。

依照神经生理学的解释，人幼小的时候，脑神经发展得还不够完善，所以连续记忆有问题。但依照精神分析的解释，还有心理原因：有些事情带来了太痛苦的体验，所以我们把它们压抑到潜意识中了。而意识层面留下的，是一个人基本有掌控感的记忆。这样做是为了保护一个人的自体。

当一个人意识到的部分主要是自己能掌控的部分时，他的自我就处于基本掌控中了；当一个人意识到的部分有太多是自己不能掌控的时，他的自我就会崩溃，接着也会带来自体的瓦解。

例如，中国四川汶川大地震和美国发生"9·11"时，从灾难现场出来的人，有很多是处于麻木状态的。这是因为大灾难击溃了他们的掌控感，于是自我暂时失去功能了。

我有少数来访者，他们的生活长时间陷入自己不能掌控的局面中，这时他们会觉得自己被瓦解了。有一名来访者说，她感觉自己整个人碎了，各个碎片之间缺乏联系，而外在也没有一个东西包裹着这些碎片。

自我也是一个容器，当事情基本在控制中时，自体的各个部分也就能被自我所容纳；当事情有太多不能控制时，自我就有瓦解的危险。

童年时，一个人的身体能力、心理能力和现实资源都是比较缺的，在相当程度上要有赖于父母等成年人。如果这时有太多的痛苦，而且这个人还能意识到自我和自体有瓦解的危险，那么他就必须把很多痛苦排挤到潜意识中。

但成年后，一个人就有越来越大的掌控自己人生的可能，记忆也会变得连续起来。然而，童年时那些痛苦的体验，因为藏在潜意识中，就变得难以被触及了。所以，可以通过觉知这些体验，而疗愈我们自己。

并且，童年体验藏在潜意识中，影响着我们，我们的心智模式必然是和这些体验联系在一起的。

从个人历史的潜意识来讲，我们需要觉知的体验，正好是和性、攻击性与全能自恋联系在一起的。

围绕着性，最容易产生羞耻感。当我们发现我们的性欲指向异性父母时，我们会感到羞耻。为了避免羞耻感，我们就把自己很多与性有关的经历给忘记了。而通过心理咨询与治疗，重新意识到这部分，就可以把这部分重新容纳到我们的自我中。这样一来，自我的容器就扩大了。

攻击性包括两方面：当我们虚弱的时候，就担心自己的攻击性会被报复，甚至被摧毁，这时就有恐惧感；当我们强大的时候，就担心自己的攻击性会伤害甚至摧毁别人。而如果发现我们想伤害甚至摧毁的对象是所爱的人时，我们就有了内疚感。所以，要想好好去拥抱自己的攻击性，就要去觉知自己的恐惧与内疚。

在心理问题中，有一种叫"恐怖症"，它的表现形式五花八门。例如，广场恐怖症——不敢在人口稀少的广场上出现，相反有幽闭恐怖症，就是不敢在封闭、狭小的空间中待着。恐怖症的本质，是攻击性的问题，并且多是因为自己和父母之间有严重的攻击与报复倾向。如果意识到这个就太失控了，所以要投射到有类似隐喻的事物上去，就是把"坏父母"和"坏孩子"投射出去，而保护"好父母"和"好孩子"的部分。

例如，一位女士患了过桥恐怖症。咨询时她发现，她有一次和母亲一起过一座桥时，突然生起了想把母亲推下桥的念头。这个念头把她吓到了，她立即把它压抑到潜意识中去了。于是，她忘了在桥上想伤害母亲的念头，但却以过桥恐怖症的形式留了线索。并且，这其实不只是这次过桥才产生的念头。过去，母亲经常攻击、伤害她，而她对母亲有很大的恨意，有很多次想报复母亲，所以这个念头才这么可怕。

我们怎么知道自己压抑了攻击性呢？看看自己的恐惧感和内疚感，是一个方法。如果你太容易恐惧被别人攻击，那既是因为你怕被攻击，又是因为你想攻击别人。这是找到自己攻击性的一个线索。如果你太容易内疚，这也是因为你心中藏着浓烈的攻击性。

例如一位男士，他是一位超级奉献者。任何地方有灾难，他都会奋不顾身地去救灾，并且他没有给自己留任何财产，以至于不能正常生活。深入谈话后则发现，他的家庭中出现过多次灾难，很多人都说和他有关，而他也觉得这好像是自己导致的，因此有了巨大的内疚感。

至于自恋，也许所有太谦虚的人都可以去思考一下，自己是不是太防御自己的自恋了。

最深层的是全能自恋，而围绕着全能自恋，有四个基本转化：觉得自己是"神"的全能感，觉得自己是"魔"的自恋性暴怒，彻底无助感，被迫害焦虑。例如，你特别喜欢阴谋论，这就是被迫害焦虑了。

我们观察别人的全能自恋比较容易，而观察自己则比较难。我个人认为，这可能是一般人只能记得3岁后发生的事情的重要原因，因为3岁前的全能自恋感太强，可同时我们基本上又是无助的，反差太大，所以忘记最好。但如果自己全能自恋的部分也能被很好地觉知到，那么这部分能量就可以被容纳到自我和自体中了。

如果你有条件，可以试试找一位资深的精神分析师，完成对你自己的个人历史的分析。当这一点实现的时候，你会有自己整个人被完整看见的感觉。这是一个很好的体验。在这个过程中，你会看到，你的自我作为一个容器，能容纳的东西越来越多。

互动：让感觉在你心中开花、结果

印度心灵导师克里希那穆提有一个理念：任何看似不好乃至可怕的感觉，我们能不能试着像对待宝石那样，看着它们，容纳它们，甚至都不分析，而只是让它们自然流动？

我有太多的体验，可以证明这种方式的美妙。例如，当你从噩梦中惊醒时，不要做任何分析和抗拒，只是接受噩梦带来的这股能量，让它在你的身体和心灵上自然流动，那么最多不过半个小时，这股可怕的、黑色的能量，就会变成非常美妙的体验。

觉知常常像是打破了我们的自我防御体系（也就是头脑层面的保护），而一旦觉知发生后，感觉开始流动时，就可以把觉知工作彻底放下，就让感觉自然而然地流动就好。最终，这份感觉就会在你的内在开花、结果。

我认为，觉知从根本上来说，总是和"我"联系在一起的。也就是说，当觉知发生时，总有一个"我"在觉知着，而一旦连"我"和觉知都一起消失时，两者就会进入合一状态。

有时，有些体验太过于美妙，我们就容易把这个视为"我"的。而这也就意味着，觉知和"我"都还存在着，还没有进入合一状态。

不断地觉知的过程，也像是一个不断在认识"我"，最终破解"我"的过程。

Q [①]**：怎样才能觉知到自己的潜意识？怎样确定自己的潜意识不是自己意识层面的逻辑推理？**

A：潜意识几乎不可被推理，潜意识只能通过非自己个人意识的力量去觉知。

例如，可以找其他人帮忙，一位资深咨询师会很好地起到作用。还可以

---

① 　Q 为读者提问，A 为武志红回复。下同。

观察梦，梦是潜意识的反映。

当然，的确是有一些方法的。例如，自由联想，即事情 A 让你想到事情 B，事情 B 又让你联想到事情 C……这样几个回合后，你会发现，原来一个意识层面的东西竟然是这个意思。

除了这些方法，平时还可以有一些意识。例如，我们一直讲的，"当你看到 A 的时候，就意味着你也看到了 –A"。我觉得自己是个滥好人，那一定是因为我防御了自己内在的"坏"。先有这样的意识，而后就可以逐渐靠近潜意识了。

Q：觉知是意识层面的还是潜意识层面的？是不是潜意识会自动停掉觉知的过程？有没有什么方法在意识层面（或是潜意识层面）为觉知设立一道安全的心理屏障，让恐惧背后的生命力得以被觉知、流动？

A：觉知，自然是觉知没有被觉知的（即潜意识）。

每当深入一层潜意识时，我们都会害怕。害怕太严重时，就会自动停掉觉知的过程。

有什么办法既可以设置一道安全的心理屏障，同时又能让恐惧背后的生命力得以觉知、流动？办法就是，扩大容器，或者加强容器的稳定性。

自我是一个容器，关系也是一个容器。我们不断地觉知，就是不断地在扩大自我这个容器。而如果觉得自我撑不住时，可以去寻找关系，例如，找一位资深咨询师，就是在寻求一份咨询关系作为容器，可以让这一切流动。

集体历史的潜意识

弗洛伊德的潜意识概念深入人心，而他的弟子荣格提出的集体无意识也一样广为流传。

什么是集体无意识呢？我们来看看荣格自己的定义：

> 集体无意识是人类心理的一部分，它可以依据下述事实而同个体无意识做否定性的区别：它不像个体无意识那样依赖个体经验而存在，因而不是一种个人的心理财富。个体无意识主要由那些曾经被意识到但又因遗忘或压抑而从意识中消失的内容所构成的，而集体无意识的内容却从不在意识中，因此从来不曾为单个人所独有，它的存在毫无例外地要经过遗传。个体无意识的绝大部分由"情结"所组成，而集体无意识主要由"原型"所组成。

不仅荣格，其他一些学者也论述过集体无意识。因为"集体无意识"这个词深入人心，在更广泛的意义上，我会使用"集体历史的潜意识"这样的说法。实际上，这里的无意识和潜意识是一个东西。

就像个人意识与个人潜意识的差别一样，集体意识与集体潜意识也可以使用类似的定义：集体意识就是被集体一直容纳的心灵内容，而集体无意识就是被集体一直拒绝的心灵内容。

"解开"个人历史的潜意识很重要，这会让一个人扩大自我的容纳范围。"解开"集体历史的潜意识一样重要，这会让一个集体扩大容纳范围。

当顺着"集体历史的潜意识"这个概念再往前推时，还可以引出"阿赖耶识"这一概念。所谓"阿赖耶识"，就是心灵的一切内容。

当不断深入个人历史的潜意识、集体历史的潜意识，甚至还能一窥佛学所说的阿赖耶识时，就会对鲁米这首诗有共鸣：

> 我要有一百张嘴，
> 才能把这道理说明白，
> 可我只有一张！
> 来自精神的千百个意象
> 都想透过我而涌出。
> 我感觉自己被这丰盛叮咬，
> 粉碎和死亡。

集体无意识的提出

集体意识和集体无意识可以这样简单地理解：被一个文化共同体所承认的心灵内容，就是集体意识；被一个文化共同体严重排斥的心灵内容，就是集体无意识。

任何有创见的观点的提出，都是有些冒险的，它必然会去冒犯自己所处的集体，荣格集体无意识概念的提出就是一个例子。

1909 年，美国首次邀请弗洛伊德去讲学。荣格跟随他一起去，这是精神分析向全球传播的一个标志性事件。他们的交通工具是轮船，需要航行 7 个星期，而他们每天都在分析彼此的梦。其间，荣格做了这样一个梦：

> 我在一所陌生的房子里，房子有两层。上面一层是一个沙龙，有一
> 些古旧的洛可可式家具，墙上挂着几张珍贵的古画。我很好奇下面一层
> 是什么样子，于是走下楼梯，来到下面一层。这里的一切都更加古老，

是中世纪的风格。走进一个套间，我发现一扇厚重的门，打开看到有楼梯通向地下室。走下去后，我辨认出是属于罗马时代的。

我仔细审视地面，在一块石板上看到一个环。拉住环将石板抬起，再次看到一个狭窄的石阶梯向下通向深处。我又顺着往下走，进入一个低矮的石洞中，地上积着厚厚的尘土。尘土中四散着骨头和破碎的陶器，像是原始文化的遗迹。其中有两个头骨十分古远，有些破碎。正在仔细看的时候，梦醒了。

对荣格的这个梦，弗洛伊德给出了个人历史的潜意识的解释，说梦最后的那两个头骨的寓意是，荣格潜意识中想杀死谁。我们都知道弗洛伊德的俄狄浦斯情结，说的是男孩想杀死父亲，而女孩仇恨母亲。

当时，弗洛伊德是绝对的权威，围绕着他也构成了一个小集体，并且美国之行给弗洛伊德带来了巨大的声望，所以弗洛伊德的这个解释对荣格是有压力的。荣格虽然表面上赞同了弗洛伊德的解释，但他自己认为，弗洛伊德的个人历史的潜意识的理论，不足以解释这样的梦。他认为在这个梦中，不断深入地下，象征着不断深入人类集体文化的潜意识，由此他想到了"集体无意识"这个概念。

弗洛伊德用冰山来比喻意识和潜意识，而荣格则在这个基础上，用大海做了一个更宏大的解释：高出水面的一些小岛，代表了个人意识，小岛水下的陆地，代表着个人无意识，而将所有的岛连在一起的海床，就是集体无意识。

人类各种集体的各种意识，都希望自己是文明的、正能量的，而集体无意识的源头，藏着父子之间杀死彼此的毁灭欲。对这份毁灭欲的克制和处理，则演化出了人类文明。

每种文化都是一个集体，而人类整体也是一个集体。因此，既有某一种特定文化内的集体意识与集体无意识，又有人类作为一个整体的集体意识与集体无意识。

集体无意识中的重要内容是原型①。例如在我们的文化中，龙是原型，而孙悟空、哪吒、红孩儿也是原型，我们在做咨询时，常常会在女性潜意识中看到白骨精这样的原型。欧美文化则有它们特有的原型。

同时，也有人类共有的原型，如荣格提出的一对非常有名的概念——阿尼玛和阿尼玛斯。荣格认为，人有人格和阴影，男人的阴影中有阿尼玛，即男人潜意识中的女性原型；女人的阴影中有阿尼玛斯，即女人潜意识中的男性原型。男人会被符合自己阿尼玛形象的女人深深吸引，而女人则会被符合自己阿尼玛斯形象的男人深深吸引。

并且，像阿尼玛和阿尼玛斯，男人和女人很难直接意识到。而当没有充分意识到时，我们就会被之深深吸引而不能自拔。

当深入自己的潜意识时，我们会先深入个人历史的潜意识，而后还可能会深入集体历史的潜意识。我们既不要轻易认为自己头脑中的东西就是真理，又不要轻易认为自己所处文化或时代的主流观点就是真理，因为这些都是意识层面的东西。除了它们，我们还有堪称无限的潜意识。

社会无意识

我们知道，古希腊有"三圣"——苏格拉底、柏拉图和亚里士多德，他们三人一脉相承，是西方哲学的奠基人。

苏格拉底一开始就提出了"认识你自己"，并称"未经省察的人生不值一提"。然而，他被雅典法庭判了死刑，罪名是对雅典公认的神不敬、另立新神和腐蚀青年。

---

①　荣格用原型意象（Archetypal Images）来描述原型将自身呈现给意识的形式。集体无意识这种具有人类普遍性和共有性的心理体验是无法直接通过意识来看到的，它只能通过一个个的原型意象来感知。原型本身是无意识的，我们的意识无从认识它，但是可以通过原型意象来理解原型的存在及其意义。于是，我们可以把原型意象看作原型的象征性表现。

荣格曾根据自己的分析与体验以及自己的临床观察与验证，提出了阿尼玛、阿尼玛斯、智慧老人、内在儿童、阴影和自性等诸多原型意象。这些原型意象存在于我们每个人的内心深处，在意识以及无意识的水平上影响着我们每个人的心理与行为。

一位认真的哲学家，很难相信雅典的那些宗教神灵，那么，苏格拉底信的神是什么呢？

通常的说法是，苏格拉底信仰的是宇宙理性神，认为它是人类道德善和智慧真的源头。苏格拉底自己则说，他有一个内在的"神灵"。在辩护中，他说，他在行动的时候，总是会聆听心中的一个声音。这个声音会对他说，一件事该做还是不该做。例如，关于是否从政，这个声音说的是"不"。而在是否参加这次法庭的辩护时，这个声音全不反对。

虽然人类从弗洛伊德开始，潜意识的概念才如此深入人心，但早在苏格拉底时期，苏格拉底就提出了不能只听头脑的声音，还要听自己内在的"神灵"的声音的观点。这个内在的"神灵"，就是西方可以考察的最早的潜意识的概念。

在那个时代，雅典的奥林匹斯山的神话体系是社会意识，而苏格拉底这样的观点，则是社会无意识。普通人是拒绝接受的，而如果谁持有这类观点，谁就会被排斥，甚至被杀死。

"社会无意识"，这一概念最早是由心理学家弗洛姆明确提出的。他说："我所说的社会无意识，是指那些被压抑的领域。这些领域对于一个社会的大多数成员来说是相同的。当一个具有特殊矛盾的社会有效发挥作用的时候，这些共同的被压抑的因素，正是该社会不允许它的成员们意识到的内容。"

弗洛姆所使用的"压抑"一词，是弗洛伊德提出的。他认为，意识层面的内容之所以会进入潜意识中，是因为人使用了"压抑"的心理防御机制。关于社会压抑，弗洛姆提出了"社会过滤器"这个概念。他认为，每个社会的生活方式、文化和制度等构成了一个社会体系，这些体系就像是一个过滤器。只有通过过滤器的思想经验才能被意识到，而不能通过的，则被压抑到社会无意识中。

弗洛姆称，社会过滤器通过以下三个方式来起到压抑的作用：

（1）语言过滤。特定文化系统的语言，侧重于表达某一方面，而忽略其他。比如，像这样一段话："清晨，空气中带有一丝凉意，太阳冉冉升起，小鸟在歌唱，一朵含苞欲放的玫瑰花上有一滴露水。"这对日本人来说，充满了东方式的含蓄美，西方人却难以产生共鸣。

（2）逻辑过滤。每个社会的意识都有一套逻辑，它直接指导着人的思维，而不符合这套逻辑的东西，就很难被意识到。例如，亚里士多德构建的一个庞杂的认识系统，统治了西方人一千多年，直到文艺复兴才基本瓦解。

（3）社会禁忌过滤。每个社会都有一整套禁忌。例如，好战的社会，会把脆弱和无助以及对好战的厌恶，视为禁忌。相反，一个崇尚和平的社会，如果一个成员有杀和抢的冲动，那么这种欲望也很难进入意识。

在弗洛姆看来，每个社会都有一整套社会过滤器，制约着每个人的思想、情感和体验。不仅规定了该社会的人该做什么、不该做什么，还规定了人们该想什么、不该想什么。

社会过滤器造成了人的各种限制，而弗洛姆认为，人该成为完整的人。他论述说："意识代表了社会的人，代表了个人所处的历史现状所造成的偶然的局限性。无意识代表了植根于宇宙中的普遍的人、完整的人。"

他认为，在健全的社会中，人该居于中心地位，全部社会的安排都服从于人的成长这一目的。人应有的样子是积极主动、富于创造力和活力，并且既自由又不孤独。换成我的话来说，就是在关系中成为你自己。

家族无意识

用"集体无意识"和"社会无意识"的概念去推导，就可以得出家族无意识的概念：一个家族允许的心灵内容，就是家族意识；一个家族不能面对的心灵内容，就是家族无意识。

村上春树的小说《挪威的森林》，很多人可能会认为，这是一部凄美的爱情小说。这的确是，但同时容易被我们忽略的是，这还是一部描绘死亡，特别是自杀的小说。小说中，有一系列数字上的巧合：

直子（女主人公之一）的叔叔在 17 岁时，开始自闭在家。4 年后，21 岁的他突然说要出门，然后跳下电车轨道自杀了。

直子的姐姐，17 岁那年自杀未遂。之前 4 年，她每隔两三个月就会抑郁两三天。这时就会自闭在家，不上学，不和任何人交往。

直子青梅竹马的男朋友木月，17 岁那年自杀了。

直子，21 岁那年自杀了。

这一系列数字有特殊的象征意义，直子的叔叔 17 岁自闭，21 岁自杀，而直子姐妹分别在 17 岁（未遂）和 21 岁自杀，就好像分别纪念了叔叔的苦难。

小说的男主人公渡边是木月的好友，木月死后 1 年，他开始和直子恋爱。村上春树是用第一人称"我"（即渡边）来写这部小说的。小说中，"我"一直想把直子的故事写下来，以"永远记得她"，但就是写不了第一句话。直到 37 岁的时候，他才终于感觉到，他可以动笔写了。

37 岁也是村上春树写这部小说时的真实年龄，有理由相信，小说中的一系列自杀故事就发生在村上春树的真实世界里。他在小说后记中承认"这部小说具有极重的私人性质"。在小说的扉页，他表达了真实的哀悼，他写道："献给许许多多的祭日。"此外，他完成这部小说时，正好是 38 岁。

38 = 17 + 21，正好是木月自杀的年龄和直子自杀的年龄之和。仿佛是，作家是拿 38 岁这个年龄来哀悼自己的两位挚爱。

这一切看上去很玄妙，但这样的事情在我们的生活中并不罕见。

怎么理解这些数字上的联系？只是纯粹的巧合，还是别有深意？做咨询越久，听了越多的故事，我越觉得，这是潜意识一种精准的计算。最爱的人自杀，我们都太痛了，我们意识上难以面对，会想各种方法去逃避。可是，潜意识却忠实地记录了这一切，然后用数字巧合的方式来表达忠诚。

这是小说里的故事，未必真实，我讲一个真实的故事吧。

我认识一位女士，她是我的读者。她对我说，她有强烈的冲动，想在春节前离婚。而这种冲动，她不能很好地理解，所以想和我聊聊。

我们聊了一会儿后发现，她有一个关键数字"两年"。她的重要关系都是只能持续两年，她谈过的两次恋爱，都是刚好持续了两年。她现在的婚姻，倒不是两年，但到了春节前，她的女儿正好 2 岁。而如果离婚，她觉得女儿有很大的可能会给丈夫带。

最原始的两年，是她 2 岁时，她父母离婚，她跟父亲生活。而此后，她和母亲再也没见过面。

所以，现在她这么强烈的离婚冲动，就好像为了制造一个轮回一样：她自己在 2 岁时失去了妈妈，她也想让女儿在 2 岁时失去她这个妈妈。

当然，我们说"想"这并不对，因为这不是她意识层面的内容，而是她潜意识层面的动力，这不是她头脑的意愿所能掌握的。

她的这种情形，心理学称为"代际创伤"。也就是说，上一代的创伤因为没有得到处理，而传递到了下一代。

个人历史的潜意识中，藏着我们太多不能面对的东西。家庭历史的潜意识中也一样，并且通常更为严重。从个人历史来讲，死亡没有意义，因为人一死，就什么都没有了。但看一个家族历史的话，你会看到各种死亡，生病早逝、意外死亡（如车祸死亡）。这种还比较好面对，而更严重的还有自杀，甚至家人间的仇杀，还有被家族外的力量给杀死。这些都是在个人历史的潜意识中很难会遇到的，毕竟有濒死体验的人极少。

除了各种死亡，还有一些家族中会发生的创伤事件。例如，有人严重触犯了家族的集体意识，就会造成家族创伤事件。

这些家族创伤事件，如果超出家族的承受能力，整个家族就会倾向于把这些事压抑下去，好像这些事没有发生一样。然而有意思的是，家族中会有人莫名地受到这些力量的影响，而对他们认同。

极有争议的德国家庭治疗大师海灵格，他发展的家庭系统排列认为，在一个家族中，一个孩子可能根本不知道某位前辈的事情，也从来没有人对他说起，但他却莫名其妙地认同了这位前辈。

例如，爷爷的三姨太从没被家人谈起，但却被一个孙女认同，这个孙女的个性非常像这位三姨太。

这种事是怎样发生的呢？海灵格认为，家族是一个系统，所有人都需要被承认。如果有人被家族视为异己，而家族把这个人否认了，那么，出于家族这个系统的动力，后辈中会有人认同这个人，以此表达对这个人的承认。

海灵格还发展出一个说法，认为企业作为一个组织也是一样的。例如，最初的某位创始人因为纷争而离开，然后这个企业抹掉了他的所有存在信息，这也会给企业带来各种问题。根本原因也是，企业中的一些人，即便不知道他的存在，也会莫名地为他争取公平。

家庭系统排列（以下简称"家排"）的工作方式是团体治疗，我参加过多次。例如，一位家排治疗师带 30 个人的团体，大家围成一个圆形或马蹄形，有人想被治疗，那就请他讲述自己的故事，看看涉及他的什么家人。然后，再让他凭直觉，请学员中的人来代表他的家人上场，也要选一个学员来代表他。选好后，请这些代表走到场中，根据他们的感觉，找到场中合适的位置，做出合适的姿势。他们各自的位置和姿势，组成了一个场域，并且一开始的场域总是有大问题的，例如夫妻二人根本不能看彼此。

接着，治疗师会上场，根据他的感觉和经验（特别是感觉），让代表说出他们各自的话。每次一位代表做了表达，大家的位置和姿势都会发生变化。

我从一开始听说这个治疗方式时，觉得太不可思议了。这怎么可能？这些人是不是表演狂？

但等我接触家排后，光是作为学员旁观，就已经有强烈的触动了。而当我被请上去做个案的代表时，我才知道，的确是有一种力量在推着我，让我找到合适的位置以及合适的姿势。例如有一次，我做一位男学员的代表，我走到"他妈妈"旁边，觉得无比内疚，先是跪下，可觉得这个表达还是不够，最后是完全趴在地上，而这时我号啕大哭。我的头脑简直不敢想象我会这么做。这位学员则觉得，这的确是他内心最真实的表达。

讲到这儿，不知道你会不会有些绝望：原来人是如此不自由，受个人历史潜意识的影响，受家族历史潜意识的影响，受社会历史潜意识的影响……

同时，我们也会看到，原来个人、家族和社会一切发生过的事情都需要得到尊重，这是人性极为根本的。要做到这一点，需要深入潜意识中，去觉知个人、家族和社会等各个层面的潜意识力量，去拥抱人性的一切存在。

保护好"我"这个容器

大家先来做一个练习。

找一个安静的地方坐下来，坐得端正一点儿，脊柱是直的。

注意放松，别为了身体是直的，而太使劲儿。

然后闭上眼睛，感受眼皮和闭上眼睛的感觉，感受眼皮和眼球摩擦的感觉，感受你的臀部坐着的感觉，感受你的双脚……①

感受身体的同时，自然而然地呼吸。

就保持这样的状态，接下来想象一下，你面前出现了一个向下的楼梯，走进这个楼梯。

楼梯可能是宽敞的，也可能是狭窄的；可能是明亮的，也可能是阴暗的。尊重第一时间呈现的样子，不必用头脑去做修改。

走在这样的楼梯里，你有什么样的身体感觉和什么样的情绪、情感？

楼梯的尽头，是一扇门。推开这扇门，你进入一个客厅，这个客厅是什么样子的？在这样一个客厅里，你有什么样的感觉？和之前一样，请尊重第一时间出现的画面，以及第一时间呈现的感觉，不做任何修改。

继续往里走，你看到有一堵墙，墙上有一扇不明显的暗门。推开这扇门，你继续走进去。

里面是一间比较暗的房间，在正对你的墙上有一面镜子。看着这面镜子，从这面镜子里，你看到了什么？

并且，看着这个镜像，你会有什么样的情绪、情感和身体感觉？

继续看着这个镜像，看得越仔细越好。现在想象，你进入镜子，成为镜子里的事物，你变成了它。而镜子外面，站着你自己。

那么，作为镜子里的人，你有什么样的情绪、情感和身体感觉？

还有，看着镜子外的那个人，你想对他说些什么吗？

接下来，离开镜子，重新回到你自己身上。再次看着镜子，镜子里的事物会发生什么变化吗？你的感受又发生了什么变化？你想对它说什么吗？

---

①　如果时间允许，可以做一次完整的身体扫描练习。如果时间紧张，或者不想做太深的练习，那感受身体至少四个部位就可以了。

好，现在请再次感受你的身体，自然而然地呼吸，再慢慢地睁开眼睛。

这个练习，我称之为"镜像自我练习"。

我一共带领数千人做过这个练习，大多数情形下，这个练习会让人有点儿害怕，而练习者在镜子里看到的事物，容易是黑色的、有破坏力的，例如"恶魔"、黑女巫和野兽等。

为什么会这样？因为向下走楼梯，意味着向潜意识探索，而客厅象征着自己的关系世界，而那扇小门后的房间，意味着潜意识。镜子里的镜像，则是潜意识中的自我意象。

我们和这个意象对话的环节，是国内著名心理学家朱建军发展出的"意象对话"技术。任何我们在梦中、想象中、这样的练习中或者影视中让我们非常有触动的意象，我们都可以试试与其对话。先看看面对它时，有什么样的感觉，想对它说什么；再想象自己进入它的身体，成为它，它面对着你自己，有什么感觉，想说什么；再离开它的身体，回到自己的身体里，看看又有什么样的感觉，又想说点儿什么。这个过程可以不断循环下去，直到你觉得其中的张力基本得以转化。

和自己的重要意象对话，这是一个非常有效的进入潜意识深处的方法。任何打动我的意象，我都会重视，像我梦中一再出现的重要意象，我都会试着去理解。

这是一个无限的过程。具体来说，就是不断地深入个人历史的潜意识、集体历史的潜意识，乃至阿赖耶识的过程。我在这个过程中进入很深，有时候，我觉得我多少有点儿一窥阿赖耶识。

2016 年 8 月，我的潜意识探索进入一个特别的状态。最严重的时候，现实和想象的边界变得模糊不清。"时间和空间是幻觉"这句话，就不是随便说说，而是一种体验了。那个状态严重地吓到了我，后来我专门去找朱建军老师请教。朱建军老师那次和我的谈话持续了两个多小时，对我的帮助很大。其中，特别触动我的有两点：

（1）永远绷着一根弦，别让这根弦断了。这根弦可以是精神分析，可以是科学主义，也可以是禅修。绷着这根弦的意义是，和潜意识探索中的那些内容保持一定的距离，始终有一定的观察者在觉知、在看，而不能轻易认同那些内容。

（2）保护好"我"这个容器。"我"是一个小我，而小我把你和世界割裂开了。一旦你放下了小我，就可以活在当下，就可以碰触到存在了。

但朱老师的建议是，探索潜意识时，要抱着开放的心，允许一切发生，允许一切流动。可这一切，其实在很长时间内，都是在"我"这个容器内发生的。如果潜意识有些东西的出现，有要把你的自我彻底撕裂的趋势，这时你就会有很大的恐惧产生。如果是这样，不要生硬地直接跳入深渊，而是要慢慢来。

因为自我被撕裂后，"我"这个容器就破裂了，破裂后虽然你的感知力会有很大的提升，但你看到的东西会超出你的承受力，会带给你巨大的痛苦。

荣格有一个说法是，别被原型占据。例如，在做潜意识探索时，容易出来龙这样的意象，这也是原型。真碰触这些意象时，你会发现，它们非常有力量、非常迷人，你也许会爱上这些意象。这时，你会觉得，惯常的"我"太平凡、太软弱了，你想放弃它，而认同这些迷人的意象。这就是被原型占据。

在我的理解中，"我"就像是一个炼金炉，需要把人性的各种东西扔进去锤炼，特别是那些人性中不堪的东西，如自体的虚弱和关系中的恨。自体的虚弱和关系中的恨都是源自二元对立，即我们的意识分了对错、好坏、是非、高低、善恶等。

当二元对立基本消失时，"我"这个炉子才可以放弃。而在二元对立还基本存在时，"我"这个炉子就仍然非常重要，我们需要在这个炉子内炼制爱恨，把死本能转成生本能。后来又发现生能量和死能量是一回事，并且这些东西不是文字上说说而已，而是真切的体验。

在做潜意识探索时，不要太着急。要保护好"我"这个宝贵的容器，还可以找非常好的老师去带领自己。

互动：集体是如何修剪个人的

Q：集体无意识与从众心理是一回事吗？冰山和大海的比喻里，没有集体意识。集体意识在画面的哪里？集体无意识是大家一致的潜意识吗？

- -

A：从众心理，同时造成了集体意识和集体无意识：大家一致认同的，就成了集体意识；而大家排斥的那些，就构成了集体无意识。集体意识并不是天然正确的、必须奉行的，它也是在集体中形成的，而在集体无意识中也藏着大量的信息需要我们去观察。

例如，有报道称，海南黎族的文面传统正在消失。过去，在黎族这个小集体中，女人文面成了一个集体意识，而对天然面部的追求，会成为集体无意识。但到了现代社会，特别是全球化的时代，文面就成了全球文化所难以接受的了，对文面的渴望会进入集体无意识，而对文面的放弃则成了现在黎族女人的新选择。

我不觉得这是坏事，甚至认为任何一个小集体形成的集体意识都有巨大的局限。并且，这些局限都很容易和死亡焦虑结合在一起。你必须接受大家都接受的，因此导致个人的选择范围非常狭窄。在全球化的新时代，虽然有些东西形成了全球共识，但在整体上，每一个个体的选择范围在急剧扩大，人们更能够按照个人意愿去选择，这是好事。

Q：以人为中心，让每一个个体充分自由、富有创造力，这应该是一个很好的状态，那为什么现实中的社会却不是如此呢？这其中的根本原因是什么？是不是真实的人性太过于邪恶，以至于无法放任，一旦放任，整个社会将会动荡？

- -

A：《人类简史》给出了非常好的答案。这本书论述说，智人（即我们这种人类）之所以能战胜各种动物以及其他种类的人，是因为智人可以通过想象构建各种文化共同体。这样联合起来就有了巨大的集体力量，并且这也不只是简单的联合。各种人类共同体（即集体），可孵化出各种复杂的事物来。

如何通过想象构建共同体呢？就是大家一致认同一些东西，一致反对一些东西。先在意识上达成一致，而后构建了文化共同体。

如果这些共同想象彻底瓦解，那么这些共同体也可能会瓦解。瓦解并不一定是坏事，但一定会带来各种动荡。像西方一轮又一轮的性解放运动，就给社会带来了巨大的冲突。但是，一个运行良好的社会，应在保持一些共同想象的同时，作为一个容器，能够容纳各种新想象的产生。这样，这个社会就可以不断地有新鲜血液产生了。

回家过年的怕与爱

春节作为华人世界超重量级的现象，值得好好谈谈，更希望大家能有一个快乐、温暖、有人情味的春节，这样才叫作"回家过年"。

关于春节，你最美好和最难受的记忆是什么？这其中有哪些事件和细节，还有你的体验？如果想对你的春节做一下改造，那么你想做点儿什么？

春节，会带给很多人压力，但是我们可以把春节当作一个练习场，好好磨炼一下自己守住边界的能力。

> 人，就是一家客栈。
> 每个清晨，都有一位新的客人。
> 不管是喜悦、沮丧、卑鄙，
> 还是瞬间的顿悟，
> 都是不期而至的访客。
> 款待所有来客！
> 即便是一群绝望之徒，
> 洗劫你的客房，
> 扫荡你的家私，
> 仍要带着敬意款待每一位来客。
> 他会洗涤你的心灵，
> 带来新的喜悦。

即便是阴暗的思想、羞耻和怨恨，

你也要在门口笑脸相迎，

邀请他们进来。

无论来的是谁，都要心存感激，

因为每一位都是

由彼岸派来的向导。

——鲁米

春节为什么要逼婚

我在微博上发起过关于"回家过年的怕与爱"的调查，发现不同年龄段的人对春节的感受是不一样的。

小孩子最开心，因为有爆竹、好吃的、新衣服和红包，轻松，没压力。最痛苦的，多是年轻人，有各种焦虑和压力。老人如果没孩子回来团聚，就痛苦；如果孩子们回来团聚一堂，就好很多。

让年轻人最有压力的一件事，就是逼婚。为什么春节会变成对年轻人的逼婚大会？这有简单的现实原因。春节了，年轻人回到父母身边，有了被父母等家人唠叨的时间和空间。春节有各种聚会，也给了三姑六婆议论的机会。当然，还有一些深层的原因。

我有一个朋友，30岁的美女，被父母安排和一个条件很好的男人相亲。她见了一次就想拒绝，但父母施加了很大的压力。最后，两人结婚，婚后不久发现，该男人品极有问题，她果断地提出了离婚。

该男没怎么为难她，但她父母却陷入了严重的歇斯底里，整天哭，骂她是家门的羞耻，丢尽了他们的老脸。不可思议的是，她父母也认为该男是可怕的"渣男"，如果婚姻持续下去，不仅女儿会不幸，他们家族也可能会出现一些大的灾祸。

听上去，这对父母该是非常没有见识才对吧。可实际上，他们是白手起家的富豪。

这种奇葩事，我听到过太多了，这到底是为什么？我逐渐有了一些思考。而另一件奇葩事，可以特别好地证明我这些思考。

我一位粉丝在我微博上留言说："我妈让我和一个GAY结婚，说我结婚了，她就完成任务了。"类似这种"完成任务"的话我听过多次，这让我想：谁给了这个任务，你又要完成给谁看？

例如，历史学家张宏杰在他的《中国国民性的演变历程》中写道：

> 血缘纽带、祖先崇拜和专制精神是人类早期社会共同的特征，从欧洲到亚洲都是如此。
>
> 不过，欧洲在氏族制度解体时，就已经打破了祖先崇拜观念，转求于与人类建立了契约的上帝这个新的精神支柱。而中国却一直没有突破血缘社会的"瓶颈"。
>
> 因此，传统中国社会与如今南部非洲或者大洋洲的一些落后部落有许多相似之处。

谁给逼婚的父母们布置了任务？就是"祖先崇拜"中的"祖先"。这样就部分地回答了逼婚的问题，但为什么春节时这个问题最严重呢？

要理解这一点，就要理解节日，特别是春节是用来干吗的。

我们通常会认为，春节是用来团聚的，所以要回家过年。但其实，重大节日都有一个重要的目的——祭祀。祭祀在我们文化中有崇高的地位，所以《左传》说"国之大事，在祀与戎"。"戎"是战争，而"祀"就是祭祀。

我河北老家农村的习俗是，大年初一的早上，男性晚辈们要起个大早，挨家挨户去给长辈们拜年，给他们磕头，还要磕三下。然后回家吃饭，随后去祖先的坟上祭拜。

这时候，生育文化和宗族文化下的我们，就有一个家族里的超我——大祖先。我们得完成传宗接代的任务，好把大祖先的基因传递下去。因此，会在春节时爆发严重的逼婚问题。

这是从深层文化的角度去分析的，还有浅一点儿的现实层次——你不结婚会被排斥。

中国台湾学者孙隆基在他《中国文化的深层结构》一书中论述说，在生育文化和宗族文化下，一个人是不完整的，都不能构成存在的基本社会单元。没成过家的单身汉与大龄剩女，就和疯子等边缘人一样，会被排斥在家族体系之外。缺乏话语权，物质利益上也会被忽视。你必须结婚生子，构成一个完整的家庭，然后这个家庭才会成为一个被认可的社会单元，而存在于社会与家族体系中。

这个解释很有力量，假若社会几千年来一直如此，那它当然会成为一个深刻的烙印，印在我们的潜意识深处。尽管我们对此并无意识上的认识，但它却会成为我们一种很基本的焦虑。

如果从心理学的角度去看，则是在集体主义文化下，我们会觉得，我们每个人作为单独的个体，构不成一个完整的人，所以如果只有自己一个人时，我们会觉得自己是破碎的、不完整的。

心灵破碎，就是自体瓦解，是一种很痛苦的体验。太破碎了，会时刻面对这种感觉，于是时时都在寻找机会，逃离破碎并找到完整感。

单身的时候，最容易面对破碎。结婚生子，构建亲密关系甚至一个家庭，就貌似是完整的了。而没有成家或离婚的人，则会体验到心灵不完整的感觉。这时，如果别人还议论他们、瞧不起他们，他们就真可能会中招。

我知道有很多离婚的人，过年不想回家，不想见朋友，为什么？因为他们担心被周围的人当作"不正常的人"来看待。还有很多人，离婚了也不敢对周围的人说也是怕周围的人议论。

这有双重的原因：一方面，人爱嚼舌头、爱评断是非；但另一方面，他们自己也会这么想——没在正确的年龄构建一个完整家庭，是不正常的。并且，独自过年时，他们也真有可能会碰触到自己的破碎心灵。那时，他们也真觉得自己不完整了。这种不完整感，也是真实的。我已经44岁了，没结婚、没孩子，回到村里，肯定会被人问、被人议论。据说，都有人怀疑我的身体有问题了。但是，我自己没觉得没成家是回事，所以一直没构成困扰。别人的这些议论，我只是觉得荒唐。也许是因为，虽然我也有各种心理问题，但心灵还基本算是完整的。

父母的逼婚，三姑六婆的劝解，周围人的非议，媒体的探讨，这一切综合在一起，就构成了弗洛姆所说的社会过滤器，在语言和逻辑上试图改造你。同时，春节又有各种祭祀，那也会有各种社会禁忌过滤。所以，春节真是一个塑造人的最佳时机。只是，城市化和全球化，不仅给年轻人带来了开阔的视野，也提供了各种条件，让每一个人都越来越有机会按照自己的意愿活着，而不是非得活成一个样。

用可控第三者对待应酬

春节期间，是"高浓度"的人际互动时刻。而这个时候，我们关系中的一些固有的特点就会呈现出来。体现在谈婚论嫁上，就是"逼"这个字；体现在酒桌上，就是一个"劝"字。逼婚也罢，劝酒也罢，都有点儿把自己的意志强加在别人头上的意思。

还有请客、送礼。我老家的农村，大家差不多都携带类似的食物、礼物而来。收下，太多；转送，不礼貌。如果拒绝，那绝对是一个又一个的小战争。

这些事情，都有点儿强买强卖，对方的好意，你必须接受。即便带着点儿恶意（如劝酒），你也得接受。否则，就是不给对方面子。

我一直有这种癖好——试图为身边的一切行为找到信服的解释，春节这些事情自然也不例外。一天，我在一件看似不那么相关的事情上找到了答案。

那天，我照镜子，发现自己长了两根白发，于是让我家阿姨看看是不是别处还有白发。阿姨说："哎呀，有白头发了，我给你拔出来吧。"我说："阿姨，不用拔，你帮我看看别处还有没有就好。"她说："有白发不好，我还是给你拔了吧。"我再一次向她强调："你只帮我看看别处还有没有就好。"她看了看说："没别的，就这两根。"

接着，我回到书房写东西。阿姨跟上来，手里拿了一全套的夹子，要为我拔头发。我认真地看着她的眼睛，再一次说："阿姨，我不想拔。"这一下，她终于听到了我的话，不再执着地要为我拔白头发了。

　　她离开后，我觉得心里有点儿堵，然后想：她是善意的，却让我心堵得慌，这是为什么？表面上的原因是，她的善意不是我想要的，她一再执着地要表达她的善意，这让我有了被入侵感。当我站在她的角度上，想象我是她，那样说话，那样做事，瞬间就明白了更深的原因。我的理解是，她封闭了自己的心，切断了自己的感受。她人非常好，这次也特别想对我好。但是，因为心是关闭的，她根本就没接收到我发出的信息。

　　简单来说就是，她的好意，没有心的参与，只有头脑在努力。

　　当晚，在为一位来访者做咨询时，发生了类似的事。我脑子里浮现出了一个画面。他们两个人的心都包裹着一层坚不可破的硬壳，硬壳外面是各种讨好行为，它们就像一层流动的、稠状的果汁。他们随时都在捕捉别人需要什么，很愿意付出，但这层稠状的果汁没有能力判断别人到底需要什么。所以，他们只是知道要对别人好，但却不能给对方想要的东西。就算给到了对方想要的，因没有心，也就没有感情的投入，所以这份礼物是没有温度的。结果，它只是一种应酬。

　　并且，他们的价值感建立在对方是否承认自己之上。所以，对方必须收下他们的好意，给予他们积极的回应。否则，他们会非常受打击，觉得特没有面子，也就是自恋受损了。

　　那该怎么做呢？

　　可以记住两点：积极回应和不含敌意地坚决。就是，我确认，你的行为是好意的，这是积极回应。如果想拒绝时，就可以用不含敌意的坚决。例如，过分的劝酒，我就是微笑着坚决拒绝。

　　在这里，可以运用一个概念——"可控第三者"。这既可以帮助我们更好地理解前面讲的现象，又可以帮助我们想到应对的方法。

　　找一个熟悉的人陪着，这是大家都知道也都会用的办法，这是最常见的可控第三者。我认识的几位企业家，他们最初做生意时，单独去谈生意，难谈成，因为紧张。让配偶单独去谈，更不成，因为配偶做事的能力差。如果两个人一起去，哪怕配偶一句有用的话都说不出，只是陪着他们，这生意就可以谈下来。一句话都不说的配偶，就起了可控第三者的作用。

物也可以发挥作用。一个做生意很厉害的女人，在她的兜里总放着各种糖果，见人就说："来，姐给你块糖吃。"借此，她和客户的关系就从紧张的商业关系，变成了吃糖不吃糖的小孩子过家家的玩伴关系，彼此都轻松了很多。

聊大家都知道的事情，也是一种可控第三者。例如，明星们的八卦与流行的影视等，发挥着巨大的作用。老有学者酸溜溜地说："明星们有什么用？崇拜他们太俗了，为什么公众就不崇拜严肃的学者？"事实上，从某种程度上来说，明星是整个社会的可控第三者，是整个社会搭建人际关系时最有用的桥梁。

恋爱前期，两个人都容易紧张，所以一起吃饭、看电影、做一些有趣的事，就变得很重要，这都是可控第三者。这时，最好用事情做可控第三者。如果是人，就变味了。

比如，相亲的时候，父母等家人一起上阵，这是很糟糕的。总要朋友陪伴，则可能有生出三角恋的危险，或者会让对方觉得你不成熟，你不爱他。

如果各种可控第三者都无效，你一到外部世界就紧张，任何人际关系都能让你失控，那么，去找心理咨询师吧，这些专业人士能做你的可控第三者。为了让来访者在咨询室中形成掌控感，我常对来访者说："咨询室内，你可以做任何事，只要不对你或对我构成身体伤害。"

敬烟、敬酒、吃火锅、聚餐等，都可以说是我们构建人际关系时的可控第三者。我们要知道，这时候，我们是在借助这些东西来构建关系的。如果你拒绝了对方的可控第三者，一定要让对方感觉到你并没有拒绝和他的关系。否则，碰到脾气特别大的人——有自恋性暴怒的，如果你拒绝了他的敬酒，可能会导致他翻脸，甚至打架。

所以，你可以拒绝他的酒，但同时又要表现得和他非常热乎，让他知道你多么在乎他，就可以不让他受伤了。你也可以使用其他的可控第三者，例如你拒绝了他的酒，但你给他递烟，或者你们一起回忆共同的往事。总之，你只是拒绝了他的东西，但你们的关系没有断，甚至变得更亲密了。

集体性自我带来的焦虑

春节时的这些竞争，和它们带来的巨大焦虑，都和我们是集体性自我有关。

在集体性自我中，至少有两个超我：一个是大家长，另一个是"所有人"。

大家长可以理解，就是一个集体性自我掌握话语权乃至真实权力的人。"所有人"是我自己简单提出来的一个词，它很普通，不够学术，但很有表达力。

超我看着本我和自我，是自我结构中的监督者。可以这样说，我们在一个群体中行动，会觉得有大家长和"所有人"这两个超我在看着我们，而我们的行动，就有意无意地在追求这两者的满意。

一个家族中的大家长，就是这个家族中最显而易见的超我。并且，他的力量来自家族这个集体。所以，大家长对家族团聚的期待要高于其他人。

在家族这个群体中，向大家长靠拢，也就成了一个自然而然的动力。

"所有人"这个超我为何会构成春节焦虑的重要部分？对此，我讲两个发现：

一个是很多年前的。那时，我回家时，还很爱和邻居们聊天，但有一天我发现，大家说的，无非就是两件事：第一，我对×××特别好；第二，×××对另一个人竟然比对我好。这个发现让我立即失去了听家乡人唠叨的兴趣。

另一个是我2017年发现的。我是一个过度坦诚的人，这种坦诚我不认为是一个优点，而是觉得它背后很有问题。以前的理解是，这里面有恐惧。但2017年，几次和别人有冲突和误解时，我都随即发了朋友圈或微博，隐晦地透露了这些冲突和误解，然后立即觉得不妥，又把它们删了。和我的咨询师探讨这些事时，发现自己在说：第一是你看，我真是一个没有花花肠子的人，所以完全可以坦诚，我是如此清白；第二是你看，他太有问题了，竟然这样对我，辜负了我的好意。

真是评价别人容易，理解自己太难。我和我老家的邻居们完全是一样的，但我要花这么多年时间，才在自己身上认识到了这一点。

可是，我的表达对象是谁？我在向谁诉说？鉴于我发微博和朋友圈的行为，那可以说，我的诉说对象是"所有人"。我的那些邻居也一样，他们并不只是在我这儿对我诉说，他们也会在别人那里诉说，所以也是在诉说给"所有人"。

所谓"所有人"，可以理解为，集体性自我中的整个集体。当你觉得你的自我是和家族绑在一起时，你会忍不住对整个家族诉说；当你的自我和整个村子绑在一起时，你会对整个村子诉说；当你觉得你的自我和整个集体绑在一起时，你会想对整个集体诉说。

这样还可以推理，在集体性自我中，我们既会觉得自己的一举一动都在被大家长和"所有人"看着，又会主动把自己和这个集体中的人发生的事呈现在这两个超我前，让它们评断对错、主持公平。

放到春节期间，我们会有高频率的人际交往，各种家族聚会、好友聚会和同学聚会等。这时候，受集体性自我的支配，我们会忍不住把自己和别人的一切呈现给集体。

如果有是非，我们就想去寻求评断对错（即公平、正义），但春节不同，春节更像是对一个人一年的一种年终总结，我们要把自己的一切呈现出来，也看看别人过得怎么样，会相互比较。同时，竞争的时候，胜利者会有不安，失败者会有挫败感。

我们常说隐私，但"隐私"可以说是一个个性化自我下的概念，如果都是活在集体性自我中，我和你都属于我们，那还有什么隐私可言呢？

这还会构成城市和乡村的不同。特别是在大城市中，个性化自我越来越占据主流，所以隐私感很强。而一旦回家过年，太多人不仅是回到了小城镇和农村，同时也回到了家族，这就意味着回到了集体性自我中，味儿就变了。

创造属于你的春节

幸福感的主要来源是好的关系，如果能在过年期间改善那些重要的关系，就能帮助我们体验到回家的感觉了。

第一，这是了解你自己的好时候。

我写这套书首先是为了帮助你了解自己，其次是了解别人。并且，有过各种调查，例如，你记忆最早的事是什么？你生命中记忆最深刻的三个事件或细节是什么？这些事情，按照我的经验，多数和父母的关系很大，并且可能我们当时年龄太小，因此对时间、空间等细节记忆未必准确，所以可以找父母等相关家人确认一下。

还有，这些细节如果和家人有关，请他们从他们的角度讲讲这些事，那会对你很有帮助。不仅如此，你还可以问问父母，他们对你最深刻的记忆是哪些。

并且，多数情形下，父母对你的记忆都是连续的，让他们按照你的年龄讲讲各种记忆，可以帮助你把记忆变得更为连续。

第二，这是了解父母的好时候。

春节期间，很多父母和长辈之所以容易唠叨，是因为缺乏有效谈话，所以一谈话就容易去关注孩子的事。这时，他们还会忍不住指手画脚，于是变成了控制。如果能有一些有效的沟通，这些无意义的唠叨和烦人的控制就会减少。

有效沟通，无非是比昂说的三种：表达爱，表达恨，增进了解。那么，何不利用这个时候，将我问的问题同样问问你的父母？例如，父母最早的记忆，他们生命中最深刻的三个细节，特别是他们童年时的记忆。你还可以好好地问问他们关于家族的认识，以及他们对他们那个时代的认识。

并且，一旦你不仅问了他们记忆中的事情，也去问了他们的体验和感受，那自然会大大地增进你们之间的联结。

第三，了解你的祖辈乃至祖先。

例如，你知道爷爷奶奶、外公外婆的名字和出生年份吗？当然，你还可以做更多了解。

第四，进入父母的现象场。

我们在《自我：进入别人的现象场》中介绍过一个练习：成为你的父母。就是：放松身体，闭上眼睛，想象你父母的样子，然后想象你进入他们的身体，以他们说话的方式说话，以他们走路的方式走路。看看作为他们，你会有什么样的身体感受和情感体验。

春节期间，因为和父母等家人在一起，这是做这个练习的绝佳时机。甚至，你都不用非得按照我说的程序去做，你可以使用很简单的方式。例如，某个时刻你对母亲非常有感觉，比如母亲在厨房忙碌的时候。等合适的时候，你可以进入厨房，模仿母亲的样子，想象你就是她，在厨房忙碌着，看看那是什么感觉。

第五，好好拍一张全家福。

任何节日，都是一个仪式。像春节，不仅是团聚，对华人来讲，也是辞旧迎新的时刻，是时间的重要标记。除了照片，还可以录像记录一下团聚的时刻。

> 弗洛伊德称，人有两种思维：初级思维过程和次级思维过程。次级思维过程的媒介是语言文字，而初级思维过程的媒介是图像。语言文字的重要性，是沟通起来便利，同时失去了大量信息。而图像的关键，是难以表达、难以沟通，也难以传输。

所以，利用你现有的拍摄工具，好好拍一张全家福以及录一段视频，它们会成为宝贵的记忆。

第六，教教父母使用新电子产品，甚至游戏。

现在是万物互联的时代，如果父母等长辈不会使用最新的电子产品，就意味着他们脱离了这个时代。所以，教教他们如何使用这些工具，比如让父母等长辈学会使用微信，学会使用语音和视频聊天，这会对他们有很大的帮助。

第七，减少不必要的聚会。

例如各种同学聚会，还有男人们不断赶的各种酒场。既然是回家过年，而且我们家人之间常常是看似热闹，实际上高质量的情感联结是比较匮乏的，那么就不如把时间主要拿来用在和家人团聚上。而且，你来主导这些团聚，会让它们变得更加有质量。

第八，训练你的界限意识。

也许以上这些事，你都不想干，你可能对你的家庭很失望，觉得这些创造性的事太难，或者你就是太抵触。那么，你可以训练一下你的边界意识，然后拿来实战，看看如何在家庭、社会关系中，成功地守住界限。

第九，改造习俗。

我们春节的习俗，有些很好，有些则堪称是陋习。像我前文提到的，我老家农村，过去大年初一起来，男人们干的第一件事，是去长辈家行礼，而且要磕头的。这个习俗近几年被放弃了，不再磕头了，连见节都没了。这些习俗看起来像是自动消失的，但我相信，一定是有人最初发起了这样的倡议。

以上这些，都是我的设想，我认为的春节怎么过会更好，但既然是要创造属于你的春节，那你就可以按照你的感觉来设计。例如同学聚会，你可能会非常享受，乐在其中，那就多参加、多享受吧。

互动：春节习俗变动的背后

春节习俗变动这个现象，是我老家村子里这几年的习俗变动。

首先是磕头、见节这件事。磕头、见节是集体意识，而磕头背后的羞耻感和愤怒等就成了无意识的内容，不被我碰触和很好地觉知了。

实际上，村子里的习俗变化不只这个，还有春节期间，一家子内的串门也减少了。人们有更高的自由度，按照自己的意愿去串门。而这时交往多的，肯定是交情多、彼此间舒服的。

这些改变，在我看来，都意味着家族这个层级的集体的瓦解。而个人按照自己的意愿来交际，这也意味着个人主义空间的扩大。

同时，村子里还有很多变化。例如，现在几乎家家都有车，所以村子也开始出现堵车的情况。此外，村子里的婆媳关系极大改善了，家暴也很少见了。

以前，家族的凝聚力也和村子里的生存环境恶劣有关：村子的生存环境越恶劣，就越需要一个家族的人凝聚在一起，这样才可以更好地参与社会竞争。但现在，不仅经济改善，社会保障体系越来越发达，法律也相对趋向完善。于是，个人可以依赖于社会这个更大的集体，而不必非得依赖于家族这个层级的集体了。

在大城市里，这一点更为明显。所以，很多年轻人尽管经济上窘迫，却仍然愿意选择在大城市里待着，就是因为大城市各种社会体系都比较完善，这最大可能地保障了个人自由伸展的空间。

Q ：自己怎么努力去完整破碎心灵呢?

A：破碎心灵，是因为个人的自我是一个功能很差的容器，兜不住心灵的各种碎片，特别是死能量。最初，自我这个容器是在和父母的关系中形成的。个人自我就是将最初这个关系内化的结果。

所以，要解决破碎心灵这件事，就先需要关系这样的外在容器，接着形成比较完整的自我这个容器。

人性就是如此矛盾，我们想自由地做自己，而这必然发生在关系的世界里。

梦——通往潜意识的捷径

每次谈到潜意识时，总会有很多朋友问，怎样了解自己的潜意识呢？因为所谓"潜意识"就是你的意识不能直接碰触的，所以你很难直接意识到自己的潜意识。

我们可以找精神分析师来认识自己的潜意识，但这个途径太不方便了，也不是谁都想选择的。再说，好的精神分析师也太欠缺了。

我们还可以先形成一些认识。例如，你看到了 A，就意味着看到了 –A。但是，头脑的认识和真正碰触到的潜意识还是非常不一样的。

那该怎么办？

所幸，大多数人都可以有一个途径——梦。梦是大多数人得以碰触自己潜意识最便捷的途径，只要你做梦，你就有机会深入自己的潜意识。

你一生中印象最深刻的梦是怎样的？我印象中深刻的梦有太多了，分享一个很特别的梦：我杀了秦桧的干儿子，秦桧派了一队兵马过来捉我。他们整整齐齐的一个方块阵，大概几十个人，长枪林立，铠甲鲜明。就到我跟前时，我不着急、不发慌地亮出了一个令牌，上面写着"弗洛伊德的使者"，然后他们就不能捉我了。

这个梦是我 2006 年去上海中德班学精神分析，出发前的晚上做的。它意义非凡。

实际上，梦整体上是有极大的意义的。甚至，梦比现实更有意义。如果你学会了认识你的梦的话，你也许会赞同这一点。

此地是一个梦。

只有沉睡的人认为它是真实，

彼时，死亡将如黎明般降临。

你清醒过来，不禁嘲笑

你曾经为之悲伤的一切，

然而每个梦却不尽相同。

所有虚幻的现世作为，

残忍的、无心的，

并不会在死亡降临时消散。

这是一个不得不说的梦，

因为它就真实地存在于此。

——鲁米

向梦寻求答案

很多时候，你意识上找不到答案时，可以试试向梦寻求答案。甚至，即便意识上有了答案，你也要问问自己的潜意识，因为潜意识的答案常常比意识更靠谱。至少，潜意识提供的思考和意识上的思考可以结合到一起来看。

对于我倡导的理论，我从来都是身体力行。所以，向梦寻求答案，是我习惯性做的事情。

一次聚会，一位企业家请我给他解梦。

他梦见自己走在一条弯曲的小路上，路两边是大山。左边有韩国明星的宣传照，右边则有很多牌子，上面写满韩文。

翻过一个山坡后，他看到路边有一栋小房子，是一个小卖部。后面有一个光秃秃的石拱桥，再往后是陡峭的悬崖。

一男一女两个韩国明星站在石拱桥上，让企业家给他们拍合照。企业家一按快门，他们突然就掉下悬崖，不见了。企业家拿开相机，看到他们又站到了石拱桥上。企业家再低下头按快门，他们又掉下悬崖不见了。等拿开相机，他们又出现在了石拱桥上。

显然，"韩国"是这个梦中的关键信息，有韩国文字、韩国明星的宣传照和韩国明星。于是，我问这位企业家，从关于韩国的这些信息中，他会想到什么。

梦光怪陆离，但解梦法可以很简单。这时，我使用的是自由联想，就是你从关键的 A 开始，会自然而然想到什么，又想到什么，还想到什么……

这位企业家觉得纳闷，韩国似乎不能让他想起什么。他从不看韩剧，更不哈韩，怎么梦中会有这么多韩国信息呢？

这就不是联想，而是判断了。于是，我对他说："能想到这儿很好，请不要被这个判断阻断联想。你试着不管这个判断，看看'韩国'能让你想到什么。"他静了一会儿，想到了一位韩国企业家，令他钦佩，因为这位韩国企业家非常善于做营销。

"韩国企业家"，"非常善于做营销"，这是两个很有用的信息。我说："那么请继续想下去，看看你脑子里还会冒出什么东西来。"他又想了想说，虽然没怎么看过韩剧，但有一种感觉，觉得韩剧挺炫但也挺假的，一点儿小事都弄得很夸张……

我说："一点儿小事都弄得很夸张，这是第二个联想的核心信息了。而这与第一个联想的核心信息'营销'其实有类似之处，是吗？都是夸张一个事物本来所具备的价值，把它卖一个更好、更高的价格。"

对此，他点了好几下头，表示认可。不过，当我请他继续联想的时候，他花了好长时间，对韩国也联想不出更多的信息了。

这个关键信息想不出更多东西，那我们可以看看梦里其他的关键信息。

"梦里的山路，常象征着人生旅途，这个山路会让你想到什么吗？"我问他。这很简单，他说："小时候，4 ~ 10 岁的时候，我常在大人的带领下，走过一条 20 公里长的山路，去找在外面工作的妈妈，梦中的山路就是这条路。"

一个 4 ~ 10 岁的孩子要走 20 千米的山路，这明显是比较艰难的了。他对此表示认同，同时补充说，每次最后都能找到妈妈，所以他想起这条山路时，觉得是会很艰难，但并不十分担心。

这很好，这意味着，他要在生命中走一段路，虽然有些艰难，但他最后应该能走完，他对此深具信心。

我问他："最近有什么重要的决定吗？尤其是，你决定要踏上一段任务艰巨的旅程吗？"

他毫不犹豫地点了点头，回答说，他刚在工作上做了一个重要的决定，决心将他的公司发展成所在领域的 No.1。对于现在的他而言，这相当于一个 4 ~ 10 岁的孩子要去走一条 20 千米长的山路，艰难，但应该可以走完。所以，我祝福他，说："根据你的梦，我相信你会实现这个目标，就犹如你在孩童时，会走过漫长的山路最后找到你的妈妈。"

这也是我们很多人生之旅的含义，我们设定一些目标，希望实现，但为什么要实现它们呢？童年时，这样的旅途是为了得到最原始和客体（就是妈妈）的爱与认可，而现在，则是为了得到一个抽象的内在妈妈的爱与认可。

只是，在这个旅途中不要迷路，不要只想着看得见的目标——成功，而忘记了，我们渴求成功，是为了在一些关系中得到认可。

这些说法对他有了一些触动，他说，他更明白了家庭的重要性。说着这些的时候，他突然说，那条山路有时会有意外，比如偶尔会有豹子出没。

"梦中的韩国人会是你工作之旅中的'豹子'吗？"我问他。

他愣了一下。这时，我再问他："做这个梦的时候，你遇到了什么人吗？是不是为了完成你的工作目标，你当时正在找合作伙伴？"

这个问题让他沉思了很久，最后他回想了起来，在做这个梦的前两天，有两个人，也恰好是一男一女，想和他合作，并且游说他说他们是营销高手。

"哦，你是营销高手，他们也是营销高手。这么一来，你的事业的重要人员都是营销高手，看来你的公司很快就适合演韩剧了。"我半开玩笑地说。

接下来，根据对他公司的了解，我说，他的公司也许更需要实力，是踏踏实实的东西。他要寻找的合作伙伴，是能够提升他的公司实力的人，而不是帮他这个营销高手把本来 1 元钱的东西卖个更高的价格。

我问他："这样的人，会不会是你工作之旅中出没的'豹子'呢？"

这番话让他沉思了更久，最后，他表示感谢，说我帮他搞清楚了一个很重要的事情，他知道该怎么办了。

我说，他更应该感谢的是他的潜意识，而他需要做的也是尊重他的潜意识。

很有意思的是，第二天，他兴奋地给我打电话说，他又见到了那两个想和他合作的人。这次他注意到，他们拿的皮包上有韩文，而那位男士还穿了上次见他时的衣服，衣服上也有韩文的商标。

最后这个细节是非常有意思的，这可以说明，我们意识上注意到的范围是比较狭窄的，而潜意识注意到的范围则非常宽广。

这是一个让我印象非常深刻的梦，而这次解梦让我想到，每当有重要决定时，聆听一下梦的表达是至关重要的事情。

向梦寻求答案，这个办法操作起来非常简单，就是在睡觉前，对自己说：某一件事让我有些困惑，我很想知道这到底是怎么回事，请潜意识指引我。

如果你是一个常做梦的人，那么有很大可能，你会做一个相关的梦，然后可以通过各种方法来解梦。

为什么要向梦寻求答案呢？因为，我们在惯常的思考中，主要使用的是意识层面的内容，而潜意识层面的内容会被意识屏蔽、忽略了。然而，潜意识和身体所捕捉到的信息极为关键，并且常常是相反的信息，聆听到潜意识层面的信息会很有用。可是，在惯常的思考中，我们得不到这些信息，所以需要通过梦去得到潜意识提供的信息。

为什么梦中可以得到潜意识的信息？这可以使用弗洛伊德的自我结构理论来理解。简单的解释是，我们醒着时，自我防御机制在紧密运转着，结果本我和部分超我的内容，因为会造成巨大的冲突，所以被自我防御机制给防御了。然而，在不清醒的状态下，自我防御机制这个警察会打盹儿。这时候，潜意识中的内容就有机会逃出来了。

并且，梦的内容不能太直接，它一定要使用各种复杂的手法来表达，因为太直接的话，就有可能会惊醒自我防御机制这个警察。

自我解梦的方法

有朋友说："我不做梦怎么办？"

首先，至少有两种人是真不做梦的，而且这两种人的境界正好一个天上，一个地下。

我们有一句古话说"真人无梦"。什么叫真人呢？就是意识和潜意识合一的人，这样的人可以和自己的所有体验在一起，所以不存在潜意识，也就不存在要和潜意识沟通了。这种不做梦的人，境界太高，也太少。

第二种不做梦的人，是严重的精神分裂症患者。他们的自我防御体系彻底崩塌了，他们完全不管现实，而是一直活在梦中，把幻觉和妄想当作真实的来对待，所以也没有梦。

我从读者那里了解到：只怕没几个人真的是没有梦的，有说自己不做梦的朋友，实际上只是不记得自己做的梦而已。为什么不记得？因为即便在梦中，你的自我防御体系仍然可以非常好地发挥作用，所以梦的内容进入不到意识中。

我们该如何记住自己的梦？有太多人说："我知道自己做了一个精彩的梦，但总是记得不仔细，太多关键的细节记不住，只能记住大概。"

有一个简单的诀窍，就是从梦中醒过来后，你先保持身体不动，最好是任何一个小动作都没有，然后在这个状态下，把梦的细节回顾一遍，然后再去做记录工作。过去的精神分析师会建议在床边放一个本子，把梦简单地记在这个本子上。现在简单了，你可以把手机放到旁边，用手机录音就好。

为什么要保持身体不动呢？这一点，我的催眠老师斯蒂芬·吉利根说过，任何一份肌肉、骨骼的紧张，都和一个具体的思维有关，而思维即防御。所以，当我们从梦中醒过来，看起来只是不经意地翻个身、摇摇头，甚至只是动一下手指，其实都是在启动防御，想从梦带来的体验中逃走。所以，保持身体不动，也就意味着你头脑中的防御也没有启动，就可以流畅地回顾一下梦了。

至于解梦的方法，也可以非常简单，有三个：

（1）当下解梦。从梦中醒来，保持身体不动，不做任何努力。也就是说，不主动启动思维过程、身体过程和情绪过程，而让梦中产生的一切体验和想法自然而然地流动，不做任何抗争，只是保持着觉知。

这个方法我多次提过。特别是那些带来强烈体验的梦，通常是噩梦，你醒来后会非常难受，还可能充满恐惧。这就是黑色生命力（死能量）。但如果你不做任何抗争，让它们流动，同时保持着觉知——即用觉知之光照亮它们，那么逐渐地，这些黑色的死能量就会转变成白色的生能量。

这时候，思维过程、身体过程和情绪过程都在进行，但它们是梦境所带来的本来的东西，你不要做任何主动的努力，也就是让这三种过程自然表达，而一做主动的努力，就会切断它们。

（2）自由联想。找到梦的一个信息，然后自然而然地问自己，从这个信息，你想到什么，又想到什么，还想到什么……

自由联想，是精神分析最基本的方法。经典的精神分析，是来访者平躺在躺椅上，并在这张躺椅的头部旁边再放一张椅子，精神分析师坐在那儿。来访者知道咨询师在，但看不到他，并向咨询师讲自己头脑中出现的一切想法。

彻底、流畅的自由联想，就意味着你的思维过程、身体过程和情绪过程都在自然进行。这本身就是疗愈，即当下解梦法。但是，我们必然会有各种阻碍、各种被打断、各种逃避。这就意味着有固着的情结，是分析师发挥作用的地方。

即便会经常被打断，仍可以把一次咨询内发生的所有事情都视为一个完整的自由联想。例如，来访者讲了 A、B、C、D 四件事，这些事貌似联系不大，但咨询师一定要明白，这是一个自由联想的过程，它们有密切的联系。

当然，自我解梦时，找到这么复杂的联系并不容易。通常对于心理爱好者来讲，自由联想像破案一样，从 A 想到 B，又想到 C。这时候会发现，噢，原来这就是答案。

例如，蛇是梦中经常出现的意象之一。如果你梦见过蛇，那么可以拿蛇来做一个自由联想的实验。让自己安静下来，闭上眼睛，放松身体，回忆梦境，仔细去看梦中的蛇的形象，然后问自己，这让你想到什么，又想到什么……

（3）角色代入。想象自己进入一个意象，成为这个意象，然后感受它。

一次课上，一个女学员梦见一个女人总想靠近她，而她充满恐惧。先做自由联想时，她发现，梦中的这个女人，让她第一时间联想到的，是自己一个多年的闺密。然后，她做角色代入，进入闺密的身体时，体验到闺密充满恶意和幸灾乐祸。闺密靠近她，就是为了看她的笑话。

我们要知道，自我防御机制是非常重要的，因为它能发挥作用时，就意味着"我"这个容器是好好的，它没有破裂甚至严重损坏。例如精神分裂症患者，他们的自我就严重损坏了。

此外，美国军队现在有这样一个制度：如果随军的心理医生发现一位军人晚上梦见的内容就是白天战场上发生的，梦境非常直接，没有绕着弯儿的修饰，那么就会建议这位军人离开战场，因为他的自我防御机制已经不能正常地发挥作用了。

在我的理解中，"我"作为一个容器，就是要不断地修炼，直到彻底体验到死能量和生能量是一回事。那时候，意识和潜意识才能合一，然后一个人才能做到真人无梦。

这是一个极不容易完成的目标，我们不要轻易认为自己已经实现了。

梦与心灵一起成长

作为对梦特别关注的咨询师，我很早就发现，来访者梦境的变化，好像比他们在现实中的变化，更能说明是否有了疗效。很多时候，来访者在现实中呈现出来的改善只是一时现象，甚至还常常是讨好咨询师的表现。但是，如果梦境发生了改变，那常常是很根本的。

我的朋友李雪，她在学心理学之前，常常做被追杀的噩梦，而且会被杀死，很可怕。开始学心理学后，她首先逃跑的能力增强了，后来可以转过身来，与追杀她的事物搏斗。再往后，她都能将追杀者杀死了。虽然这还不是根本意义上的疗愈（真正的疗愈意味着拥抱追杀者，发现它是你自身的一部分），但这已经是非常好的改变了。

所以，要重视那些常常出现的梦，试着去解读它们。当这些梦境不断发生变化时，也就意味着，你的心灵在不断变化。

我在心理学教授、荣格心理分析学派的治疗师申荷永那里听到了一个故事。

一天，申荷永和一个亲人 A 接待一位国外来的荣格派的心理学家 D。A 是一位军旅作家，虽然 A 和申荷永的关系很亲近，但他不喜欢荣格的理论，认为太神秘，也不喜欢解梦，觉得梦太乱，根本不值得信任。申荷永和 A 就此辩论过多次，但申荷永无法说服他。

那天，他们两人带着 D 逛了一天后，晚上在宾馆休息时，申荷永对 A 半开玩笑地说："D 解梦比我强多了，你敢不敢讲一个你的梦？"

"有什么不敢？" A 回答说。然后，他讲了他最近做的一个梦：他牵着一只羊走在一条水渠边的路上，这只羊在水渠里喝了点儿水，还闯进路边的白菜地吃了几口白菜。

A 说得很简单，D 一开始没有追问细节，而是问 A："这个梦让你联想到了什么？"

D 这样讲，是想用自由联想法引导着 A 最终领悟到梦的寓意。可是，A 对解梦还是很有抵触，他说："这能想到什么？什么都没想到！"

这时，申荷永说："你这个态度不好，你怎么会什么都没想到？你不就是属羊的！"

这句话说得 A 不好意思起来，他对 D 说："我是属羊的。"

作为外国人，D 没有问 A 属羊是什么意思，而是继续问："羊在你前面还是后面？"

"前面。"

"它是自由的，还是有绳子？"

"有绳子。"

"绳子有张力吗？"

"有，这只羊老闯来闯去的，我一直拉着它。它力气很大，我总拉不住。"

……

对话一直这样进行下去，在 D 的引导下，A 一点一点地讲出了这个梦的所有细节。这时，怎样问问题并不重要，D 这样做，是通过具体化技术，在此时此地还原 A 做梦时的感受。通过让 A 回忆梦中的所有细节，逐渐回到做梦时的气氛中去。

这也是我在课程或咨询中解梦时必用的技术。解梦有两种方式：一种是硬解梦，就是我作为咨询师，根据理论、经验和感觉直接说出分析；另一种是软解梦，就像 D 这样，让被分析者沉浸到梦中，然后自己领悟到梦的寓意。

这个方法起了作用，A 越来越放松、越来越安静，他慢慢地讲出了一个关键细节：

> 羊冲进白菜地，狂吃了一通白菜。这时，我在梦中产生了两种矛盾的感觉：一种是同情，觉得这只羊很可怜；另一种是内疚，因为梦中我知道自己是军人，而军人不能拿老百姓一针一线，更不用说自己的羊到老百姓菜地里狂吃一通，这是我不能接受的。
>
> 于是，我也走进菜地，把羊抱了起来。

当讲述到这儿时，A 说，他现在还记得梦中的感觉。梦中他卷着袖子，所以上臂感受不到羊毛，但小臂紧挨着羊毛，羊毛很软，这种感触他现在还记得。

"你能描述一下你现在的感受吗？" D 问 A。

"我觉得挺委屈的……挺难受的……" A 说到这儿时，眼中已有泪光。

"好，你不用说话，可以试着好好体会一下这种感受。" D 说。

A 安静地体会了一会儿后，这次对话结束了。D 始终没有要 A 详细地讲述他的委屈感，不过申荷永知道 A 的委屈是什么。

他说，A 两岁的时候被父母送给一个姨，因为这个姨没有孩子。这么做只考虑了大人的需求，而没考虑孩子的需求，这对 A 是很大的创伤。梦中的羊毫无疑问就是 A 自己，而梦中的委屈感是 A 多年以来的一个很重的心理内容。这个委屈其实是 A 对自己父母的不满："我什么都没做错，你们为什么不要我？"

作为作家，A 的小说里一个最常见的主题是打抱不平。看起来，这打抱不平是对别人遭到的不公正待遇的愤怒，但首先反映的是 A 自己内心深处对自己遭到的不公正待遇的愤怒。并且，他首先是对自己父母有很大不满，但这不满他意识上不敢充分表达，也不能坦然接受，于是把它压抑到潜意识中去了。可压抑并不等于消失，相反，被压抑的内容一得到机会就会进行表达，尤其是一看到别人受到委屈，他就特别不能接受，忍不住要表达在他的小说里。他的故事，很典型地说明了内在的冲突是如何表现到外部世界中去的。

申荷永回忆说，当时有好几分钟时间，A一直沉浸在自己的感觉中，最后说了一句："这个家伙水平还不错。"

这件事改变了A对解梦的态度。第二天一早，A主动向D讲了两个梦：

（1）他梦见自己换了一栋大房子。

（2）他梦见一批犯人，因表现不错，被额外给了24小时的假释时间。官方还派了一批大学生和他们联欢，但其中一个重犯因为怕自己犯罪的秘密暴露，于是埋下了炸弹，想炸死要过来联欢的大学生。

第一个梦反映了A的心理成长，房子意味着他的心理容纳度：以前的房子小意味着他的容器小，换了大房子意味着他的容器变大了。

第二个梦则表明，不断地开放自己的内心并不容易。我们之所以压抑自己的很多心理内容，是因为我们认为它们很不好，是"坏我"。在A的梦中，它们直接表现为罪犯。一批大学生来和罪犯联欢，意味着"好我"和"坏我"正在走向彼此接纳。但这并不容易，所以，梦中的重犯才拒绝见光，甚至想把"好我"给彻底摧毁掉。

这是心灵成长的必然过程，会不断有融合，让我们变得更从容、更宽容。成长必然意味着，一些被我们严重压抑的东西会不断地浮现出来，我们有时难免会被这些东西给吓一跳。

但同时，我们的心理容纳度也不断在增长。以前，我们的容器小时，这些信息不能被自己的意识所接受，但现在我们的容器大了，这些信息就能被接受了。

申荷永说，后来A多次梦到他牵着羊走在水渠边的情境。梦境大致一样，但细节在不断变化。以前，水渠的水很少，也很脏，水渠旁的树上也是枯黄的叶子，但慢慢地，水渠里的水越来越多、越来越清澈，而水渠旁的树的叶子也越来越绿。

这一切都意味着，A的内心正在走向成长、走向和谐。

我一直在观察自己的梦，发现我的梦是有几个系列的。因为不断有觉知之光照进来，所以它们也不断发生变化，这真是一个奇幻而美妙的过程。

一些常见的梦

梦最显而易见的好处是洞察力极强，如果你常观察自己或别人的梦，你会发现，梦对事情真相的洞察，简直是可怕。

弗洛姆讲过一个案例：A 和 B 相识，讨论在未来事业上的合作。A 对 B 的印象很好，因此决定把 B 当作自己事业上的伙伴。但当天晚上，A 做了这样一个梦：他看到 B 坐在办公室里，正在翻阅账本，并篡改了账本上的一些数字，以掩饰他挪用大量款项的事实。

"这不过是一个梦而已。"醒来后，A 对自己说。他还是决定相信自己理性的推理和判断，与 B 合作。

但一年后，A 发现，B 真的擅自侵占了大量款项，并做了很多假账。

也许有人会认为，这个梦是预言，是冥冥之中的力量告诉 A 不要和 B 合作。但弗洛姆认为，这个力量其实就是我们的潜意识，或者说是直觉、本能。A 的本能实际上感知到了 B 并不可靠，然而，不是 B 欺骗了 A，就是 A 不允许自己轻易怀疑一个人。所以，A 的意识屏蔽了直觉的洞察，而把这份洞察压抑到了潜意识中。结果，这个洞察变成了梦，再次明确无误地提醒了 A，可惜还是没有被 A 接受。

意识的形成，实际上都是发生在关系中。每个人都有全能自恋、攻击性和性这些动力，也有洞察真相的本能，这一切都可以大致归为攻击性。但是，在你的原生家庭中，或许攻击性直接不被父母所允许，或许你的家庭都不敢活出攻击性来。结果，为了维护关系，你得屏蔽你的一些攻击性。或者具体来说，就是要屏蔽全能自恋、攻击性和性这些动力中的一部分，而这些就进入了潜意识。

所以可以说，潜意识更像是你自己，而意识是活在各个层面的关系世界。最简单的是原生家庭，由此形成了个人历史的潜意识，再大是家族与社会，乃至各种大集体，由此形成了家族历史的潜意识、社会历史的潜意识等集体潜意识。

我们每个人都有洞见各种真相的能力，但因为要活在关系中，并且惧怕失去关系，或者被关系中的其他人惩罚，因此屏蔽了自己的洞察力，因而梦才显得那么富有智慧。

最好的解梦，是通过自由联想和角色代入对梦进行很细致的觉知。不过也有很多时候，我们并不想做这么复杂的工作，那也可以用套路来大致理解一下，一些常见的梦可能是什么意思。

梦见掉牙齿，通常的寓意是，你感觉，生命中有一些你认为非常坚固的东西松动了。

车，在梦里是控制感的象征，因为车是一般人最能掌控的东西。梦中觉得掌控不了车时，意味着现实中对一些事物也失去了掌控感。

梦见厕所，常常是和肛欲期的训练有关，意味着你有些时候对大小便有羞耻感。

常梦见龙、佛，意味着你的道德感很强，对自己要求比较苛刻，而且容易压抑自己的欲望。

常梦见坚固的城堡，意味着你的人格结构很完整，但也可能是太僵化了。

不是学生的人常梦见考试，而且成绩很糟糕，经常得零分，意味着道德感和责任感很强，你不断地要考验自己是否是一个够道德、够负责的人。

梦见电闪雷鸣，意味着一个人内心起了"风暴"。

常梦见在去机场、车站的路上遭遇种种阻碍，意味着一个人在自我发展上遇到了一些麻烦。

梦见打扑克牌，你有无数张好牌却拿不住，而且顺序总是乱七八糟怎么都整理不好，意味着你的好的选择很多，但你没处理好。

梦见有很多好吃的，这未必是口欲的满足，而常常是象征着你有饱满的情感生活。

女子梦见梳头发，但却怎么都梳不好，多意味着感情遇到了麻烦。

关于解梦，还有一个小技巧，就是在好奇中等待。有些梦，你的确一时很难明白，哪怕做了细致的自由联想和角色代入还是不能理解，那不妨等一等，带着好奇，而答案有时会自动在梦里出现。

如果你常关注自己的梦，你就会发现，在最重要的关系中，你梦见对方时，也恰恰是他在思念你的时候。这种事情发生的次数多了，你不由得会想，看来心灵感应这样的事情是存在的。

　　潜意识就像水一样，它们一直在我们心中流动。如果你跟随它，那么它就会把你带到正确的地方去。但是，如果你硬要和它对抗，那么你就会远离它。

　　需要强调的是，每个人都是自己最佳的解梦者。这不仅仅是因为每个人都是自己现象场的权威，也是因为，真正的解梦意味着你的思维过程、身体过程和情绪过程三者的自由流动。这一点，只能由你自己完成。

互动：梦可以整理心灵碎片

　　关于梦，弗洛伊德有一个说法——梦是愿望的实现。意思是，梦会倾向于圆我们白天的一些梦想。

　　弗洛伊德还有一个说法——梦有整理心灵碎片的功能。这个说法我非常赞同。我们白天会遇到各种各样的事，而我们要活在社会中、关系中和意识中，很多心灵材料就没有被整合到我们的自我中，而梦会帮助我们整理这些心灵碎片到自我中。

　　梦的这个功能还可以引出一个说法：梦会思考，而且梦中的思考，常常会胜过我们在清醒时的思考。例如，门捷列夫发现元素周期表，就是借助了梦。

　　讲一个我自己的系列梦吧，是非常常见的考试梦。

　　考试梦，常有这几个寓意：一是你在现实中遇到了考验，你担心自己过不了这一关，例如你去应聘前做的考试梦；二是这还可能是道德考验，例如你白天对一位异性产生了欲望，晚上做了考试梦，这是考官（即超我）在对你说"你太本我了，你不及格"；三是安慰作用，我们梦见的考试科目，通常是我们不擅长但花了很长时间并最终考过的。所以，醒来的一刹那会感慨"噢，这一科虽然难，但我还是考过了啊"。

　　我做过太多的考试梦，通常是回到高中考数学，因为高中数学我是花了整整一年半的时间，才把分数从一般般提到了优秀级别，最后我高考考了 117 分（满分 120），但这一年半也真是够熬人的。所以，它成了我梦中的素材。

　　但我有过例外，一次梦见地理考试，考官为难我。而我在梦中勇敢地对考官大喊："这张试卷根本没有正确答案！"需要交代的是，地理是我的强项，我一直考的都是高分。这个梦是我当时在思考我们文化中的一些东西，而最终我认定相关问题中，我们文化给的选项都是错的。

我的考试梦在2013年终结了。当时，我对家庭和社会的一些思考形成了一个基本体系，虽然"粗糙"，但却回答了我大二时给自己出的一道考题："人性到底是怎么回事？"当时也做了一个考试梦，醒来后，我的直觉告诉我，这是我最后一次做考试梦了。事实证明果然是。

我特别喜欢我在梦中的思考，觉得它简直是没有极限的。例如，有一段时间，我一直在学习"投射性认同"这个概念，觉得总是不能很好地理解。而有三天时间，梦中像是有一个力量在对我讲解投射性认同，讲解得精彩绝伦，现实中没有任何人能做到这一点。

很多朋友问："我怎么知道我解梦的思路是对的，我的自由联想是对的？"这件事，只能回到你的感觉上，即你的感觉和直觉知道你的解梦是否靠谱。

人是万物的尺度，而你的感觉是你心灵的尺度。这件事，很难形成量化的科学指标。当然，人生会不断地去验证你的感觉是否靠谱。

Q：如何理解梦中梦？

A：人的心灵状态，有各种各样的表达方式。从全然清醒到全然糊涂，有一个漫长的谱系，像梦中梦，就是这个谱系中的一个存在方式。

全然的梦境，就是一个人的自我已经不能发挥作用了，彻底被潜意识的内容给支配了，这是一个极致的存在。但从逻辑上来讲，一个人的梦中，有意识一定程度的参与，这不难理解。因为常做自我解梦，我现在对自己梦的觉知和控制也越来越多。我常常会发现，虽然是梦，但我的心灵仍然是想将梦指向某个目的。这也是应了弗洛伊德的说法——梦是愿望的实现。

梦的谱系中，还有清醒梦，就是虽然在梦中，但你的意识无比清醒。这时候，你能自由地选择梦的走向。并且，因为不受肉身的羁绊，这时候还可以上天遁地，无所不能一般。

Q：如果在梦里被"鬼"压身，可以解吗？

A：要理解"鬼"压身的梦，需要再谈谈全能自恋。

婴儿活在全能自恋中，觉得自己是"神"，一动念头，世界就该如是运转。当发现世界没有这样回应时，婴儿就会产生自恋性暴怒。这时觉得自己是"魔"，而产生想摧毁一切的暴怒。但是，婴儿的自我不能承载这个摧毁性的"魔鬼"，而会把它投射到外部世界。这时，婴儿就会觉得外部世界有一个"魔鬼"在。当感知到外部世界有一个"魔鬼"在时，婴儿会被吓得陷入彻底无助的状态中，一动都不敢动，因为担心一动，这个"魔鬼"就会发现自己，而摧毁自己。

"鬼"压身，就是做梦人陷入彻底无助的状态中，而将"魔鬼"投射到外部世界。有时，这是"魔鬼"的形象，有时觉得是家人，但他们像"魔鬼"一样可怕，有时是其他形象。

放到历史中，我们会看到，很多凶残的掌权者一被剥夺权力，就会瘫软如泥。这时候，他们就是陷入彻底无助的状态中了。

自我防御机制

自我防御机制是精神分析中极为重要的部分，它像是电脑的防火墙，将意识和潜意识割裂开。为了不让潜意识的动力浮现到意识中，自我防御机制就制造了各种复杂的心灵迷宫。但也可以说，它也参与编织了恢宏、复杂的人性。

从坏的角度来看，自我防御机制就是自欺（即自我欺骗）；从好的角度来看，自我防御机制是"护心术"，它可以保护一个人的心灵不陷入崩溃。

一个人的自我防御机制总是在童年原生家庭中形成并固着的，它必然会在相当程度上不适用于以后的环境。所以，在传统的精神分析观点看来，一个人需要不断地觉知并升级自己的防御机制。

人的心灵分为保护层、痛苦层和真我层三层，人可以穿透保护层和痛苦层，而抵达真我层。那时候，一切防御都可以放下。自我防御机制的核心，是为了让我们活在关系中，保留关系中的活力还可以有流动，所以关系容器的大小，决定了自我容器的大小。但我们可以通过觉知，不断地扩容，扩大自我的容器，扩大关系的容器，转化容器内的死能量，从二元对立逐渐走向合一。

如果有人问你
我们所有的性欲
都被完全满足
那会怎样？
你就抬起你的脸

然后说

就这样

当有人谈论夜空的美妙

你就爬上屋顶舞蹈

然后说

就这样

如果有人想要知道什么是"灵魂"

或者"神的芬芳"有何含义

将你的头靠近他或她

让你的脸贴得很近

就这样

——鲁米

自我防御机制的定义与介绍

美国精神分析师布莱克曼有一本非常好的书《心灵的面具：101 种心理防御》，是关于自我防御机制的最好的书之一。在人际关系中，我们要有第三只眼，这样有时候我们就可以使用"抄后路"的方式，把对方谈话的策略给讲出来。

有了"抄后路"这个意识，你就已经从争对错的局限中跳出来了。而如果想让自己非常好地做到这一点，你就需要深入了解人类的自我防御机制。

关于自我防御机制，布莱克曼的简单定义是：防御，就是大脑把感受排除在意识之外的一个途径。

复杂一些的定义则是：一般来说，防御是将不愉快的情感的某个或某些组成部分（如想法、感觉或两者一起）移除到意识之外的一种心理操作。

布莱克曼认为，情感有两个内容：感觉和想法。至于不愉快的情感，他认为就是三种：焦虑、抑郁和愤怒。焦虑，是由不愉快的感受和可怕事件将要发生的想法组成的。抑郁，是由不愉快的感受和可怕事件已经发生的想法组成的。愤怒，是由不愉快的感受和毁灭某人或某事物的想法组成的。

关于自我防御机制的种类，布莱克曼总结了101种，但他说，这不能囊括所有的。弗洛伊德钟爱的女儿安娜·弗洛伊德，是最早系统而细致地对自我防御机制做了分类的人。安娜认为，人类的几乎所有事情都是防御。

自我防御机制非常有用，越是了解它，你越会发现，人的行为简直是没有偶然这回事。

例如，我的一位来访者正在考虑将公司发展壮大。有一次咨询，我们谈了他宏大的梦想：他想在这个领域建立一个帝国。这次咨询他谈得心潮澎湃，对我感激不已，说受益太大了。

然而，下一次咨询，他没来。

再下一次咨询，他解释说，他其实早就安排好了事情，他要出差，那时正好应该在飞机上。不过，上次咨询让他感觉受益很大，所以咨询后他有了犹豫，在想要不要改变航班，但那次出差又很重要，取消的话会影响不少事。结果，在不断的犹豫中，他就既没来，又没有告诉我那次咨询取消了。

这是意识层面的解释，而我作为一位精神分析取向的咨询师，会持一个基本原则：这里面没有偶然，一定是他内心中的某种动力在发挥作用，而且这种动力是潜意识里的。

我们谈下去，果然谈出一个他意识不到的内容：建立一个商业帝国的雄心出现后，他接着有了严重的焦虑，他担心自己的这种欲望一旦呈现，就会给他招致灭顶之灾。

这样就可以理解，为什么一直很守约的他，很罕见地爽约了。那次意外的没来咨询，是为了逃避继续深入认识他的建立商业帝国的欲望。这样就可以不暴露他的雄心，从而不担心有灭顶之灾了。他那次不来，意味着我们的觉知之旅被打断、被破坏了。而如果觉知不到他的本我的欲望，也就可以免于他的超我的可怕压制了。

觉知是个好东西，精神分析治疗就是在帮助来访者将自己潜意识里的内容意识化。然而，觉知也很危险，觉知力最好与智慧和慈悲结合在一起。这样一来，哪怕觉知到再深不可测的内容，你的自我都能兜得住。

布莱克曼在《心灵的面具：101种心理防御》中，用电路做了一个比喻，来解释自我防御机制。

一个完整的电路中，电灯泡是好的，线路也没有损坏，而线路也可以通电，但是，一个开关被拉起来了，于是，电流被切断，电灯泡就不能亮了。电灯泡不能亮，意味着觉知之光照不到它的存在。而这个开关，是你很早之前就拉起来的，例如童年，但你忘记了你这么做过，于是它成了潜意识中的一个自我防御的机关。

当能觉知到这个开关的存在时，你就可以拉下这个开关，让电流流动，最终点亮电灯泡。

问题来了：你最初为什么要设这个开关呢？通常是因为，电路中的电流（即情感）能量太大了，如果任由电流流动，这个电灯泡就会被烧坏，于是你设置了这样一个开关。

我们可以把这个电灯泡理解为人的大脑，或意识层面的自我（Ego）。因为你的 Ego 容量不够，就不能容忍太危险的情感高能涌入，否则 Ego 可能会被破坏。

并且，你的自我的容量是由原生家庭的关系的容量所塑造乃至决定的。所以，当你思考你的自我容器的大小以及你的自我所防御的危险情感时，要好好参照你的原生家庭。你的原生家庭中一再被禁止的情感，也容易是你意识不到的情感。

例如一位女士，她和别人的关系总是处不好。我们在咨询中发现，这是因为她容易在关系中产生愤怒，并用了破坏性的方式表达愤怒，于是关系就被破坏了。但当我就此做了解释后，她先是说："不可能，我没有愤怒。"接着，她问我："武老师，我那些感受是愤怒吗？"

她总是觉知不到自己的愤怒，因为在她的原生家庭中，她的母亲不允许她有愤怒。

觉知虽然是个好东西，但作为咨询师，要给来访者提供解释时，需要考虑这个电路的各种状态。在普通的人际关系中也一样，并不是任何时候都适合告诉对方你是怎么回事。因为你的解释可能会启动那个开关，带来电流，但这个电流不一定会带来建设性的结果。

对于严重的精神疾病患者（例如精神分裂症），电灯泡、线路和电压都可能有问题。如果非要启动这个开关，可能会带来短路。

心理问题最轻的神经症，他们的整个电路都基本没问题，就是那个陈旧的开关被自己遗忘了。只要拉下这个开关，一切都可以正常启动，电灯泡会变亮，整个电路也会正常运转。

所以，当我们掌握自我防御机制后，我们也需要知道，有时候，我们可以使用抄后路的方式，或者让自己在关系中拥有主导权，或者帮助别人，但我们不要轻易去滥用。

自我防御机制的连环套

自我防御机制，从好的方面来说，是自我保护，可以让我们的自我功能得以保留，而不至于被太过浓烈的感受给摧毁。

布莱克曼举例说，当孩子的手指意外被门夹破时，父母会体验到浓烈的焦虑、自责和抑郁这些不愉快的情感。这时，他们要启动一系列的防御机制，来防御它们，不让它们进入意识，从而能让他们的自我功能继续正常运转。

成年人的基本防御方式都含有压抑和隔离这两种自我防御机制。不愉快的情感包括想法和感受两个部分，防御即关闭这两者中的一个，或者全部。而关闭想法即压抑，关闭感受即隔离。

我的行文中常用到"压抑"和"隔离"这两个词，并非每次行文都确切指的是这两个具体的防御机制。

压抑和隔离，我们是很容易观察到的。有些事，你记得很清楚，但感受却不明显了，甚至一些重要的感受你完全没意识到，这就是启动了隔离。相反，有些事你的感受很强烈，头脑却不大记得这件事了，这是启动了压抑。

在我看来，这和性别是有关系的：男人容易隔离情感，而女人容易压抑想法。比如，两口子昨天吵了一架，男人今天还把事情记得完完整整，却觉得自己没什么感觉了，这是隔离；女人是事情记得不完整了，但还能体验到强烈的感受，这是压抑。

重大的创伤可能会导致一个人把这件事彻底忘记，无论是想法还是感受。例如，一起严重车祸，不仅导致了自己受伤，还导致了亲友离世。这个创伤太大了，有人会把这件事的细节和感受都忘记了。

不过，这时会出现一个问题，就是闪回。也就是说，你看到任何一个和当时创伤情景有关的细节，都可能会陷入可怕的痛苦中。这时的痛苦感受，就是你在车祸时所体验到的。

该如何针对这样的创伤做治疗呢？再次重温创伤事件中你的所有细节，包括你的想法和感受，完整地记起它们，然后承认悲剧的发生，并接受自己在创伤中的丧失。

如果你的自我这个容器足够强，可以自己来做；如果你的自我这个容器不够，就需要找值得信任的人陪伴；如果一般亲友的容器也不够，就可以找专业人士。

我们可以通过隔离与压抑这样的方式，暂时把痛苦从意识中赶到潜意识中，以保护自己意识层面的自我。但要想真正得到疗愈，就需要拥抱真相。当然，对于自我功能太低的人来讲，这可能太难了。

自我防御机制的连环套，我把它称为"要你命三板斧"。它是由分裂、否认和投射这三个自我防御机制组成的。分裂，即你认为一个人或一件事完全好，或完全坏，你做不到接受好坏并存。否认，即你否认自己或自己所喜欢的人身上有坏的存在。投射，即你把坏投射到了别人身上。

从一元关系到二元关系，再到三元关系，实际上是为了在更复杂的关系容器中去处理心灵中的"坏"。这个"坏"在我看来，有两个东西，一个是自体的虚弱，一个是关系中的恨。分裂、否认和投射这三个原始的自我防御机制结合在一起，所构成的连环套，就是为了把"坏"从自体和好客体身上切割掉，然后投射出去。

我们在一定程度上都存在着这种情况，都会自觉不自觉地使用这个连环套，但关键是，你有没有觉知你在多大程度上知道这是一个游戏。有觉知的人，我们一说这个连环套，他就会发现"哦，我在这么干"。而没有觉知的人则会偏执地认为："事情就是这样的，我是好的，你是好的，他就是坏的！"当然，最糟糕的是，一个人认为整个世界上只有自己是好的，所有客体都是坏的。

例如一位男企业家，他的事业很成功，而他有一位弱弱小小的太太。他来到我的咨询室，前半段时间谈的都是他的各种好，到后半段时间才会谈他的问题。他也发现了这一点，于是对我说："我总是先来向你分享我的好，然后才谈问题。"

他能够在事实层面谈问题，但他对于自己的不愉快体验，特别是自体的虚弱总是觉知不到，因为他启动了否认的心理机制。作为一个基本活在一元世界中的男人，他只接受自体的强大。他还在相当程度上停留在全能自恋中，而任何损害到他的自体的虚弱感，他都会否认掉。

他为什么会找一位弱弱小小的太太？因为他这样就可以把自体虚弱感投射给她。

不过，再怎么投射，自体虚弱感其实还是在他身上。于是，每过一段时间，他就会陷入严重的抑郁中。再过一段时间后，他才能逐渐好起来，最好的时候觉得自己简直是无所不能、无坚不摧。

他的这种情况，已被诊断为躁狂抑郁症。这是要接受药物治疗的，而从心理上来讲，对他的治疗的一个关键方法是，要让他不断地觉知到自体的虚弱，并且不断地体验到，当产生自体虚弱感时，他不会被死能量所杀死，他还能将死能量转化为生能量。

有多位患有躁狂抑郁症的企业家找我做过咨询，但谈了一两次之后，就不能进行了，因为他们基本不能接受"我很虚弱"这个事实，不能看到自己在玩"要你命三板斧"。而这位企业家，我们能探讨他的虚弱，他能接受自己在玩这个游戏，所以就有了觉知的可能。

在最严重的心理问题中，还存在"透明幻觉"：一个人认为，他不用和你沟通，就能断定你是怎么回事；他也不用和你讲，你就能知道他是怎么回事。

一旦一个人完全陷入其中，和他沟通就变得不可能。我们必须知道，我是我，你是你，我对你的种种判断，都是预设，我必须从你那儿得到佐证，才可能知道你是怎样的。我在我的世界里，是我自己的权威；你在你的世界里，是你自己的权威。这是沟通的基础，否则，就只有投射了。

再说否认。布莱克曼称，在一个人有现实感知的基础上，否认分为四种：

（1）本质否认。你否认一个明显的事实，例如，南京大屠杀是一个经过多方面立体做证的事实，而很多日本人仍否认它的存在。

像严重酗酒的人，他们会否认自己酗酒。当他们寻求治疗时，治疗师需要从一开始就告诉他们"你不仅染上了酒瘾，还否认染上酒瘾这个事实"。

（2）行动上的否认。你用行动来表示一个令人不愉快的事实不存在。

例如，美国的一对夫妇，在政府警告说格林纳达岛有好战分子后，他们还是划船去了格林纳达岛，因为他们不相信这个事实。结果，在看到有武装分子后，他们才意识到这是真的，然后落荒而逃。

（3）幻想中的否认。你坚持错误的信念，来回避令人恐怖的现实。

例如，这样可怕的说法："每个人都有好的一面，虽然他强暴并杀害了一个5岁的小女孩，但他还是可以被拯救的。"

（4）言语上的否认。你的确干过一些错事，但你不在言语上承认，而是用一些狡辩式的说法来否认你所做的事情的可怕。

有很多家暴的男性就是如此。他们会在言语上拒绝承认"我严重攻击了太太的身体"，而会换成一个轻很多的说法——"我干了蠢事"。就好像他们在言语上（即符号系统上）这样说，就可以否认他们家暴这件事在真实世界里存在过一样。

当一个人启动"要你命三板斧"时，因为否认了自己的坏，并极力想把它投射到别人身上，很容易会对关系构成巨大的破坏，让别人远离他。但他又不能意识到这一点，而会继续使用这个连环套，因此会让他的世界陷入恶性循环，最终真可能要别人的命，或要自己的命。

对于这样的人来说，要他们承认自己的坏，并且看到自己使用了否认的心理机制，就很重要。太多时候，这不是咨询师能做到的，而是法律和司法机关等强力部门的工作。

切割与吸纳

我们到底在防御什么？前文讲过，经典的说法是，我们在防御不愉快的情感，而这可以有三种：焦虑、抑郁和愤怒。我的理解则是，我们在防御自体的虚弱和关系中的恨，而它们都指向了死能量与毁灭。防御自体的虚弱是担心自体被死能量毁灭；而防御关系中的恨，是担心客体被死能量所毁灭。焦虑，是担心毁灭将发生；抑郁，是觉得自己制造了毁灭；愤怒，则是想去毁灭。

这涉及两个最基本的自我防御机制：投射（向外）和内摄（向内）。

我们对外部世界的一切感知，都是自己内心的投射。至于内摄，布莱克曼给出的定义是"你形成一个他人的影像"，即外部世界的客体在你的内在心灵中形成了一个意象。可以说，投射是你将内在心灵展现到外部世界的屏幕上，而内摄是外部世界的存在被你吸纳到内在心灵中。

投射时，特别重要的一点是投射"坏"，因为"好"我们的内在心灵能够处理，而"坏"我们一开始处理不了，所以要把它投射出去。并且，在最原始的投射中，一个人会难以意识到，这是内在心灵的投射，而会认为，"坏"就是的的确确存在于外部客体上，而不存在于自己的内在心灵中。

投射和内摄结合在一起，构成了内在心灵与外部世界的交互作用过程。

布莱克曼在书中讲了一个投射的例子：

> 一位女士说，她认为上司在生她的气。具体事情是，上司要她立即弄好一份备忘录，但她事情多，没及时完成，拖延了时间。虽然上司没对她表达不满，但她一晚都没睡着，因为她担心上司生气了。
>
> 但事情的真相是，这位女士才是生气的那个人。她认为上司明知道她事情多还给她安排了新工作，而且还要求她马上完成，这让她很愤怒。可她认为愤怒是坏的，于是把它投射给了上司。

布莱克曼对这个事例的讲述就到这儿了，而我可以补充的是，通常这种案例中，来访者的感知放到其原生家庭中是合理的。例如，这位女士的父母可能会这样过度地使用她，并且当她没有及时完成时，她会很生气。同时，这位女士也的确会没有意识到她自己的愤怒。因为她的愤怒，在她的原生家庭中常常是不被允许的。

可以说，这位女士有一对"内在的苛刻且容易愤怒的父母"，而这就是她内摄了自己父母形象的结果。在和上司的关系中，她把这个内在形象投射给了上司。

这会有两种可能。一种是，上司的确是苛刻而容易愤怒的人，这样就验证了她的内在感知。于是，她的生命就出现了一次循环——权威都是苛刻的。但也有另一种可能，上司没有愤怒，而她也看到了这个真相。不仅如此，她还把这个相对宽容的上司形象再次内摄到她的心灵中。于是，她的内在关系模式就得到了修正。

生命最初，投射和内摄都容易发生，但一旦你形成了一个稳固的自我，内摄就会变得不容易了。

向外投射"坏"的时候，容易发生"切割"。也就是说，我们认为，自己身上没有这份"坏"，这份"坏"只存在于外部世界。在这样的过程中，容易发生分裂和否认。

向内内摄的时候，容易发生的，是认同。我们认同了一个东西，然后才能把它吸纳到自己的心灵中。

在《心灵的面具：101 种心理防御》中，布莱克曼讲了多种认同：

1. 与幻想认同

这常常是认同了一个英雄人物，也就是我们常说的追星。例如，弗洛伊德一直崇拜汉尼拔。汉尼拔是北非地区迦太基的英雄，他以不可思议的方式挑战了罗马帝国。弗洛伊德也是这种英雄，他冒天下之大不韪，提出了俄狄浦斯情结，并发展了所谓的"泛性论"，这都是英雄行为。

2. 与父母潜意识或意识中的愿望 / 幻想认同

认同父母意识中的愿望，这很常见，也不难理解。认同父母潜意识中的愿望，这就很有意思了。例如，一对超节俭的父母，他们养出了一个极其奢侈、浪费的女儿，他们为此很痛苦。但与他们深入交谈后就会发现，他们有种种纵容女儿的行为。可以说他们出现了分裂：意识上，他们希望女儿像自己一样节俭，但他们的行为却向女儿传递出相反的信息——我们愿意无限地满足你的所有欲望。

父母的意识与潜意识并不一致，这就导致了向父母潜意识的愿望认同的孩子十分痛苦。特别是，当父母太克制欲望，却把你培养得不懂得克制时，他们还会斥责："你怎么这么坏！"例如我的一个朋友，她小时候和妈妈逛超市时，妈妈会给她买最贵的糖果吃，但回到家里，妈妈就会斥责她奢侈、浪费，买什么都买最好的。

3. 与理想形象或客体认同

这和第一种认同"与幻想认同"很像，只不过一个是认同了幻想人物，一个是认同了自己认识的真实人物，只是把他理想化了。

作为一个有点儿名气的人，我常遇到狂热的粉丝把我理想化，例如，认为我不在乎钱、没有心理问题、一心想助人等。当他们这样认为我时，有人是希望能遇到我这么好又有资源的人，然后就可以帮助他们了。有人则是想把我当作偶像来学习，这就是想认同他们想象中的武志红了。

4. 与攻击者认同

你曾经被虐待，或者目睹过虐待，而你认同了施虐者。如果你太过于认同施虐者，那你就有可能成为一个虐待狂或一个恶霸。

例如，我老家的一个家族中，父亲打母亲和孩子，而他家的几个儿子都存在这个问题。

与攻击者认同，是容易理解的，这虽然让你变成了坏人，但攻击者是有力量的，而被攻击者的自体是明显虚弱的。

5. 与受害者认同

你目睹过加害者与受害者的关系，而你成了像受害者那样的人。那么，当别人攻击你的时候，你就会容许了别人的攻击。

认同加害者，可以让一个人感觉自己有力量，而避免了体验虚弱感；认同受害者，可以让一个人感觉自己有道德，而避免了恨意以及恨意会带来的内疚。同时，也让自己免于对抗带来的恐惧。

6. 与丧失的客体认同

一位重要的人物去世后，你变得更像他了。你以这种方式，把他的形象留在自己心中，以此就可以不去面对失去他的事实。

这既为了避免面对失去亲人的悲伤，有时又是为了避免内疚。例如，有的亲人在世时，你恨极了他，而他离世后，你感觉到内疚，于是通过变成他的样子来对他表达忠诚。

投射无处不在，认同也无处不在。我甚至会觉得，我们头脑里的各种认识乃至我们的各种感觉，都可能是认同的结果。例如，我们认同了家庭、社会、民族和国家的一些共同的东西，因此成为集体的一分子，并因此有了归属感。

内摄和认同的防御机制可以让我们明白，所谓的"我"可能是形成的，是不断认同的结果，而未必是天生的。

一些常见的防御机制

1. 幻觉

幻觉，在精神分裂症中很常见，如幻听、幻视等。

幻觉，在布莱克曼看来，根源是一个人回避思考的东西，如愿望、意见、想象或批评。并且，他们失去了现实检验能力，幻觉正是他们自己内在的想象。

例如，一个女孩在电梯里看到父亲在骂她，这是幻视，这种被批评的声音是她极力想回避的。

2. 投射性指责

你对一件糟糕的事情有内疚感，而你通过指责别人回避了自己的内疚与责任。

例如，一对夫妻来见我，他们的孩子出了大问题。而刚说没几句，丈夫就对着妻子大喊："这都是你的错！孩子都是你害的！"

3. 去生命化

去生命化有两个功能。第一个功能：不把你视为人，那么就不必去想"是否要信任你、爱你、恨你"这件事了。例如，来访者容易把咨询师视为"医学动物"，而把自己视为一个出问题的机器，这样医学动物修好机器故障就好。如此一来，就回避了来访者和咨询师之间的关系。

第二个功能：不把你视为人，就可以在攻击你时没有内疚了。当我们恨一个人而想攻击他时，容易使用这种逻辑。例如，第一次世界大战期间，德国和英法两国都把对方描绘成非人类。

4. 反向形成

你本来处于 A，但表现得却是 -A。这是一个极为常见也极为重要的机制。

多数时候，是我有了攻击性，却表现得像个好人；我恨你，却表现得更加爱你似的。比如，好人其实是在防御内在恐怖的恨意。

也有时候，是我爱你，却表现得对你冷淡、反感你。比如，女孩说讨厌的时候。又如，青春期男孩喜欢一个女孩时，却故意找对方的碴儿。

还有有洁癖的人，他防御的是自己对肮脏之物（即欲望）的喜好。

5. 外化

一种特殊形式的投射，你把自己内心的想法体验成外界的人在这样看你。

这在咨询中很常见，例如有来访者一进来就说"你大概会认为我是一个糟糕透顶的人"。而这时，咨询师可以说："听起来你好像预估我是一个苛刻的人，但可能是你自责，却觉得我会批评你。"

6. 攻击性转向自身

你的攻击性不能向外，于是转而向内攻击你自己。抑郁症患者（特别是有自杀倾向的人）有防御机制，所以，告诉有自杀倾向的人，他有这个自我防御机制，并引导他说出对客体的愤怒，是很重要的。

7. 分隔

你做的前后事是有联系的，而你防御自己看到它们之间的联系。

例如，一个女孩约一位男士裸泳，而当男士想和她发生性关系时，她惊慌失措，认为对方是个坏男人。因为启动了分隔的防御机制，她看不到自己裸泳行为的性含义。实际上，她充满性的渴望，但她感到羞耻。邀请对方裸泳，是在表达渴望；使用分隔的防御机制，是为了防御羞耻。并且，当男人提出性爱要求时，她通过攻击男人，而把性羞耻感投射到了男人身上。

8. 白日梦

与梦不同，白日梦是一个人主动陷入想象。并且，这都是为了满足自己的愿望。

我的一个朋友，她在上小学一二年级时常做一个白日梦：她进入一个黑色的、尖尖的房子里，里面只有一张桌子和椅子，旁边有一个四四方方的窗户。坐在椅子上，她非常满足。

与她交谈了一会儿后，我发现，这个白日梦源自她一个痛苦的事实——她妈妈常对她说："我不是你亲妈，你是从垃圾桶里捡来的。"如果是开玩笑，那问题不大，但她父母对她实在太糟糕了，于是她幼小的时候，真的曾离开家，去外面看垃圾桶，想找到自己的亲妈妈。梦中的房子，便是现实中的垃圾桶。

9. 搪塞

有意识地撒谎，它常常和投射性指责以及合理化联系在一起。

10. 退行

你不能应对高发展水平的挑战，于是退行到低发展水平中寻找满足。

例如，你一想到性和独立就内疚，因为这意味着你要离开家。而这时，你会担心父母过不好，于是你变得更依赖和幼稚。可是，你并不享受依赖和幼稚。

常见的是，你一遇到挑战，就变得爱吃东西。这是退行到 1 岁前的口欲期，寻找谁都能找到的满足。

最糟糕的是退行到全能自恋的想象中，这时就容易患上精神病了。

11. 升华

为了防御你惊人的性幻想和毁灭幻想，你去从事有益的活动，如艺术、写作和公益。

一位因严重热心于公益而不能照顾自己生活的男士，他很小的时候就失去了父亲。当深入自己内心的时候他发现，他如此热心于公益，是为了防御他潜意识深处的恋母弑父情结。在弗洛伊德看来，一切文明都是升华的结果。

12. 诱惑攻击者

你惧怕一个人，却以性或谄媚的方式诱惑这个人，以证明你不害怕他，这是为了防御自体的虚弱。例如，一个胆怯的女孩去找一个坏男孩，而幻想自己可以改造他。

对于那些深陷可怕关系的人来说，看到自己在使用诱惑攻击者的机制，是很重要的。

13. 合理化

你干了自己认为很不合理的事，而你给自己找借口，把自己干这件事说成了好像非常合理一样。

例如，你为了追求激情而出轨，被发现后，你对自己的爱人说："这是因为你对不起我，所以我才这么做。"

14. 穷思竭虑

你试图在头脑上彻底弄清楚一件事，你还陷入了很深的哲学思考，但根本是为了防御这件事带给你的痛苦感受。

例如，一位 35 岁的离异女性花了好几个星期来治疗，就是为了搞清楚，为什么最近一个男友和她分手。她这样做，是为了防御自己的分离焦虑。

15. 理智化

你沉浸在一种不合逻辑的理论中。与合理化不同，合理化还常常显得有理，而理智化是这个理论本身看上去都有问题。

例如，一位出轨的男子，反复和咨询师探讨，百忧解的"化学物质的机制"，出轨这件事被忽略了，这是为了防御出轨带来的愧疚。

16. 本能化

你把一种自我功能视为本能。

例如，你认为，理科就是男人的事，艺术就是女人的事。

17. 自我功能的抑制

你给某种自我功能赋予了性欲或敌意的象征性含义，从而抑制了它们。

可以说，我们的自我能力的限制，常常是自我防御机制的结果，而不是天生如此。

互动：问题越大，防御越简单

关于自我防御机制，它们是在不同心理发展阶段中形成的。如果你看布莱克曼的《心灵的面具：101 种心理防御》这本书，你就会看到，他在书中把这 101 种心理防御机制列得非常清楚，有口欲期的，有肛欲期的，有俄狄浦斯期的，有青春期的……

越是早期形成的心理防御，就越原始，水平也就越低。最早的三个原始防御是投射、内摄和幻觉，它们理解起来很简单。越往后，防御机制就越复杂，有的理解起来很不容易。

做咨询的时候就会发现这一点，那些问题非常大的人，能很清晰地看到他们的问题，但治疗起来却很难，如精神病患者和人格障碍患者。

相反，神经症患者，他们病得好像不重，但他们的心灵像是有一个无比复杂的迷宫，却不容易了解真实的他们。

所以，人是很有意思的动物，先从简单到复杂，再从复杂回归到简单。

Q：“抄后路”与自我防御机制之间的关系是怎样的?

A：我们了解人性，了解自我防御机制，有时是为了更好地对别人，有时是为了更好地保护自己。

所以，“抄后路”这样的事，我们可以问问自己，我们是为了什么。如果一直在“抄后路”，那应该是很容易让关系陷入敌对或僵局中的。因为对方就在启用自我防御机制防御自己的不愉快情感，而你不断地点破他，破坏他的防御，让他不愉快的情感不断涌出。光这一件事，就足以会影响你们的关系了。

在我的经验中，生活中“抄后路”这件事偶尔为之就好，别滥用。

Q：把不好的情绪移到意识以外，这些情绪就变成了潜意识，自身就觉知不到了，以保护我们的 Ego 正常运行。那抑郁症是移除不好的情绪的防护机制出现了问题，还是打开潜意识的开关出现了问题?

A：自我防御机制把不愉快的情感关闭到潜意识中，这并不意味着不愉快的情感消失了。它只是在头脑中不被意识到或不容易被意识到了，但仍然在发挥着作用，影响着一个人的身体和心灵。

抑郁症就是把对别人的愤怒转向了自身。这时，一个人容易自责，而没有意识到，这本来是对别人的愤怒。所以，愤怒这份不愉快的情感并非消失。

Q：让男人多练习感知情感、女人多练习回溯想法，是不是对男人和女人更加完善自己有帮助?

A：生命会以更有力量的方式来实现这种整合，这个方式就是，理性的男人受感性的女人吸引，感性的女人受理性的男人吸引，这样有差异的男女

更容易爱上彼此。理性的男人常认为自己喜欢同样理性的人，但谈恋爱时，他们会发现，自己身不由己，会受感性女人的强烈吸引。

这种身不由己，是潜意识在支配他们。

爱上一个人，是为了完成显性人格与阴影人格的整合，最终一个男人身上兼备了理性与感性，一个女人兼备了感性与理性。这并不只是通过觉知完成的，爱情是更强有力的推动力量。

Q：内摄而后投射，是动态循环吗？在理想情况下，通过这样的循环，可以达到稳固的知行合一的状态吗？投射性认同与内摄认同有什么联系和区别？

A：到底是先投射，还是先内摄？这个问题不好回答。实际上，这两者并不存在一个简单的先后顺序。可能是先投射而后内摄，也可能是先内摄而后投射。

但现实中也常常是，我们自动内摄了一个新的形象，这会对我们内在已有的客体起到修正作用。

在我的理解中，内摄一开始容易，而后会越来越难，投射变成主导。所以，小孩子学新东西非常快，而老人学新东西很难。

第二章　空间

创造你的空间

关于人性的一个根本隐喻，是容器和被容之物。

女性生殖器和男性生殖器，即是容器和被容之物，它们一起创造了生命，以及生生不息的轮回。

"生命力""能量""活力"或"动力"等词语，讲的其实都是被容之物。这些被容之物都需要容器，或者说空间。

你有属于你的空间吗？它是怎样的呢？你在里面舒服、安全吗？它是根据你自己的意愿打造的吗？

在专属于你的空间里，你自由吗？你基本能按照你自己的意愿去打造它，并自由地身处其中？

它无比重要，却容易被忽略。

> 追逐一头鹿，
> 却被引向你意想不到的地方。
> 贝壳打开自己饮下一滴水，
> 没想到那化为珍珠。
> 一个流浪汉在一座废墟里晃荡，
> 不意发现了宝藏。
> 不要单单满足于听别人的故事，
> 不要单单满足于知道，

发生在别人身上的事情。

展开你自己的神话，

让每个人都知道经上这句话的意义：

我们打开了你。

——鲁米

房子的隐喻

以前，我是一个宅男。这三年，我有了更多的社交活动，和别人聊天也多了，发现不同的场合有不同的聊天内容。

和富人在一起，容易聊灵修。

和知识分子在一起，容易聊科技。

然而，所有的聊天场合，房子都是一个永恒的主题。也有例外，在富豪的群体里，大家不怎么聊房子，他们应该是不为这个问题焦虑了吧。

为什么房子会成为大家瞩目的聊天内容？除了房子是用来住，并且现在也是投资的好项目外，房子也有重要的隐喻。依照我的说法，房子就是你的心。

我的一位来访者张女士，她老公做生意，而她不断地买房子。找我做咨询时，她已经买了八套房子。结果，她买卖房子挣的钱，远多过她老公辛苦做生意所挣的。而她对我强调说，她真不是在炒房子，她就是想买到一套自己心中理想的房子，可一直买不到，于是就不断地买卖。

她理想中的房子该是怎样的？别墅？大平层？南北对流？阳光灿烂……

不是，都不是！张女士买的房子非常奇怪，都处于犄角旮旯，而且形状都相对比较特殊。

为什么总买这种奇怪的房子？很多人问过她这个问题，她也不明白，她只是知道自己就是迷恋这样的房子，一看到就想买。

"这八套房子，有什么共同之处吗？"我问她。

她想了想说："哦，有一点最关键，就是主卧室一定要在最里面，而且进卧室要七绕八绕才行。"当有人七绕八绕地走向她的房间时，她能提前知道。

这个说法让我有点儿晕，听起来，她是要防范别人进她的卧室。可是，要达到这个目的，给自己的卧室上一把结实的锁不就得了？

她反问："如果父母不同意上锁，你怎么办？"

我一下子明白了。原来，尽管她已四十来岁，可她在母亲面前仍然没有给自己的卧室上一把锁的权力。父母，主要是母亲，特别在意和女儿没有障碍地沟通，所以不允许女儿给自己的房间上锁。

这似乎暗示了，这位母亲不允许女儿给自己的心上一把锁，她希望女儿的心和女儿的世界永远向她敞开。

张女士在行为上满足了母亲的这个愿望，母亲问她什么，她回答什么，似乎从来不向母亲隐瞒。她也从来没有给自己的卧室上过锁。

不仅如此，她和母亲的这个关系模式也延伸到了她的其他关系中，例如她也是这样对自己的丈夫的。她表现得好像在丈夫面前完全没有秘密，永远对丈夫是敞开的，可她有一些隐秘的行为。例如，她有偷偷抽烟的癖好，这是任何人都不知道的小秘密。

在咨询中，她向我描绘那种偷偷一个人抽烟的感觉，好像是故意在冒犯点儿什么似的。那个时刻，简直不要太爽。

每个人都需要有秘密空间，最重要的是，每个人都需要这种感觉：我的心灵空间和地理空间（例如我的房子或房间），我说了算；是敞开还是关闭，这是我的基本权利。但是，张女士没有这个基本权利，妈妈剥夺了她的这个权利。

这种现象在我们社会中实在太常见了，而这时，我们就会用其他一些方式来为自己寻找空间。

例如张女士，她行为上满足了妈妈的愿望，但是，她通过一些莫名其妙的做法给自己构建了一个隐秘的、向任何人都封闭的世界，喜欢犄角旮旯儿、奇形怪状的房子就是一个例证。或许，她的心灵有一个迷宫，她的真实自我藏在一个犄角旮旯儿里，任何人想走进去都会非常不易。

为什么很多父母不允许孩子给房间上锁？只是出于爱和关心，还是有别的什么原因？

我的一位男性来访者，是一位企业家。他连续三次没敲门就进了我的咨询室。虽然时间上正好是精准的咨询时间，但我还是很不舒服。第三次的时候，我就请他出去，敲门后再进来。

他进来后，我们探讨了他为什么这么做。

一开始，他各种解释，一会儿说忘了，一会儿说心不在焉。但后来，他说他在自己的公司里就是这样的，他随意进入员工的办公室，从不打招呼，也不敲门。这给了他一种权力感：这都是我的地盘、我的世界，我是这里的王！

所以，这是一个地道的权力问题。父母不允许孩子锁门，不允许孩子有隐私，这是一个权力问题，而不是父母们喜欢说的那种常见的解释："啊，我和孩子的关系简直太好了，我们像朋友一样。孩子会把他的所有事都告诉我，他在我面前没有秘密。"

父亲或者母亲也许会觉得：这是我的家、我创造的世界，我要说了算，我不允许孩子有他自己的专属空间。

当然，我在这里要为这样的父母辩护一下。父母这样做时，常常并不是有意识地追求权力，而是潜意识中的追求。他们曾活在这样的家里，他们的父母曾不允许他们有自己的独立空间，他们也不被允许意识到，这是侵略和被侵略的关系。

每个人都需要有一个自己能说了算的空间，当确认这一点时，在这个空间里，你才会有安全感和自由感，才会觉得自在。所谓"自在"，就是你的生命力能够自由地流动，而不用担心被攻击、被切断。

控制欲是万恶之源。从入侵的意义上来讲是这样，但我们又都需要一个能自己掌控的自我空间。掌控感和熟悉感会让自己减轻焦虑，而活得舒服、自在。

据说，欧美人租房子的比例很高，他们并不太热衷于买房子，而我们买房子的热情非常高。这可能是因为我们太希望有一个专属于自己的空间吧。

你真的要问问自己，你有这样一个空间吗？甚至，你有意识地为自己争取和创造过这样一个空间吗？

我们都需要一个安全的空间

父母容易犯一个错误——容易入侵孩子的空间还不自知，但是，我们最初又都有赖于父母给我们提供一个安全的空间。所谓的"安全感"，就是安全空间的内化。

所有最基本的人性需求，其实都是奢侈品。比如，好的睡眠。据统计，中国只有 10% 的人是能一觉睡到天亮的，那反过来可以说，90% 的中国人有程度不同的睡眠问题。

很多人会因为失眠问题来找咨询师。因为，如果连续几个晚上睡不着，或者一直都睡不好，那真的会严重影响一个人的身心健康。

我见过的最严重的失眠者，是一个 27 岁的男生。他在国外留学，他说自己从 15 岁开始就基本没睡着过。他是我的一个朋友的儿子，我们是在饭桌上聊天的。我当时请他闭上眼睛，感受一下他当时的感觉。结果，他刚一闭上眼睛，就立即睁开了。他说他做不到，并说："我正在追求一个目标，我必须用超出人类所能承受的极限去追求这个目标。"

他说的这份感觉我很熟悉，他的父亲就是这种人。他父亲当年到香港谋生，最初做装修工人，一度连一个锤子都没有。他父亲干脆用拳头当锤子用，真是以超人般的努力，最终拥有了亿万身家。

可是，当一个人以这种方式努力时，那可能意味着他活在一元世界里，他谁都不能信任，觉得一切只能靠自己支撑，这就会带来睡眠问题。

因为要睡着，你必须得放松，彻底放下你自己的掌控。但是，活在一元世界里的人会担心，一旦放下掌控，外界的敌意就可能侵袭自己。因此，他们睡觉时做不到放松，也因此难以入睡。

德国铁血首相俾斯麦有严重的失眠症，后来被施文宁格医生给治好了。施文宁格医生是怎样治疗俾斯麦的失眠症的呢？在俾斯麦入睡前，他会待在俾斯麦的床边，守护着俾斯麦进入梦乡。确认俾斯麦睡着后，他才离开。第二天，俾斯麦快醒来时，他又守在俾斯麦床边。并且，施文宁格这时的穿着打扮，和昨天晚上的一模一样。

这样的话，当俾斯麦醒来时，他第一时间就能看到同一个人以相同的样子出现在他眼前。这就是一种稳定和控制。并且，在此之前，施文宁格已经和俾斯麦建立了良好的关系。这种做法重复了几次后，俾斯麦的失眠被治好了。施文宁格治疗法的心理奥秘是什么？

首先，在什么条件下，我们才能放下控制而接受失控？那就是，我们得确认，当"我"放下控制时，"我"会遇到一个充满善意的"你"。如果放下控制会遇到充满敌意的"它"，那无论如何是不能放下控制的。

施文宁格已和俾斯麦建立了信任的关系，所以对俾斯麦来说，施文宁格是一个善意的客体。这个善意的客体守护着你睡着，又在你醒来时第一眼能被你看到，这就给了俾斯麦一种感觉：在他放下控制进入睡眠时，都是这个充满善意的客体在他身边守护着他。所以，他可以彻底安心入睡。

要知道，俾斯麦当时是欧洲最有权势的人物。但即使是这样一个人物，他的权势带来的力量感都不能让他安心，还是需要一个善意的客体的守护，那其他人更是如此。

我遇到过很多父母，他们会为孩子的睡眠问题头疼。孩子不能一个人睡觉，要和父母黏在一起才能睡着。但是，孩子总和父母睡在一起，又会阻碍孩子的独立，特别是影响孩子的性心理发展。那该怎么办？

施文宁格医生的做法可以借鉴，守着孩子入睡，又在孩子醒来时，让孩子看到父母充满关爱的脸。

实际上，这些孩子大多会对父母说，他们一个人睡会害怕，会有各种恐怖的想象和感觉，这也是对敌意客体的恐惧。当然，当一个人总是感知到外界有敌意的客体时，那必然也意味着，他的内在对外界有着各种敌意。

父母对孩子持续性的关爱，就像是提供了一个安全的空间一样。温尼科特和比昂等心理学家都论述过，说好父母就像是好的容器，能够容纳孩子的活力以及各种敌意的情绪。孩子的敌意破坏不了这个容器，同时，外界的敌意也破坏不了这个容器。这样一来，孩子就能确信，他是活在一个安全的空间里。而这个安全空间的内化，就形成了所谓的"安全感"。

我的一位来访者，她的家里堆满了被她老公称为"垃圾"的物品。例如，他们家的旧报纸占了很多地方，老公很想把旧报纸扔掉或卖掉，但她总觉得，好像还有很多报纸没有看，万一它们还有用呢？那扔掉了多可惜。

听到她说"万一它们还有用呢"，我有了很深的感触，对她说："报纸好像就是你自己，你在你父母家的位置就像报纸现在在你家的位置，不被重视，但希望被重视，希望被看到，万一还有用呢。"

听我这么说，她泪如雨下。的确，她在父母家里，是几个孩子中最被忽视的一个，但她心里想着：我要向父母证明自己，我还是有用的。

你可以试试做一个练习，在你的家里，安静下来，闭上眼睛，先是感受在这栋房子里的感觉，再和这栋房子对话，然后再想象你是这栋房子，看看这栋房子又想对你说什么。

这是练习的第一部分。第二部分是，你还可以问问自己，如果你想把这座房子构建成一个让你觉得安全、自在和舒适的空间，你想为此做些什么。

让家成为真正的港湾

自己家，是自己最熟悉、最有掌控感的地方。家就像温暖的港湾一样，可以让自己栖息。然而，很多时候，你需要争取甚至战斗，才能让你的家真正成为一个舒适宜人的港湾。因为，在社会上，你很有可能会面临一些入侵者。如果你没有把他们赶走，甚至都缺乏这个意识，那么你的家很难成为属于你的一个港湾。特别是，当这些入侵者是亲人乃至父母时，你可能都认识不到他们是入侵者，需要请走，不行就赶走。

我们同事之间也经常会聊到关于空间的问题。黄玉玲老师讲的故事很触动人。她说她的父亲强悍有力，是一个非常不好惹的人，也特别有意识地保护自己的小家。

有一次，在她的小家里，她妈妈和奶奶发生了冲突，两个人吵得越来越激烈。最终，她的父亲受不了了，让奶奶走。奶奶不走，并且脾气变得更大了。结果，父亲拽着奶奶的胳膊，把她请出了家。

在那个年代，这是有点儿大逆不道的事情。黄玉玲的奶奶很愤怒，接受不了儿子这样对自己，于是做了也是那个年代很流行的事——回到自己的娘家哭诉。结果，娘家来了五个男人为她撑腰，是黄玉玲父亲的舅舅和他的四个儿子。

来了后，舅舅先是训斥了外甥。这时，黄玉玲的父亲没有太为自己辩解，也向自己的母亲道了歉，可舅舅还不依不饶地说："这件事，我必须打你一记耳光，给你一个教训。"

听到舅舅这句话，黄玉玲的父亲一下子怒了，对他说："你要是敢打我一记耳光，信不信，你们五个都会倒下？！"

他的凶悍劲儿一下子震住了对面的五个男人。他的舅舅和舅舅的四个儿子没敢做什么，这件事就到此为止了。这件事，黄玉玲的父母没再谈起，奶奶也没再谈起，但一条界线就此画出，奶奶再也不想到她儿子家里去做女主人了。

也许是因为有这样一位父亲，黄玉玲说，她特别爱看"教父"系列电影，觉得电影里的男主角实在太强悍了。

合理的法律是最好的界线，一旦我们在二元关系中发生了剧烈的冲突，就可以寻求法律的仲裁。这时，就构建出了三元关系。

只是，法律必须是公平、正义、符合人性的，如果法律变成一味地维护一方，而另一方做什么都不对，那就起不到三元关系中可靠而中立的仲裁者的作用。而实际上是和强势一方捆绑在一起，成了强势方继续入侵、剥削弱势方的工具。这时候，三元关系就坍塌成二元关系了。

我父亲和她父亲正相反，当类似的事情发生在我家时，我父亲没有力量去保护我的家庭，导致了一系列严重的问题。

在我父亲这边的家族里，有一件事一直发生着，就是父母一定会产生一种分裂，即亲这个或这几个孩子的话，一切资源都往他们身上汇集，而不亲那个或那几个孩子，不仅不给他们资源和好处，还无情地剥削他们。

先是我的大伯被严重剥削。我大伯去世后，奶奶残酷地虐待大伯母和她的三个女儿。后来，大伯母带着三个孩子离开了。而我大伯一家，简直就像是被家族给清除了一样，再也没人提起。我成年后才知道，原来还有这么一位大伯。

接着是我父母被严重剥削，他俩都是老好人，把孝顺视为绝对真理，因此受到了极其不公平的对待。后来，因为哥哥也被欺辱，父母才爆发、反抗，接着被家族和村里公开指责不孝。而我奶奶曾多次到大街上骂我父母，我父母都一味地忍着。

这是对我们家严重的入侵，我父母不能保护自己的家庭，因此这个家在相当程度上失去了温暖港湾的作用。在这样的家庭里长大，我受到了严重的影响。最突出的一点就是，我非常缺乏界限意识。

例如读研究生时，我认识的一个哥们儿，自认为是艺术家，但很落魄。他常常到我们研究生宿舍来，一来就躺在我的床上，有时一躺就是一天。

这件事，我觉得没什么，但后来我们宿舍的室友受不了了。一个界限意识很强的室友对这个哥们儿说："你知不知道你这样很让人反感？你知不知道你严重侵占了武志红的利益？我们不欢迎你，你以后少来。"

他的做法让我很震撼，这时我才意识到，我其实对这哥们儿也很反感，但之前我没意识到，而是把他的入侵和我的软弱给合理化了。比如说，他有苦衷，他对我不错，再说要善待别人啊。

但仅仅是这样的事，还不能让我意识到我的问题。我第一次清楚地意识到这个问题，是在一次学习中。当时，在做一个练习：五六个人围成一个圈，轮流讲述自己的一个梦想。其他人不必仔细听讲故事的人所说的话，而是留意自己在听的过程中产生的各种感受。然后就此画一幅画，并向讲故事的人讲解一下自己为什么这么画，再给画起一个名字送给他。

轮到我讲的时候，从中国台湾来的一个女同学画了一幅很抽象的画，不知道为什么却深深地触动了我。当天晚上，我做了一个噩梦。惊醒后，我保持身体不动，然后在我上方出现了一块简直是无边无际的纯黑的钢板，压得我喘不过气来，那种感觉很恐怖。我继续保持不动，待了一会儿，钢板突然裂开，呈现出了各种各样的几何图形。接着，逐渐地，这个钢板消失了，我体验到畅快、自由，乃至愉悦感。

与此同时，我想到了我们家面对各种入侵守不住边界的事情。于是，我第一次真切地意识到，我的太多做法，不是什么因为善良，而是因为软弱。

后来，和父母谈这些问题，才发现他们清晰地知道这些是软弱。不过，我不是当事人，没有太真切地体验那么强烈的冲突，而是沿袭并认同和继承了父母的做法，启动了大量合理化的防御机制，认为那些不守界限的做法是对别人好。

我一直以来都认为父亲太软弱了，对父亲有点儿瞧不起。但今年春节，当父母讲述他们的个人经历时，我才发现，父亲只是在家族和村里有些软弱，在外面的世界，他是个英雄。相应地，我也是在面对亲近的关系时，容易做滥好人，而在工作关系中，我还是有强悍的地方的。目前，我拥有的一切资源，也因此而来。原来，我无形中认同了父亲的这些做法。

我们得意识到，小家庭首先是父母和孩子的世界，你必须保护好这个空间。这样，你所在的家才能起到港湾的作用。

修炼掌控力

过去我常说，控制欲望是万恶之源。这句话讲的是，一个人想去入侵、剥削和控制另一个人，让另一个人服从自己的意志。

但相反，人该有掌控力，该形成这样的东西：我的生活，我能掌控；即便现在有失控甚至崩溃，但我深信，我能通过努力，让我的生活恢复掌控。

婴儿最初处在一个极端的矛盾中：一方面，他们活在全能感中，觉得自己无所不能；另一方面，他们的能力最弱，对生命简直没有任何掌控力。

当然，没有任何掌控力是不可能的。例如，最初婴儿至少可以掌控一个东西——眼皮。对婴儿的全能感会有这样一种解释：婴儿最初觉得，他们一睁开眼睛，世界就会存在；而一闭上眼睛，世界就会消失。所以，他们会觉得自己是如此强大而可怕，世界就掌控在他们眼皮的睁开与合上之间。

对于不能掌控的事物，婴儿会把它们投射出去，认为是外界敌意力量所操控的。

曾经看过一个视频，讲的是一条刚出生没多少天的小狗，它打了一个嗝。这是一个意外，是一份失控。然后可以看到，它试图控制身体，可努力失败了，它接着又打了一个嗝。它随即开始狂叫，并且好像是对着外面某个东西叫似的。

对此，我的猜想是，它控制打嗝的努力失败了。于是第二次打嗝时，它就会想，既然打嗝这件事不是我能控制的，那肯定是某个外部力量所导致的。并且，这个外部力量是有敌意的，我要用我可怕的叫声警告它，不许它这样对我。

婴儿的逻辑也是一样的。并且，因为有全能感，所以这时会出现极端分裂，即婴儿会觉得，外界像有一个"魔鬼"在攻击自己。所以，关于善恶观，我有一个说法是，在个人的体验中，他所能控制的就是"善"，不能控制的就是"恶"。由此可以理解，控制对婴儿来说，是极为根本的。控制为"善"，失控时，就会分裂出恐怖的敌意来。

除了眼皮，最初婴儿还可以比较快地发展出的控制，就是自己的手指。当婴儿能吸吮自己的手指时，这是一个里程碑般的进步。

因为婴儿发现，陷入口欲中的他，在吸吮手指这件事上，能支配自己。他想吸吮，就可以把手指拿过来；不想的时候，就把手指拿开。这种自我掌控、自我满足的感觉，实在太好了。

相反，太多其他事情的满足与控制，婴儿都有赖于养育者的照顾质量。

温尼科特曾提出了一个很有影响力的概念——"过渡客体"。意思是，一个存在既不是自体，也不是脱离于自体之外的客体，而是介于其中的"过渡客体"。孩子通过先与过渡客体建立关系，再逐渐与客体建立关系。

对孩子来讲，最重要的客体是妈妈，而过渡客体，通常是具有妈妈某种特质的事物。

过渡客体有多重价值：第一，当孩子找不到妈妈时，可以通过过渡客体而得到一些安慰；第二，妈妈再爱孩子，孩子都不能彻底控制妈妈，而过渡客体却可以完全被孩子所控制，于是孩子通过控制它，而形成一些基本的控制感。

例如，很多孩子会有他们的一个安慰物，如一个公仔、一条小毯子、一个枕头，甚至一条小被子等。这些东西，他们视若珍宝，绝不允许他人占用，也不能接受它们的改变，例如洗涤。

如果仔细了解的话就会知道，这些东西常常是孩子在婴幼儿时和妈妈一起用过的东西。

总之，这些东西具有了妈妈身上的部分特质，因此就像是妈妈的一个象征一样。再好的妈妈，也承受不住孩子的这种想象和对待，但一个过渡客体可以。幼小的孩子通过掌控一个过渡客体，而获得了一种彻底的掌控感。

所以，家长们要重视孩子的过渡客体以及像吸吮手指这种事，要知道孩子在借此形成对事物的掌控感。

当然，最好的客体是妈妈以及其他抚养者。

与过渡客体不同，再爱孩子的妈妈或爸爸也有自己的空间感，也有自己的独立意志，所以不太可能完全满足孩子的掌控欲。并且，如果真的满足了，也会带来巨大的问题。

一个真实的"60分妈妈"，会让孩子形成基本的掌控感，同时又知道，他面对的是有自己需求、自己尊严的另外一个人。她再怎么愿意满足你，也不可能彻底如你所愿。并且，有时候，她就是一个坏妈妈，但这些坏的部分不影响她整体上是个好妈妈。

先是有这样一个"60分妈妈"，而后有一个基本有力量的爸爸，乃至家，这都构成了一个好的安全容器。这样，孩子就可以在这个基本有掌控感的世界里，释放自己的活力。同时也知道，这个空间里是有其他人存在的，他得学习尊重。

这是一个孩子能在一个更大世界里伸展自己的基础。

过渡客体还有过渡空间的含义。孩子最初都活在自己的幻想世界里，他们不可能直接进入现实世界里。他们需要在幻想世界和现实世界之间有一个过渡空间，在这个空间里学习如何处理自体与客体的关系。在这个空间里练习得差不多了，才能更好地进入现实世界。

作为父母，没必要，也不能让孩子成为一个家庭的主人，比如决定这个家庭中的很多事情。这对孩子而言，既过度满足了他的全能感，又给了他太多的责任。

在很多家庭治疗中，父母需要对孩子说："很多事情是父母的责任，你就做一个孩子，好好去玩就好了。"

不过，每个家庭都该给孩子提供一个孩子说了算的空间。有条件的话，可以给孩子一个房间；条件差的，可以给一张书桌，甚至只是一个上锁的抽屉。在这个空间里，孩子有彻底的自主权，基本上都是他说了算。没有他的许可，你不能进入他的空间里。

我养的第一只猫叫阿白，是一只超可爱的加菲猫。它太可爱了，以至于我们总想去随意玩弄它。后来，我和家人商量了一下，给了它一个专属空间，就是一个纸箱子。只要它进入这个纸箱子里，我们就不能碰它。

后来发现，它特别喜欢这个纸箱子。一天电闪雷鸣，那应该是阿白来广州后的第一次雷雨天气。我们都在外面，当时它又很小，所以我们真是对它有些担心。我们回到家后，看到它躲在这个纸箱子里。

所以，一个自己能彻底掌控的空间，是多么有安全感、多么重要。

爱好也是一个练习掌控感的空间。爱好无关生存，比较少带来压力。当你试着把一个爱好练好、练熟时，也是在练习你的掌控感。例如前不久，我给自己买了一个纯手动的专业相机，据说是世界上非常好的相机之一。一点点地调控这台相机的各种指标时，一种掌控感油然而生。

互动：你想要一个什么样的房子

我先来介绍一个练习，这个练习是"你想要一个什么样的房子"。

先找到一个你可以放松的地方，然后请跟着我的指导语来做这个练习：

> 请你选择一个舒适的姿势，能让你放松的，可以坐着，也可以躺着。
>
> 闭上眼睛，把注意力放到呼吸上，自然而然地做几个深呼吸，感受气息的流动，感受肚子的起伏。慢慢地，你会放松下来。
>
> 就在这种放松的状态下，问自己一个问题："你想要一栋什么样的房子？"
>
> 然后想象，一栋房子出现在你眼前。接受第一时间呈现的房子的样子，然后走近它，打开房子的大门，再走进去。
>
> 这栋房子的空间有多大？它的结构是怎样的？里面有什么家具和

装饰?

去感觉自己在这栋房子里的感受。问问自己,如果你可以在这栋房子里做任何你想做的事情,那么,你想做些什么?

给自己一点儿时间,做完你想做的事情。然后走出房子的大门,对它说"再见"。

我之前写到弗洛伊德有一个理论,他把思维分为两个层级:初级思维过程和次级思维过程。次级思维过程使用的是语言文字,初级思维过程使用的则是图画。虽然次级思维过程可以更好地沟通,语言文字也非常有力量,但它的力量却不如初级思维过程中的图像。

这个理论放到愿景这件事上,就可以说,如果你只是在语言文字(即意识层面)上要一栋漂亮的大房子,那它可能就没有力量,不构成真正的愿景。

只有那些带着浓烈感觉的图画一样的愿景,才具备力量。

愿大家也能拥有自己心仪的房子。不过,也许有些朋友首先需要改造自己内在想象中的房子。

Q:失眠是因为觉得有敌意、不安全,嗜睡是不是意味着逃避,逃避不能掌控的事物?

A:有嗜睡的来访者,的确是在逃避。也就是说,在醒着的时候,不能在现实世界里做自己,于是睡着,逃入一个人的世界。

如果你也有这个问题,那么,解决的办法是,努力在现实世界中做自己。可以先从小事开始,如在吃、喝、拉、撒、睡上坚持自己的选择。可以试试有意地怼人,有意地去挑战一些事物,做一个适当叛逆的人。

Q：工作中，我感觉自己很难放下控制，有不少次遇到的自己并不是充满善意的"你"，这是珍惜规则和权力规则的冲突造成的，还是我内心那个善意的自我不够强大造成的呢？

A：工作领域（即社会领域），本来也不是该放松的地方吧。工作中，大家主要是去追求实现一些利益上的目标。

在社会领域中，大家需要 PK，有时是光明磊落的，有时是狡猾的，有时甚至是残酷的。

我将空间分为生活空间和工作空间，大家在工作空间中 PK，同时也变得更强大，然后就可以享受生活空间了。当然，在生活空间中也得努力，而工作空间也可以享受，这两者并不必然分裂。

Q：我怕自己 3 岁半的女儿在幼儿园被欺负了也不敢跟我和老师说。我想让她把所有的秘密都告诉我，但又不想强迫她。怎么办呢？

A：如果你常对孩子说"所有事情都要告诉妈妈，不能对妈妈有秘密"，那就意味着，你不允许孩子有自己的心理空间，所以孩子可能因此会对你封闭内心。

你是担心孩子被欺负，所以想知道发生了什么，你可以通过其他方式来问出来。

例如，我的一位朋友觉得读幼儿园小班的儿子状态不对，但孩子说不出来在幼儿园发生了什么。要知道，孩子"说"的能力（即次级思维过程）可能还没发展好。她灵机一动，就对孩子说："我们做个游戏好不好？现在，我扮演你，你扮演幼儿园的老师或小朋友。他们对你说了什么、做了什么，你现在就说给我、做给我。"她的儿子立即进入状态，对她喊："跪下！你怎么这么不听话？！"

于是，她一下子就知道了孩子在幼儿园里发生了什么。

此外，你也可以问问自己，在你小的时候，你是不是不被允许有自己的空间。

Q ：房子对个人而言如此重要，可那些不太富有的人却卖掉房子，去周游世界，这种现象该怎么解释？

A：家和旅行，构成了一对矛盾：家或房子、空间，是安全感；而旅行，则是离开家拥抱更广阔的世界。但在这个世界里累了，还是想回家。这对矛盾也可以说是安全感与激情的矛盾。

很多朋友喜欢这种房子——在家里能看到广阔的世界，这是希望同时拥有这一对矛盾吧。

刚学会走路的孩子，他们会非常有激情地去探索世界，而这时他们需要有妈妈在身边。妈妈就是一个安全岛，有妈妈在，他们才有勇气去探索。而一旦看不到妈妈了，他们就容易哭着找妈妈，探索就进行不下去了。

这也是内在心灵和外在世界的矛盾。内在心灵需要有一套行之有效的自我防御机制，这就像我们需要住在一个安全的家里一样。而一旦内在心灵的好坏、善恶、对错等二元对立的分裂彻底弥合了，那个时候，防御也就可以彻底放下了。

创造你的工作空间

我们引用心理学家维克多·弗兰克的一句话："投入地去爱一个人，投入地去做一件事，幸福就会降临。"

我们需要在原生家庭中先获得安全感，而后去这个世界上寻找释放激情的空间，并在其中获得各种各样的资源，用它们去创造属于自己的一个家。

然而，在工作中，和在家里一样，也需要你拥有一个自己说了算的空间。否则，你的激情和创造力都难以释放。

在工作中，你最有激情和创造力的时候，是怎样的？

> 想象你是一只飞出悬崖边缘的鹰。
> 想象你是一头在森林里奕奕独行的虎。
> 当你在寻找食物时，你是最英俊的。
>
> ——鲁米

维护你的权力空间

我虽然在亲近的关系中不能很好地守住自己的界限，但在工作关系中，我还是有强悍的部分的。

2001 年，我硕士一毕业就到广州日报社工作，一直工作了 10 年，到 2011 年离开。这是我唯一打过工的单位，此后我就自己做老板了。

最初，我在国际新闻部做编辑，我很爱这份工作。然而，刚工作没多久，我就发现我们的工作流程有问题。

这个工作流程是，主任负责一切。作为版面编辑，我只要按照主任规定的一切去做就好。这样一来，主任太忙，编辑却很轻松。可我没有轻松感，我只感到痛苦。

当年，报社一下子招了一百五十多名记者和编辑，都是重点大学的毕业生，有本科、硕士和博士，我记得还有一位博士后。可是，如果是这种工作流程，招我这个北京大学心理学的硕士干吗？

忍了一段时间后，我决定必须改变。决定改变的那一天，我只尊重主任的两个决定：我的版面上放什么稿件和稿件的分量。但其他像用什么图片、图片怎么摆放、稿件怎么安置、标题怎么打等，我都自己来。

一释放主动性，我的创造力立即发挥了出来。当天做的那个版面真是漂亮、精致，我都忍不住要夸奖自己了。

主任见到后，先是被惊艳了，接着很快明白，工作流程有问题，他立即决定改变流程。他作为主任，只决定稿件安排，至于其他的，交给编辑去做。

这个变革释放了部门的活力，我们部门的版面，在很长一段时间里，一直是报社的典范。

2005 年，我不想做国际新闻了，想重新杀回我的老本行——心理学。而我来报社的初衷，就是想从心理学的角度写出人生百态。所以，我申请从国际部转入政文部。申请被批准后，我开始主持"心理专栏"。

一个月后，这个专栏大获成功，后来一直是报社最受欢迎的专栏。而我一直在捍卫一个东西——我在这个专栏中的话语权。

专栏办得很成功，也很受重视。因为受重视，报社的多位领导找我谈话，重复谈一个问题：我写得太专业了，不符合报社的定位。

这个定位来自调查，多次调查统计显示，在我们的读者中，高中文化的占了大多数。所以，领导们希望我写得更贴近大众一些，符合高中文化这个水平。

这个调查和定位按说没错，可是我想，我的专栏一直都是最受欢迎啊，读者最多。这证明，我这种写法是可以的。

听到我的这种辩解，领导们都说："如果你改变一下，符合报社的定位，你会更受欢迎。"

我再次反驳说："如果我改变了，去迎合读者，我会失去自己，说不定我会失败。"领导们也很讲道理，没有再强迫我去改变。

总之，我一直在坚持做自己，并且都做到了"不含敌意地坚决"。就是在认真地讲事实、讲道理，从来没有过情绪。

因为我的这些风格和做法，无论是在国际新闻部，还是主持"心理专栏"，我的工作都可以说是一流水准。并且，我一直都有高度的工作热情，整体上是一个自发的工作狂。

后来，我思考我的事情，我想到了一个词——权力空间。

我认为，任何一位员工都需要有一个他能说了算的空间，这是他的权力空间。一定要有这样的权力空间，否则他的创造力和热情发挥不出来，他的能力就难以提升。

当然，职位不同，级别不同，权力空间也会不同。职位越高，权力空间越大；职位越低，权力空间就越小。但无论多么低的职位，如果想发挥他的才能，就必须赋予他一个自己说了算的权力空间。

好的单位，会主动赋予一个员工这样的空间。而作为员工自己，也要去争取这样一个空间。有这样的空间，你才能释放你的攻击性，并把它转化为白色生命力，如热情和创造。如果没有这样的空间，你的攻击性就会转向你自身，伤害你自己的工作能力。

做一棵永远成长的苹果树

2005 年，是我主持《广州日报》"心理专栏"的第一年。年底的时候，我写了一篇后来流传极广的文章《2005 年的七个心理寓言》。

第一个寓言，是《成长的寓言：做一棵永远成长的苹果树》。原文如下：

一棵苹果树，终于结果了。

第一年，它结了 10 个苹果，9 个被拿走，自己得到了 1 个。对此，苹果树愤愤不平，于是自断经脉，拒绝成长。第二年，它结了 5 个苹果，4 个被拿走，自己得到了 1 个。"哈哈，去年我得到了 10%，今年得到了 20%！翻了一番。"这棵苹果树的心理平衡了。

但是，它还可以这样：继续成长。比如，第二年，它结了 100 个果子，被拿走 90 个，自己得到 10 个。

很可能，它被拿走 99 个，自己得到 1 个。但没关系，它还可以继续成长，第三年结 1000 个果子……

其实，得到多少果子不是最重要的。最重要的是，苹果树在成长！等苹果树长成参天大树的时候，那些曾阻碍它成长的力量都会微弱到可以忽略。真的，不要太在乎果子，成长是最重要的。

为这个寓言，我还配了心理点评：

你是不是一个已自断经脉的打工族？

刚开始工作的时候，你才华横溢、意气风发，相信"天生我才必有用"。但现实很快敲了你几个闷棍：或许，你为单位做了大贡献没人重视；或许，只得到口头重视但却得不到实惠；或许……总之，你觉得就像那棵苹果树一样，结出的果子自己只享受到了很小一部分，与你的期望相差甚远。

于是，你愤怒、你懊恼、你牢骚满腹……最终，你决定不再那么努力，让自己的所做去匹配自己的所得。几年过去后，你一反省，发现现在的你已经没有刚工作时的激情和才华了。

"老了，成熟了。"我们习惯这样自嘲。但实质是，你已停止成长了。

这样的故事，在我们身边比比皆是。

之所以犯这种错误，是因为我们忘记了生命是一个历程、是一个整体。我们觉得自己已经成长过了，现在是该结果子的时候了。我们太过于在乎一时的得失，而忘记了成长才是最重要的。

好在，这不是金庸小说里的自断经脉。我们随时可以放弃这样做，继续走向成长之路。

"90后"刚开始大批走上工作岗位时，我常听到企业家说："'90后'是最糟糕的一代，因为他们一不顺心就离职。"例如，曾有报道称，一位"90后"员工，因为电脑开机要5分钟而提出离职，老板死活不能理解。

这种事听多了，我反而想，不对啊，好像他们是正常反应啊。他们就是不想在工作中委曲求全，对上级的权力意志言听计从而已。他们表现出来的叛逆，实际上是在尊重他们的权力空间啊。

例如，电脑开机要5分钟这件事，现在就是互联网时代啊，时间很值钱，老板竟然让员工使用这种电脑。并且，开机5分钟，只怕也意味着，这台电脑其他方面的性能很差，那真的会很影响效率和心情。

这两年，则听到到处都在夸"90后"，他们脾气大，但情商高、创造力强。

当一个公司能尊重每个人的权力空间时，这个公司就会趋向于平等和开放；当一个公司过度尊重管理层的权力空间时，这个公司就会趋向于等级和封闭。

2017年12月，我有幸去湖畔大学讲了半天的心理学课，同时也作为学员听了两天半的课。支付宝的首席执行官彭蕾讲课时，分享了这样一个故事：

> 一位上司决定辞退一名普通员工，这位员工非常不服。而公司最后采取的方式是，让他们两个人辩论，同时在公司内部网站直播，谁都能看到。

这件事的结果，彭蕾没讲，但这件事的处理方式显示了阿里巴巴集团开放的公司文化。当这样公开处理时，上司和员工就处于平等的地位，上司并不能享有权力带给他的特别优势。

这三天，阿里巴巴多位高层的分享，让我产生了一种很舒服的感觉，觉得我自己都变得更开放了。

不过，在和湖畔大学的其他学员分享我的这种感受时，一位学员说，阿里巴巴一开始应该不是这样的。大家知道，湖畔大学的学员都是精英企业家，这位学员也不例外。他说，最初，阿里巴巴就有一定的开放基因，但他们还是特别强调统一意见办大事，所以对个人的空间，特别是普通员工的个人空间，不会特别尊重。

很多互联网公司都是这样的，但成功的互联网公司逐渐走向开放，同时也越来越尊重员工的个性化。这是由互联网的基因所决定的，毕竟互联网本身就意味着开放。

并且，还有一点很重要：越是高科技人才，越需要自由空间，那种权力集中式的管理，不可能吸引顶尖的高科技人才。例如，这位学员说，全世界目前每年新出现的懂 AI 的人才，不会超过 150 人。而这些人是绝不能用权力集中的方式去管理的。

我们有幸处在这样一个互联网时代，特别是移动互联网提供了一个开放的巨大平台。任何人都可以凭借自己闪耀的个性，找准一个点，突然就可以为自己赢得一片空间。

实际上，也许以前的时代也一样，尊重员工权力空间的公司更容易获胜，不过这一点还不明显。但现在这个时代，这一点已经非常明显了。

此外，不管怎么样，作为一个个体，如果你想获得事业上的成功，必须为自己去争取权力空间。

个性化、社会化与体系化

在个人成长中，每个人都会面临一对矛盾：做你自己希望的自己，还是成为社会希望的人。

前者，我们可以称之为"个性化"；后者，可以称之为"社会化"。当然，最好是既在相当程度上实现了个性化，成为自己，又适应了社会，完成了社会化。

个性化太过，就可能会与社会脱节。当一个人不能融入社会时，就容易在各个方面出问题，甚至患上严重的心理疾病。社会化太过，一个人会失去自己。当太多人对你交口称赞时，你感觉自己好像失去了一些极为宝贵的东西。

社会化太过的一个表现是，你变得体系化，成为体制的一分子。在体制中求得生存空间，并在心理上依赖体制。甚至，你觉得自己只是体制的一分子，而如果剥离体制，你不仅难以生存，甚至还觉得你的自我也会出现瓦解的危机。

这种体系化，是人的一种异化。

追求个性化，就意味着一个人把自己的真实自我呈现在这个世界上。这会带来很多危险，其中一个心理危险是，因为你呈现的是真实自我，所以你的真实自我就有被攻击、伤害，甚至灭掉的危险。

体系化则避免了这种心理危险，你将真实自我隐藏，让自己躲在某个体系（即集体自我）的背后。但这也意味着，你的真实自我因为没有表现出来，所以就没有机会被锤炼。于是，也失去了得以淬炼的机会，你的真实自我也就难以成长。

体系化与个性化也是职业生涯发展中的一对矛盾。

最近几年，我见过各种各样的互联网大 V，得出了一个结论：这些大 V，在他们所得以成就的那个点上，最初都是用本心做事的。

例如罗振宇，他是由衷地热爱知识，相信知识能够改变世界。

例如《凯叔讲故事》的凯叔，他最初就是爱给自己的孩子讲故事。

例如黄佟佟，她特别热爱明星的八卦，特别是美女明星们的八卦，这里面她有很深的情结在。

例如，我在广州日报社的前同事小莉，她有一个公众号"爱读童书妈妈小莉"。两年前，她就有了六七十万粉丝和不菲的收入。而她的起点，也是因为她是播音系毕业生，她也由衷地热爱读童书这件事。

例如，我有一个本科同宿舍的哥们儿，他在大学时特别热爱音乐，弹了一手好吉他，组织过校园乐队。后来，他进了杜比实验室工作，现在开了 VR 公司，声音方面是他的公司的特长。

……

这样的故事非常多，于是我想，也许我们真的是进入了一个新型的自由世界。

互联网将一切连在一起，各种大V就像是闪耀在互联网上的一个个节点。而他们之所以闪耀在那里，有些是因为有判断力看到了先机，但好像更多的人是出自本心——出自本能地热爱这件事。

关于职业发展，最初可以有两个不同的起点：一个是出于本心热爱，另一个是出于求生存。可以说，前者主要是发自生本能，而后者主要发自死本能。

一个社会越是中心化、体系化，一个人就越容易做后面这种选择——为了生存而做职业选择。相反，一个社会越是去中心化、个性化，一个人就越容易做前面那种选择——为了兴趣而做职业选择。

体系化的选择来自一种预见：某个行业，未来会很受欢迎，并且这个行业现在求职前景很好，所以我选择。个性化的选择，则常常看起来背道而驰。例如，我读本科的时候，如果选择艺术类的专业会被人们认为是不理智的，甚至整个文科都被视为不理智的选择，心理学也是。

然而，在现在这个越来越万物互联的时代，体系化的选择未必可靠，个性化的选择倒越来越能创造一些奇迹。最近几年，我们见证了一些大公司的突然崩塌。例如，某手机品牌的倒掉，速度之快，令人瞠目结舌。

有些体系在崩解，同时一些大的体系也在生成，例如BAT。不过，我去BAT讲课或合作的时候，发现这些公司与传统公司不同，都特别重视员工的个性化。如果一个人的职业发展和一个大体系紧密地捆绑在一起，甚至个人还出现了体系化，那么这个体制崩解时，个人也会面对巨大的困境。

然而，如果你的个性化发展足够充分，也许你就不会落伍。例如，传统媒体落伍了，但记者、编辑的基本能力并没有落伍。这方面出类拔萃的人，仍然可以在自媒体时代找到非常好的出路。

如果你一直以来都是在拿本心和整个世界碰撞，那么这就意味着你一直在和这个世界建立真诚的深度关系。这个深度关系会诞生出各种真正的产品，很多是意想不到的。

在生存艰难的时代，做体系化的选择比较合理，至少能生存；在万物互联的时代，做个性化选择的空间大了很多很多。

也许未来，生存更不是问题时，社会发展的重点就会更加放在满足人类的基本体验上。而那时，一直以来都尊重自己体验的人，也许会有更宽广的职业空间。

从本质上来讲，一切职业都是人类与社会的关系的产物。好的东西，总是源自人与社会的深度关系。

工作空间的无情

目前，在我们的星球上，最知名、最伟大的企业家是谁？相信很多人都会想到乔布斯和马斯克，虽然乔布斯已仙逝，而马斯克的企业还称不上特别成功。

这两个人身上有很多共同的品质，如完美主义、疯狂、自大和偏执，这些东西可以归结成一个词——"无情"。很多厉害的企业家身上都有这个品质。当然，不是所有。那么，至少在这些人身上，为什么无情会带来成功？我谈谈我的思考吧，这是非常个人的思考，未必正确，所以建议大家不要轻易学习无情。就当作一个启发性的思考，甚至你也可以把这个当作胡思乱想。

我的公司发展一直算比较顺利，但也算是小打小闹。公司发展会带给我很多东西，我简直像是通过公司发展这个外部事件来研究我自己的内心一样。所以，我不是一个好企业家。

好企业家是我的一位朋友，他是一个富二代。他接了父亲的班后，为了降低父亲的影响力，他谋划了很久，最终把公司的几位元老赶出了公司。而当每一次目标实现后，他都开心得不得了。

结果，他迅速把权力重新集中在自己手上，公司很快完成了交接和转型，然后开始蒸蒸日上地发展。所以，如果把公司发展视为好，而把公司停止视为坏的话，他这种无情的企业家倒是好的企业家。

职场上也仿佛相似，一些来访者（多是男性）对我表达过这份渴望：活在一个规则特别清晰的世界，大家就按照这些规则去竞争，完全不用管情感，那样就太爽了；自己输了也认，只要是按照这个清晰而基本合理的规则就好。

弗兰克曾说："投入地去爱一个人，投入地去做一件事，幸福就会降临。"这句话中，看似讲的是投入地去建立关系，而幸福是投入建立了深度关系的副产品。但是，亲密关系（即家庭与生活空间中的爱）和社会关系（如工作空间中的逻辑）有很多不一样的地方，甚至简直是背道而驰。

在家庭中，不能讲无情，而应珍惜彼此。在工作中，也许应该无情地按照一些规则去行事。这样既有磊落感，也容易发展能力，甚至也更容易创办出好的事业来。

如果我的这番理解是正确的话，那真可以说，造物主给人制造了太多这种二元对立的难题，让我们难以按照一个非常简单的逻辑去活。

互动：死能量终究导致死亡

据报道，某手机品牌的 CEO 说过一句很有名的话："我们并没有做错什么，但不知为什么，我们输了。"这句话确实很有力量。

《经理人杂志》曾报道这家公司的高层太可怕，常常以"最大的肺活量"朝人们大吼大叫。这意味着高层的权力空间在严重延伸，而员工的权力空间会被压制，因此不敢向高层反映公司的真实问题，也担心被炒鱿鱼，于是变得沉默寡言。两处报道把这些现象称为"组织畏惧"。

组织畏惧，可以理解为死能量。当高层总是传递畏惧时，这会树立他们的权威，但会导致死能量在员工之间传递。先是杀死了员工的活力与创造力——这些都是生能量，最终"杀死"了企业。可以说，死能量的严重累积，最终真导致了这一品牌手机的"死亡"。

此前的时代，平台搭建很困难，所以个人需要借助固有的体系，去赢得自己的空间。万物互联的时代，我们共享一个高效率的平台，那些有创造力（即饱满生能量）的想法能迅速在互联网平台上得以传播。结果导致一个人赢得的空间比以前容易了太多。同时，那些僵死的体系崩塌之快会超乎想象。

希望这个过程能不断发展，我们可以见证这个过程。

Q：**在争取自己的权力空间时，避免不了和领导发生冲突，有时甚至会引起领导对我们的不满，搞不好还会被炒鱿鱼。该怎样去处理和领导的关系以及避免这样的危险？**

A：首先，这可能是现实（即外在现实真这么残酷）。我们能看到这个图景，是内摄了这个图画。其次，这也可能是自己内在的投射（即外部现实没这么残酷），我们自己一直活在这种逻辑中。

如果主要是自己的投射，那就需要去好好认识自己的投射，并消除它。如果发现的确是现实，自己所在的单位就是这么残酷，那就要好好问自己，是否继续待下去。

如何确认它是内摄了现实，还是自己内心向外的投射呢？你可以思考一个非常简单的问题：你所在的单位，有人很有个性而仍然能活得很好吗？如果有，那就意味着，你以为的那种逻辑并不完全是真实的。

如果一不听话就会被开除，那这个时候你需要问问自己："我是为了目前的待遇一直待下去，还是为了长远考虑而离开？"

时代在迅速变迁，最惨的是如网上曾流传的一张照片，是收费站的工作人员哭诉说："我已经 36 岁了，我一直在做这份工作。收费站取消了，可我没有其他能力，我该怎么办？"

当然，我并没有鼓励或建议大家怎样做，因为如何选择是生命的根本，也是每个人自己的责任。

Q：**权力空间需要去探索，但是由于成长环境不同，不同的人的权力空间应该也是不同的，有什么办法可以帮助自己发现权力的空间呢？**

A：权力空间，是和每个人的职位联系在一起的。需要强调的是，每个人的职位最好都有属于他自己的权力空间。这样，他能激发出热情和创

造力。

　　当然，在现实中，也存在着这种情形：会搞权力斗争的人、欲望强的人，最后给自己争取了很大的权力空间，但压榨了别人的权力空间。所以，在我的理解中，这不是一个每个人自带的权力空间，即不是由一个人的自我所决定的他天然有的权力空间。

　　至于发现自己的权力空间，我想每个人该问自己几个问题："我能清晰地意识到我的权力空间吗？我能守住我的权力空间吗？我可以用什么办法来更好地做到这一点？"

宅

宅是深刻的社会现象，虽然很普遍。宅，多数时候是和男性联系在一起的，所以一谈到宅，似乎大家很容易想到宅男。当然，也有宅女。并且，和一些心理咨询师同行谈到宅女时，我们普遍的观感是，女性一旦成为深宅，问题比男性还大。

每次我在微博上谈到宅的现象时，都会有很多回复说："宅怎么了？宅是一种生活方式，宅不是病。"

实际上，在我看来，大多数社会现象都是一种存在，都是人性的一种表达方式，它们几乎都有问题。看上去，我会把现象给问题化，但同时，我也不愿意给某种现象贴上"病"的标签。宅也一样，宅是一种深刻的存在。

把宅的问题放到这一章来谈，自然是在说，空间，是它的根本。可以说，一个人之所以选择宅在家里，是因为在这样的空间里，他能做自己。他不愿意出去，是因为外部的空间，他总感觉身不由己。

宅的关键是封闭，而在心灵封闭的现象群中，还有习惯性拖延与习惯性迟到等现象。你最宅的时候是怎样的？它是怎样发生、怎样结束的？

> 今天，像其他的日子一样，
> 我们在空虚中醒来
> 兀自惊惶。
> 别这样去推开书房的门扉
> 进入阅读。
> 先取下一件乐器。

让我们热爱的美成为我们的所为。

跪下来亲吻大地，

有成百种方式。

　　　　　　　　　　　　　　　　——鲁米

程序、封闭与控制

一位单亲妈妈，她有一个几岁的男孩。她对我说，她对儿子充满了内疚，因为她常常情绪失控，对儿子大吼大叫。不过，她从没打过孩子，情绪恢复后，会对儿子道歉，所以小家伙没怎么被妈妈吓到，有时还会对妈妈表达理解。

虽然如此，她还是为自己频频发生的失控感到内疚，所以想和我好好探讨这是怎么回事，她该怎么改善。

谈着谈着我们发现，她的情绪失控有这样一个逻辑：她为自己和儿子一天的生活设置好了一个程序，如果他们都顺利地执行了这些程序，她就会感到安心；如果某天程序被打乱了，她就会非常难受。她尽可能地逼迫自己每天完成既定的程序，但当她逼迫儿子时，儿子会反抗。当儿子的反抗太激烈，或者她发现当天的程序没办法完成时，她就会感到绝望，很容易情绪失控，爆发出强烈的愤怒与怨恨等负面情绪。

程序是情绪失控的关键，但为什么要设置这样一套程序呢？实际上，她并没有非常有计划地为每天设置一套程序，而只是一种大概的计划，就是每天早上一起来，她就为一天的生活自动设想了该怎么过的步骤。

是因为单身妈妈的生活太紧张吗？有时是，但常常不是。

再深入谈下去，我们发现，设置程序的深层原因是控制感。她的头脑里构想了一个程序，如果身边的一切事物能按照这个程序发展，她会有控制感；而如果程序的运行失控了，她会陷入一种难以言说的不安全感中。

在《情感：头脑妈妈》这篇文章中，我介绍过育儿博主李雪的观点：形成了安全依恋的孩子，会信赖妈妈这个人，进而信任外部世界；没有形成安全依恋的孩子，会去依赖他自己的头脑，头脑就是他可以控制的"妈妈"，而这会让一个人去追求控制感。

这位单身妈妈在很小的时候母亲就去世了，后来父亲娶了继母。她与继母的关系非常疏离，所以不可能形成基本的依恋关系。而现在她又是独自带着一个孩子，这就加剧了她的不安全感和失控感，所以对"头脑妈妈"更为依赖，需要"我的头脑能够掌控我的生活"这种感觉。

当一个人过度追求自我掌控时，就容易陷入封闭状态。因为，他会发现，其他人不愿意按照他自己头脑规划的程序来生活。就像这位妈妈的儿子，他深爱自己的妈妈，但他不想被妈妈的头脑所控制，他会尽可能地去维护自己的空间，这是一种根本性的力量。

当然，一个人如果既有强烈的掌控欲，又能锲而不舍且非常有手腕地控制、逼迫周围的人，成功地将他们纳入自己的意志中，那么他就不必封闭自己了。人一旦去封闭自己，宅就形成了。

宅，可以理解为轻量级的自闭。宅人把自己封闭在家里，因为家里的一切都是自己熟悉的。熟悉，本质上是一种掌控。

出了门，就意味着脱离了自己可以控制的世界。这时候，宅人会为自己寻求可以控制的事物。

程序是一个容易控制的事物，所以，宅人习惯去同一家餐馆吃同样的食物。最严重的宅人，会严格地按照时间表来规划自己的时间和空间，生活得就像是一个精密仪器。

最不容易控制的就是人，所以宅人会避开人际交往。电子产品是非常好的控制物，电子产品的程序有逻辑可循，并且还有相当的复杂性，可以同时满足一个宅人的控制感、探索感与刺激感。

宅男的这种特性，既可以视为一个缺点，但又是一个难得的优点。因为他们不厌其烦地和一个程序打交道，最终会对这个程序极度熟悉，所以适合去写电子程序或控制电子程序，例如去驾驭非常复杂的电子仪器。

　　宅着的空间以及可以控制的事物，构成了宅人控制感的基础。一个人所控制的世界，可以视为内部空间，与之相对应的是外部空间。内部空间和外部空间之间，有一个过渡空间。当我们从内部空间走向外部空间时，总有一个过渡阶段。当然，越宅的人，这个过渡阶段（即过渡空间）就越重要。

　　例如，很多人早上醒来时，不急着起来，而是先玩一会儿手机。赖床是为了在可控空间多待会儿，而玩手机，也是在玩可控之物。

　　出门的时候，宅人会磨蹭。磨蹭是一个仪式，是一个进入不能掌控的外部空间前的仪式，是为了更多地待在自己的可控空间里。这一切都是自己所熟悉的，碰触它们，就有了掌控感（即安全感），然后就觉得积攒了一些勇气和力量，可以上路了。

　　这种心理是可以利用的，例如一些销售员的秘诀是，在每天一开始，先找最容易"拿下"的客户，好让自己有一个好的开头，然后就可以带着这种掌控感去开始一天的奋斗了。

　　在这种事上，男女有差异。通常，男人更需要过渡空间，而女人能更快地切换自己的频道。所以，有些女性就很难理解，为什么老公从公司回家后，不是先去关注老婆、孩子，而是茫然地瞎待一会儿。

　　有时候，从内部可控空间到外部不可控空间的过渡，会变得越来越严重。例如我的一位来访者，她是超严重的宅女，极少出门。而最初出门，从她所在的城市到广州来时，她做了一个无比详尽的计划，细致地写在 A4 纸上，这个计划实在是细致得可怕。

　　假设从她的城市到我的工作室有 5 个节点，分别是 A、B、C、D 和 E，那么每个节点她都设想了各种可能。例如在 A 这个节点上，就有 A1、A2 和 A3 等多种可能，B、C、D、E 也是。然后，她设想了各种可能，假如 A1 方案不行，那就启动 A2 方案……

　　这看起来太严重了，但我相信太多人都有程度不同的表现。例如，有人出门旅游会带无数东西（如自己的床单等），因为他只能使用自己习惯使用的物品。

　　程序、封闭与控制是宅比较明显的特征，但是，为什么会宅呢？这可以从依恋上去理解，即因为没有构建安全依恋，结果形成了对自己头脑的依赖。

宅，是为了切断敌意

大概是三年前，我去北京为腾讯新闻录制一个节目，录制时间是下午2点。我是个特别怕耽误事的宅男，为了保险，我一大早坐了8点的飞机从广州起飞，这样11点就到了北京首都机场，不到12点就到了录制节目的影棚。

到了那儿，我傻眼了。之前我和腾讯新闻合作过，知道他们录制节目的地方条件不错，我中午到得早了，可以找个房间休息会儿。我是必须午休的，否则下午会特别没精神。但这次的影棚是腾讯新闻刚选的，他们是第一次使用这个影棚，并不了解其中的情况，比较简陋，根本没有休息的地方。

并且，我到的时候，也没有腾讯的工作人员接待我。他们本来问我要不要安排旅馆的房间，我说不需要。所以，这的确不能怪谁。

可我有了被怠慢的感觉，觉得腾讯的工作人员至少应该对影棚有所了解。他们都不知道影棚的情况，害我早到瞎等。以前，作为经典的好人，我会用各种理由说服自己去理解对方，不会表达不满。但我不断想改变，于是脾气也越来越大，并且觉得还是表达出来比较好。于是，我给负责接待我的工作人员打电话表达了不满。

接待人员是个女孩，还是我的粉丝，听到我有些不满，有些慌。虽然我表达完了也安抚她说没事，但她还是觉得很愧疚。她说她会迅速赶过来，陪我出去吃点儿东西，然后让我找地方休息一会儿。最后，我们找了一家很安静的咖啡馆，我吃了点儿东西、喝了杯咖啡后，坐在椅子上闭目养神，还小睡了一会儿。

坐在椅子上，保持身体的中正，感受身体，然后入睡，这是我的绝招。这叫"主动休息"，而普通的睡觉是被动休息。通常，主动休息哪怕只有5分钟，也可以起到很好的效果。

接待我的女孩很用心，我也不是难缠的嘉宾，所以我们之间并没有什么不愉快。但是，接下来总有小小的不顺利发生，例如很难打车，上车了，出租车司机又认错了路，这简直是不应该发生的……

这些都是小小的不顺利，我也没当回事。直到录制节目前，终于发生了一件比较大的事情。

当时，要换节目中使用的衣服，而衣服是新的，我穿裤子时，裤子上有一颗钉"铭牌"的钉子没取下来，我的手用力过猛，划到了这颗钉子上。手上一下子划了个大口子，顿时鲜血直流。看着鲜血涌出的一刹那，我突然安静了下来。这一刻，我清晰地感知到，虽然接待人员很用心，但整个过程我一直都有强烈的不满。我相信，是我的这些不高兴，或者说敌意，唤起了外界的敌意。结果，一路上总是有小小的不顺利，而这个大口子，看似是纯客观事件，但也像是外界对我的敌意的一种回应。

有了这份觉知后，在工作人员的帮助下，我迅速处理了伤口，然后又闭上眼睛安静了一会儿，去觉知自己心中的敌意。我立即感知到，这份敌意，让我的身体一直处于微微颤抖的状态。这就是所谓的"气得发抖"，但很轻微，如果不是仔细感知，我根本感受不到。而觉知到后，我的身体、心和头脑都安静了下来。

然后，我感受双脚踩在地上的感觉，感受坐在椅子上的感觉。这样做，是为了让身体和其他存在建立起联结的关系。而敌意常是孤独、封闭的想象，所以联结可以破除敌意。

做了这些工作后（其实也就花了两三分钟），我感觉体内的一份躁动消失了。接下来的事情，就进行得很顺利，不再有小小的不顺发生了。

经过这件事后，我形成了一个意识：如果接二连三地发生不顺的事情，不管是大的还是小的，都需要安静一下，看看自己内心是否有了敌意，然后去安抚它。

讲课时，我也常分享这个心得。很多学员反馈说，这很管用。大家都发现，之前的确没有觉知过，自己竟然是这么容易不高兴，这么容易有敌意，而自己内在的敌意的确唤起了外界的敌意。

太宅的人，通常会伴随着有封闭、消极和被动等特点，这就是无助。而这个时候，太宅的人也容易觉得外部世界有坏人，而且坏人很有力量，自己对抗不了。最严重的时候，觉得坏人简直无所不能，这就是被害感乃至被害妄想。他们打造了封闭的铜墙铁壁，既是为了挡住外界的敌意，又是为了锁住自己内在的敌意，不让这份敌意去毁坏外部世界。

如果考虑到婴儿时的这份敌意还和全能感联系在一起，那么就可以说，太宅的人锁住的，是自己内在的全能毁灭感。

每个人的本质上都只有一种生命力，而且生命力天然都带着攻击性。这份带着攻击性的生命力一旦能在关系中展开并建立联结，它就会转化成好的生命力，如热情、创造力和爱。而不能被看见、被回应时，就会变成坏的生命力，如毁灭和恨。

所以可以说，太宅的人，之所以把自己封闭起来，根本上是为了锁住自己内在的坏的生命力。

可是，这份生命力不管是好还是坏，总是会想办法向外涌出。所以，一个人就得使劲儿去控制它，就像要锁住一头容易失控的可怕的野兽一样。

锁住这头野兽的方式很多，比如制造一个程序，或者不让自己出门。这种感觉也会表达在身体上。一个人越是封闭，他的身体就越是僵硬，关节会变得僵硬，脸上的肌肉会变得僵化，表情会不自然，并且脸上会像缺少水分的滋养一样容易显得干燥。

当你能够直接碰触生命力自身时，你会感觉到，生命力就像是充满活力滋养的水一样。如果它能在关系中流动，那就会滋养关系中的彼此。而这也会意味着它能在你身上流动，这个时候就会滋养你的心灵和身体。

对于太宅的人，我会给出非常简单的解药——现实世界。

越是封闭的人，越容易觉得现实世界是肮脏的、坏的、污浊的、有冲突的、令人失望的。这虽然有一定的现实性，但更可能是你内心被锁住的敌意向外投射的结果。

实际上，现实世界是有疗愈性的。我咨询过很多情况严重的宅男、宅女，当他们能够大胆地闯入外部世界时，哪怕最初是索取性的、攻击性的、野蛮的，但只要能和外部世界建立起越来越多的关系，他们的内在心灵就会变得越来越好，所谓的"疗愈"自动就会发生。

所以，我由衷地希望，我们能身处一个开放的、丰富的、复杂的现实世界中。它能容纳各种人以各种面貌进入它，只要人们没有主动去伤害谁。这样的现实世界会是最好的容器，无数人会在现实世界这个熔炉中变得更好。

一如罗素所说："须知参差多态，乃是幸福本源。"

越封闭，越累

什么样的人最累呢？工作狂，或者奴隶？

被逼迫从事高强度劳动的人，例如奴隶，肯定是最累的人群之一；而不顾自己身体的承受力拼命工作的工作狂也累，甚至会累到过劳死。

同时，还有一种人非常累，就是什么都不做的人。

这也是咨询带给我的观察。我的一些来访者，他们做最简单的工作，或者干脆不工作，他们也避开了社交，最严重的甚至连一个朋友都没有，但他们却是我见过的人中最累的一个人群。他们总是说"很疲惫、很累"，他们中不少人会有严重的黑眼圈，还很瘦，看起来真的是累得不行的样子。

为什么最少做事也最少交际的人却这么累呢？

简单的解释，是他们的能量都内耗了。内耗也是一种损耗，严重的损耗自然会让一个人觉得累。

现在，有一个流行的解释：人的身体和心灵是一个反脆弱系统。你越是不使用它们，它们就越脆弱，但如果你挑战它们、给它们压力、捶打它们，它们反而会变得越来越强大。

这也可以使用精神分析理论的攻击性来理解。原始的生命力都天然带着攻击性，并需要展现在关系中，被关系所驯服。如果这条路走不通，那么带着攻击性的生命力就会反过来攻击自己。这种自我攻击，就是所谓的"内耗"，自然会导致一个人很累。

可以说，想在封闭中驯服自己的生命力，这几乎是不可能的。

一位女士，她没工作，交际也几乎仅限于和她父母，以及和我。她觉得人际交往太麻烦了，所以她一直希望的人生图景是，给她一台电脑，再有基本的生活保障，她就可以这样过一辈子。

这位女士的憧憬，就是活在一个人的世界里。

她绝对是我的来访者中最累的人。当然，她的累有一个现实原因：她每天简直是用生命在看电脑，没法停下来，常常熬夜，最后头晕眼花，全身很不舒服。

但前不久，因为生病，她必须躺在床上，没法看电脑。在床上躺了十几个小时后，她终于感觉，自己难得得到了休息。对此，她有了一个领悟："在那十几个小时里，我的头脑就像是个游泳池，我不再控制我的想法，它们在游泳池内自由地流动着……"

这样，我们也可以理解她的累了。就是平时她虽然没干活、没交际，但她在使劲儿控制自己头脑里的想法，这也很熬人。

当不再控制想法，让想法在头脑这个容器内自由流动时，她终于可以得到休息了。并且，她的身体也随之放松下来。在放松状态下，她做了一个噩梦：一个人在靠近她，鼻子的气息都触到她脸上的皮肤了，她一下子被吓醒了。

吓醒后，她明显地感觉到自己又开始去控制头脑里的那些想法了。这样一来，她的头脑不再是流动的游泳池，而变成了一团乱麻，甚至可以说是混凝土。

我们来看看她的噩梦。

噩梦中，她觉得一个人在靠近她，然后她被吓醒了。但她分明感觉到，那个人并无恶意，是真的想靠近她，但她为什么会被吓醒呢？因为，这个人实际上是她的投射。看起来，梦中是一个人在靠近她，其实是她想靠近别人。但是，她不能让自己意识到自己想靠近别人的渴望，而当这份渴望涌出来时，她会觉得，这是世界上最恐怖的事。

世界上最恐怖的事，常常就是我们最渴望、对我们来说最重要的事。意识上，她给自己的人生提供的解决方案是，一台电脑和必要的生活所需，然后她就这样宅着过一辈子。但潜意识是相反的，她潜意识无比渴望和别人建立关系、靠近别人，而她把这个生命最基本的需要视为最恐怖的事情了。

自体都在寻找客体，我永远都在寻找你。这是生命最根本的一个动力，所以，人际关系（即联结）的需求，是最基本的需求。但是，在她这里，在那些严重的宅男、宅女那里，他们甚至都把这个最基本的生命需求压抑到潜意识中了。

为什么会这样？

原因很简单，因为这位女士在生命最初，天然地渴望和客体建立关系时，一再严重地受挫。在她的世界里，没有人给予她基本的回应。最基本的生命需求，一旦得不到基本满足，那么带来的负面体验就是最恐怖的。例如饥饿，长期的饥饿，会让一个人的人性发生巨大的变化，因为饥饿太可怕了。

同样，一个人想建立关系的基本渴望如果一再严重受挫，那么它就会变成绝望、无助、怨恨和毁灭等一系列可怕的感觉。严重的宅人，除了为锁住内在的敌意外，也是为了锁住自己内在想与人建立关系而不得产生的一系列可怕的感觉。

对这位女士而言，可以说，她之所以要去使劲儿地控制她的想法，其实是为了让她的想法去参与制造她的铜墙铁壁。她的想法肩负着特殊使命——切断与别人的联系，以及屏蔽她对关系的渴望。

在人际交往中，那些滔滔不绝地讲话停不下来的人，你会与他们有疏离感，你感觉他们的言语像是制造了一堵墙。

我们需要知道，对联结的渴望，是人类最根本的渴求。要压制它，那将耗掉大量的能量，所以宅人的累由此而来。

相反，去爱以及有意义的忙，可以是不错的治疗方法。

迟到、早到、拖延与权力

在心理学中有一个概念叫"咨询设置"。

所谓"咨询设置"，即咨询师与来访者做咨询的一些基本规则。例如，在什么地点、什么时间咨询，每次咨询要多久，迟到了、忘记了该怎么办，等等。

在咨询中，特别是长程咨询，咨询设置非常重要。它像是一个基本框架，遵守这个框架，会让咨询师和来访者都觉得有更强的可控性。同时，当来访者想打破这个框架时，咨询师就可以看出来访者的很多东西，从而可以和来访者更好地探讨。

咨询师需要给来访者提供基本的东西，如稳定的咨询空间，最好是安静、隔音的咨询室，而不是咖啡馆、饭馆、酒店等，更不能是公园等敞开的空间。还要提前预约好时间，在长程咨询中，这个时间最好是稳定的，例如周一下午的2点到2：50。

来访者则需要尊重这些基本设置，特别是时间。如果由于自己的原因迟到甚至取消咨询，那要自己负责这部分损失。同样，如果是咨询师迟到或取消咨询，那咨询师也要为此负责。

这些基本设置，来访者和咨询师是可以探讨的，要基本公平。但标准的精神分析，它的设置会有所不同。例如，我找我的分析师，是固定在每周的两个时间段，每次50分钟。除了法定的节假日，我不能取消咨询。如果取消了，也要为分析师付费。但分析师如果有紧急情况，是可以临时取消的。

为什么会有这种看起来不公平的设置呢？因为，我相当于预定了我的分析师的这两个时间段，如果我临时取消，他不可能把时间临时转给其他来访者。但这建立在一个前提下，就是我的分析师在一年内很少出现临时取消的情况，他非常稳定地一直在那两个时间段等着我，这给了我安稳感和控制感。

我的规则是，我和来访者基本约定好了每周的固定时间，但都可以提前一天取消咨询，只是不能当天取消。如果当天取消的话，得为此负责。具体就是，来访者不来也得付费，而如果我没来，我则需要再找一个时间补上这次咨询，同时还要再给来访者一次免费的咨询作为赔偿。

但在咨询中，总有来访者想改变设置。最常出现的，就是迟到。有些来访者偶尔迟到，那基本上，每次迟到都是有主观原因的。最常见的原因，就是来访者对咨询师有了愤怒，但这份愤怒不能在情绪层面表达，于是通过迟到这种行为来表达。

这种方式，精神分析称之为"见诸行动"。意思是，有一种破坏性情绪，当事人不能容纳，必须把它变成破坏性行动。

还有的来访者会习惯性迟到。例如：我有一位来访者，她在很长一段时期里，会稳定地每次都迟到5分钟；还有一位来访者，她常常会迟到15分钟。对这些习惯性迟到的来访者而言，他们的迟到有更深的含义。

首先，他们不仅在咨询中会习惯性迟到，在生活中也是如此。哪怕在很关键的事上，他们一样如此，比如赶火车、坐飞机，这当然会付出各种代价。

我们知道，在恋爱的时候，很多女孩在约会时迟到。最初，对于迟到，我的理解和大家差不多，找到了这么几种可能的原因：

（1）检验对方是否愿意牺牲时间等待自己，来证明他是否重视自己；

（2）幻想自己可以自由地掌控局面；

（3）平时太过于循规蹈矩了，想小小迟到一次突破一下规矩；

（4）根据完美情形安排时间，而不是根据实际情形。

后来，我逐渐理解到，习惯性迟到是一个空间问题：有人会想尽办法待在自己的世界里，尽可能少地进入别人的地盘。

因为，自己的地盘自己说了算，而到了别人的地盘上，就会觉得别人说了算，自己会失去控制感。

说控制感和失控感，还不能说到事情的本质。这种事情，根本是权力问题，即谁高谁低、谁说了算。来访者找咨询师时，要进入咨询师的空间，而咨询师又是权威角色，并且咨询师和来访者是分析和被分析的关系，都显得咨询师位置高、来访者位置低。如果来访者没有处理好关系中的高低权力问题，就会在进入咨询室时有抵触心理，并且自己还可能对这份抵触缺乏觉知。

我的一位朋友，有一半时间会迟机，然后改签机票。还有一位朋友，总在飞机起飞前或者火车要开前的最后一刻抵达机场或者火车站，并使出浑身解数，让自己每次都能上机、上车。有时，为了上机、上车，她会发展出神奇的策略。那种戏剧性，绝对可以上电影。

并且，很有意思的是，她们两人都严重抵触提前到达，因为讨厌等待。在等待的时候，她们会有很强的焦虑感。

这份焦虑貌似很浅，但深入体验会发现，它非常深，简直像死亡即将到来。

一个人可以发展出各种各样的能力与技巧，乃至形形色色的人际关系，让自己对抗这份死亡焦虑。但是，只有在自己的地盘上，他们才能感觉他们的能力与技巧乃至人际关系是可以掌控的。一离开这个地盘，他们会觉得自己什么都不是。所以，迟到会成为一种很常见的自我保护。

我见过很多人，他们在社交场合表现得像是没有脾气的滥好人，但在自己的家和自己的公司里却可以是肆虐无度的"暴君"。例如，一位看上去非常和善乃至有些软弱的男子对我说，他的问题是，他会控制不住地暴打孩子。

为什么会这样？因为在家里或他们创办的公司里，他们觉得自己是"主子"，而在社交场合，他们要表现得顺从。

说了习惯性迟到，再说说习惯性早到。

按照社交礼仪，习惯性早到的人会容易被接纳、被认可，然而习惯性早到，尤其总是早到比较久的，这可能是一种顺从。我惧怕苛刻的你会不高兴，所以我提前很久赶到，以此证明我的诚意以及顺从。

让很多人难以接受的一点是，从心理健康的角度来看，也许习惯性迟到要好过习惯性早到。因为习惯性迟到的人，还会用迟到这种方式来表达自己的权力感，敢去和各个地盘的主人争夺控制权；而习惯性早到的人，却可能连争夺控制权的意识都没有，他们的自体很可能是太软弱了。

不过，习惯性早到的人，会用其他方式来追求掌控，例如拖延。他们在态度上会显得非常顺从、非常愿意考虑别人，但在内心深处，他们很多时候想对别人大喊："Shit!"拖延，就是他们对别人喊"shit"的方式。

我们社会的迟到和拖延，即所谓的"不守约"，是相当严重的事。作为习惯性早到的人，经历过各种场合后，我逐渐明白，如果大家约定了一个时间，那我最好晚到一会儿。如果我早到了，常常只有我自己，会很尴尬。

同时，我还想说，我越来越发现，和精英企业家的约会，你务必要守时，最好是准时，因为精英企业家们最怕浪费时间，他们普遍非常遵守各种设置。

在一个权力意味太重的组织中，会有各种低效行为出现。这些低效行为，是低权力者在对高权力者表达抗争，以此为自己争取一些空间。

相反，在比较平等的组织中，大家就容易守约，因为不会把守约视为一种服从，而视为对平等设置的尊重，即对自己的尊重。

互动：守住你的节奏

日本小说家村上春树说过这样一句话："我从不打乱我自己的节奏。"

例如，他每天的生活节奏是这样的：固定的时间早起，然后长跑；长跑回来后，先洗浴，接着穿得整整齐齐地去见太太，他说"不能让太太看到我邋遢的样子"；吃过早餐后，他会持续写作三个小时，其间不接受任何人的打搅；下午的时候，他才会做别的事情。

村上春树的这个做法，也是宅，但这个固定的节奏就像是一个稳固的容器，可以容纳他的创造力在其中流动。

所以，宅并非是一个缺点，而是一个人性的特点。我们可以看到其中有局限的部分，也可以利用人性的这个特点，去追逐自己喜欢的活法。

Q：宅是追求控制力的表现，强迫症也是追求控制。那么，是不是宅的人也偏向于有强迫症呢？追求控制是不是也可以理解为恐惧失去呢？

A：依照弗洛伊德的解释，口欲期的婴儿与妈妈建立关系时，核心矛盾是剥削与被剥削；肛欲期的幼儿建立关系时，核心矛盾是控制与被控制。肛欲期的控制问题处理得好不好，是能否导致强迫症的关键。并且，强迫症患者，例如有洁癖的人，看起来是在追求干净，但其实是为了防御肮脏的欲望。

不过，宅是另一个维度的问题。我的理解是，宅有不同的级别，有肛欲期问题带来的宅，也有口欲期问题带来的宅。肛欲期的宅，容易伴随着强迫。例如，会把自己宅着的空间弄得井井有条。口欲期的宅则只是把自己封闭起来，但宅着的空间里，完全是一副失控的混乱局面，因为他无意识地在等待着一个强大的母亲来帮助他。

最严重的宅，是渴望退行到子宫里，而自己完全不想再做任何努力，也觉得根本做不了任何事情，彻底陷入无助中，同时期待着被输血一般地喂养。

Q ：宅女的宅是难得的优点吗？宅男和宅女除了性别不同外，还有哪些更明显的区别？

A：宅男容易有一个聚焦点，如果他们持之以恒地在这个点上努力，那他们可能会培养出卓越的能力。

宅女在这一点上会有困难。我的经验以及咨询师同行的经验，觉得宅女容易处于一种没有焦点的飘浮状态，人和心灵就像散了架一样。

当然，这也并不是绝对的，不少宅女也能因为把注意力聚焦在一个事物上而拥有卓越的才能。

用荣格的理论来讲，就是男人可以活在逻辑和头脑中，因此宅带给他们的痛苦要少一些。而女人必须活在感性和身体中，她们难以用逻辑和头脑给自己编织一堵密不透风的墙。如果真编成了，那也会带来巨大的问题——以后就太难走出来了。

与原生家庭分离

有太多成年人之所以处于一种心智不成熟的状态，甚至外貌上都像孩童一般，很有可能是因为他们在相当程度上还停留在共生状态，还没有与妈妈、家庭乃至其他集体分离开来，而发展出一个具有完整个性化的独立个体。

在《关系：从一元关系到三元关系》这篇文章中，我提过，6 个月前的婴儿还处于母子共生阶段，而此后要进入分离与个性化阶段。按照正常发展，到了 3 岁时，一个孩子就初步具备了他的个性化自我，然后就可以带着自己独特的个性进入以竞争为主题的俄狄浦斯期了。

并且，每个人最初都是活在自己的想象世界中的。接着，要先在原生家庭这个过渡空间里做一个竞争与合作的尝试，而后进入现实世界，玩真实的游戏，并在这个游戏中创造自己的世界。通常包括生活空间与工作空间，当然还可能是一个非常个性化的独特空间。

这整个过程，就是在淬炼心性的过程。

在整个过程中，分离是一个永恒的主题，先是与母亲分离，然后是与原生家庭分离，接着是创造你的世界……

分离无比重要，要想拥有一个开阔的人生，必须去做这些分离。

你什么时候意识到，你必须与你的原生家庭分离？你为此做过什么样的努力？

有一只猎鹰，

振翅入林追逐猎物

却不再返回。

每一秒钟，阳光

都是全然的虚空，

与全然的饱满。

——鲁米

心理断乳的谎言

"心理断乳"这个词，说的是孩子在成年后，需要完成与原生家庭的分离。有时候，孩子虽然成年了，但不愿意背负起独立的责任来，还想赖在原生家庭里，继续吃原生家庭的"乳汁"。实际上，并不是成年的孩子不想离开父母，而是父母不希望成年的孩子离开自己。所以，在成年的孩子和父母之间，到底是谁还没有完成心理断乳呢？

Z是一位非常吸引人的女孩，虽然谈了几次恋爱，但都走不到要谈婚论嫁的地步。

我们比较熟悉后，我很快就知道了她的问题所在。当然，那个时候，我看心理问题还不能看到骨子里，只能看到表面现象。她的这个表面现象就是，她虽然已经二十几岁了，但还是和父母住在一起。

那个时候，我在一个摄影网站上看到一位年长的知名摄影师在教导一位年轻的摄影师时说："找女朋友（或男朋友）的话，一定不要找那种在同一个地方出生、读中小学、读大学、工作，而且一直还和父母住在一起的。"不幸的是，我的这个朋友就是这样的，她在广州出生，从幼儿园到大学一直都在广州，工作也是。同时，她还一直住在父母家里。

这位摄影师给出的理由也不是很"心理学"，而是一个普通的常识。他说，那些从外地来到一个新城市的年轻人，在恋爱的时候，如果与对方吵架了、闹情绪了，必须得学习在两个人之间解决。相反，那些住在父母家的年轻人，和恋人吵架了，很容易再回到父母的怀抱里，觉得父母对我这么好，我干吗那么在乎你。

并且，一旦自己住，就必然知道孤独是什么滋味。当不愿意陷入孤独时，也会更加有意愿去想办法化解两个人之间的问题。

这位摄影师的建议，从心理学的角度来解释，是一个人长大了，就该完成心理断乳，不然容易出各种问题。

我给 Z 讲了这位摄影师的忠告，也讲了心理学的常识。我对她说："你务必要从父母家搬出来，这样你的问题就会解决。"但她说她做不到，因为父母太喜欢她、太需要她了，不想让她搬走，虽然她自己也想搬走。

需要说明的是，她有兄弟姐妹。我也见过她的父母，特别是妈妈，对这个女儿简直是太喜欢了，实在不想让女儿离开。如果女儿结婚，她也准备好了，让女儿、女婿和自己一起住。可问题是，准女婿愿意这样做吗？

后来，我的这个朋友做了一个梦，呈现了她潜意识感知到的真相。她梦见，她挑着一个扁担，扁担两头挑着沉甸甸的筐，筐里的东西，她看不清楚。她就这样走在广州的大街上，两边是高耸的楼房，街上只有她和她的扁担。那时，我们已经是非常好的朋友了，她把这个梦讲给我听。我说："这个梦太简单了，你扁担挑着的，就是你的父母。意识上，你和你父母都觉得你在家里住是在占父母的便宜，但其实父母是你不能承受的重担。并且，你真的是觉得太孤独了，和父母在一起不能化解你的这份孤独。还有，你的担子太重，你的几任男朋友都惧怕，所以不敢和你谈婚论嫁。"

没有别人了，她感到无比孤单。

这次解梦刺激了她，她说一定要从家里搬出来。

后来，我们的联系变得很少了。几年后，她突然给我打电话说，她刚刚生了一场重病——比较罕见的皮肤病，先是从她的嘴唇开始，接着蔓延到全身。结果是，她脱了一次又一次皮。这种病非常危险，她一度陷入严重的病情中，但总算是恢复了。给我打电话的时候，她刚刚恢复。

这让我既担心又难过，我立即去看了她。当时，她的状态真是非常不好，而她告诉我说，她仍然和父母住在一起。

担心不用多说，之所以难过，是我有一种理解：她这样脱皮有一个隐喻，就是渴望像蛇一样蜕变，这样就可以从原生家庭中逃离了。虽然我们一再说这是她问题的核心，但我应该逼一逼她，逼她从家里搬出来。

我的这种理解也带给我一定的自责，我的这种自责，也是自恋，认为自己应该能影响到她，也可以做到这一点，但其实这谈何容易？因为这必须从她自己开始。

后来，等她状态好了一些后，我和她说起我的这种理解。可她说，她现在意识到这个问题了，但从认识我到现在已经十多年了，她父母现在太老了，他们表现得更加需要她了。她真是做不到离开，那会让她非常内疚。

这个逻辑延续了下来，一直到现在，她仍然和父母住在一起，决定就为他们养老送终，她不再犹豫了。她知道我说的是对的，如果她在年轻的时候离开原生家庭，父母会学会没有儿女在身边的情况下如何生活，但现在父母已经没有时间和空间这样去学习了。她知道这不是好的选择，但她决定就这样过下去。

几年前，她结婚了，而她父母对她丈夫总是很忽视。这给她丈夫造成了很大的困扰，但他是个超级好人，也能忍受这一点。

Z的这个决定我很钦佩，同时也心疼她，我实实在在地感觉到，她的生命被闷在了原生家庭这个空间里。而她自己的生命空间也就无从谈起了。

并且，在我看来，这给她内心造成了巨大的冲突，导致了她人生中一系列巨大的不幸。那么，从她的故事中可以看出，到底是她没有完成心理断乳，还是她父母没有完成呢？

美国神话学家约瑟夫·坎贝尔在他的著作《神话的力量》中讲到了一个让我印象深刻的故事：一位骑士，遇到了一位显贵，这位显贵很欣赏他，要把自己的女儿许配给他，被他拒绝了。因为他想，他要靠自己的力量去找到自己喜爱的女人，并且和她构建属于他们的世界。

　　成长就是这样一个历程吧，每个人最初都是孩子，都需要父母的呵护，在父母制造的生活空间中长大，但同时，也要不断地完成各种分离。

　　第一次分离，是出生时。这时，完成了与母亲肉体上的分离，不过，婴儿会觉得，他仍然和妈妈共生在一个空间里，他们的身体和心理都是一体的，这叫作"母婴共同体"。

　　第二次分离，是六个月时。这时，婴儿逐渐发现，他和妈妈是两个人，无论身体还是心理上。并且，因为自己的能力在增强，所以婴儿也想脱离对母亲的依赖。接下来的 6 个月到 3 岁，被心理学家玛格丽特·马勒称为"分离与个性化"阶段。分离就是身体上的再次明确分离，而个性化就是心理上的分离。

　　按照正常发展，到了 3 岁时，一个孩童就初步有了自己的个性。这个分离阶段，有一个看起来有点儿吓人的词"心理弑母"。其实就是，不管妈妈高兴还是不高兴，我都要离开你。

　　完成第二次分离后，一个人就会从母子共生的小世界，逐渐进入越来越宽广的世界。

　　第三次分离，就会拉得很长，可以说从 3 岁一直持续到 18 岁，甚至还要更久，就是与原生家庭的分离。完成这个分离后，一个人才能更好地去建设自己的世界，以一种"这是我的世界，我要说了算"的主体感。

　　如果没有完成与原生家庭的分离，这份主体感就很难出来。

父性与秩序

　　成长是一个不断分离的过程，而从出生到成为一个独立的个体，至少需要三次分离。第一次妈妈是关键，而在第二次和第三次分离中，父亲是关键。

　　首先，父亲会和母亲与孩子构建一个三角关系。这会撑开母子关系，使得这个关系不坍塌成一元的共生关系。

　　其次，孩子会将母亲感知为自己的内部空间。而父亲不同，父亲是自己世界之外的第一个"他人"，所以父亲象征着外部世界。因此，父亲与孩子的关系，是孩子与外部世界的关系的雏形。因此，父亲要有意识地把孩子带向外部世界，帮助孩子与外部世界建立关系，同时又敢于在外部世界中竞争。

最后，因为有父亲在，并且父母关系好的话，孩子就可以放心地走向外部世界，而不必太担心妈妈。如果妈妈的自我太弱，父母关系又差，孩子在走向外部世界时，就会觉得像是要严重地背叛妈妈一样，甚至会担心妈妈的安危。这时，孩子走向外部世界就很困难。

我们的工作室体系一共有近百名心理咨询师，基本都经过我的面试。在面试中发现，我作为男性权威，经常会让一些年轻的咨询师对我产生各种投射，比如很容易把我当作父亲来投射。

让我印象特别深刻的一个故事是，一位年轻的女咨询师说，她在面试前一天晚上做了一个梦。她梦见自己坐在悬崖边上，悬崖下是一条宽广的河流，河流就要流向大海。河上有一座长长的大桥，桥上云雾缭绕。她对桥那边的世界有很强的好奇心，同时又有些胆怯，但她身边坐着一个面目不清的男人。这个男人好像是一位年长的男性，有他的陪伴，她感觉好了一些。

我们试着理解这个梦时，她很自然地说，这个年长的男性应该是我。我像一位父亲一样坐在她身边，好像要给她讲桥那边的世界是怎样的，并且要送她去跨越这座桥。

她还有一个联想是，这位年长的男性，不能和她一起去走这座桥。因为他还要回去陪妈妈，这样她就不用太担心妈妈，而可以勇往直前了。

类似这样的故事很多，女性咨询师会对我有这种投射，男性咨询师也会。在这种投射中，作为男性权威，我兼具两种功能：一种是带他们走向外部世界，另一种是留在家里陪妈妈。

荣格认为，父亲和母亲不同：母性指向融合，而父性指向分离；母性指向容纳，而父性指向秩序。

为什么会有这些不同？在我看来，这是因为母亲与父亲有不同的隐喻：母亲被孩子感知为自己的内部世界，最初，孩子也的确是在妈妈的肚子里；父亲被孩子感知为自己的外部世界。这就引出了一个重要问题——规则。

我一直在强调，要守住你自己的空间，要创造你的生活空间和工作空间。可是，我们有时候会进入别人的空间，有时候则会与别人共享一个空间，这个时候该怎么办？也要力争自己说了算吗？

当然不是。虽然无数人想这么做，也的确在这么做，但这样就会把事情搞得一团糟。

我们每个人都要守住自己的空间，而在我们的共同空间里，就需要建立并尊重规则。

该如何建立规则？

母子共生是一元关系。一元关系中，只有一个人说了算，其他人则没有话语权，相当于被吞没了。6个月到3岁的分离与个性化阶段，可以视为二元关系，孩子已知道母亲和自己是两个人，这个阶段的特点就是争夺控制权。但如果控制权彻底归于一个人，二元关系就会坍塌成一元关系。

3岁后，父亲开始介入母子关系，由此就有了构建三元关系的机会，规则也将逐渐确立。

问题是，这个规则该是怎样的？

规则有两种，一种是严重偏于某一方的。这时，关系就会从复杂的三元关系再次坍塌成二元关系乃至一元关系。

另一种规则则是基本公平。甚至，它像是一个神圣的第三方，是约束关系中的所有人的。这时，任何两个人之间的二元关系，再加上规则，就构成了一个三元关系。

所以，当一个家庭构建规则时，这个规则最好有神圣的第三方来约束每个人，而不是只用来约束孩子，不约束父母。

并且，无论怎样去构建规则，都需要有一个基础：每个人都有自己的独立空间，在这个独立的空间内，自己说了算。如果规则有神圣的第三方的含义，就得保证这个基本点。不能保证这一点的规则，就不可能是神圣的第三方。

最近了解到，有心理学者也在讲三元关系。并且说，只要有规则在，就是三元关系，例如中国传统的一些家庭规则。对这个说法我很难苟同，因为我们的这些传统规则有两个特色：威权主义和重男轻女，它们缺乏神圣的第三方的含义，当真正实施起来，容易极大地加重大家长的权威，同时伤害女性的权益。当规则严重失衡时，一个家庭就容易从三元关系坍塌成一元关系。

当然，实际情形总是比理论要复杂很多。首先，一个家庭，作为一个相对独立的空间，它是父母所创造的。作为创造者和心智相对成熟的人，父母自然也是规则的构建者。

其次，孩子，特别是婴幼儿，他们需要照顾，还需要成年人帮他们识别并避开危险。这时候，也需要父母给孩子立一些规则。

还有一点很重要：孩子总是要离开家庭进入社会的，父母需要帮助孩子理解并接受社会的一些基本规则。

在对孩子的养育中，我支持要给孩子爱与自由的观点，但不认为要给孩子绝对的爱与自由。家长向孩子传递一些规则，教孩子去尊重一些规则，是非常有必要的。

有时候，这些规则就是父母个性的表现，有些虽然缺乏合理性，但仍然有一个基础存在——这是父母所创造的空间。作为这个空间的创造者，他们自然会给自己的这个空间赋予他们个人的特色。

每个孩子都有自己的特色，他们不可避免地会对父母的空间以及他们的一些规则不满，而这也会成为一种动力，推动着他们离开父母的家，去现实世界里赢取自己的一个空间。

同时，对于父母而言，你们邀请了一个新生命来到你们的空间，就需要尊重这个新生命，尊重他的个性，给予他的个性以展现的空间。同时，让你们所在的空间像一个好容器那样，在孩子遭受挫败的时候支持他，在孩子成功的时候认可、鼓励他，最终让他有力量进入现实世界，去创造自己的世界。此时，他也会对原生家庭有所贡献。

父母养育孩子的过程，就是与孩子不断分离的过程。孩子弱小的时候，与他联系紧密，孩子逐渐长大，则需要尊重孩子的天然分离动力。

关于父性和母性，还有一个很有名的说法：母爱是无条件的，父爱是有条件的。我想，这是母爱和父爱的不同：母爱容易限制在家庭内部，无条件意味着融合；而父爱的重要功能是将孩子拉入现实世界，去竞争、去合作，这时就不可能是无条件的了。

必须补充的是，秩序与规则并不是高高在上的，而是要建立在有爱存在的基础上。如果没有爱与融合，而只有秩序、规则与分离，那生命就像是荒漠。

从黏稠到清爽

人的一生就是从共生到分离的一生，而依照从共生到分离的心理感知，还可以说，这是从黏稠到清爽的一生。

最初，胎儿在妈妈子宫的羊水里，这是黏稠的。出生后，婴儿觉得还与妈妈共生在一个自我、一个身体上，这也是黏稠的。而3岁后的发展，充分发展好的人，会给人一种清爽感。同样，充分发展好的团体，也会给人这种感觉。相反，发展水平不够好的个人和团体，容易给人黏糊糊的感觉。

有一次，给一个女孩做咨询。当时，我让她做一个练习，我让她站在左侧的位置，这个位置代表原生家庭，然后我请她向右走，这是一个分离过程，也就在一米远的地方，代表她自己的空间、她自己的世界。

然而，她一步都迈不出去，她感觉到自己陷入泥沼中，并且泥沼有一股强大的黏着的力量粘住了她，她战胜不了。

后来，我们探讨泥沼和黏着的力量。她说，她觉得这是妈妈带给她的感知。妈妈一直在表达这样一个意思："女儿，你对我来讲太重要了，你不能离开我。"事实上，她刚结婚没多久，妈妈就搬过去和他们一起住。最初，她都没想到要拒绝妈妈。一起住了几年后，她才感觉到，这是痛苦的共生状态。而在一开始，她老公就说这样让他很难受。她当时还难以理解，这有什么好难受的？

这种黏稠的感觉，就是活在病态共生中的成年人的深刻感觉。这种感觉，在我的来访者中非常常见。

第一个让我真切地认识到这一点的，是一位宅男。他说他常做一种梦：他在黏稠的、像糖浆一样的液体中游泳，但液体的密度和黏度太大了，他的手脚像被绑住了一样难以伸展，以至于都像是慢动作。这个梦让他非常痛苦。

我问他："像糖浆一样的液体，会让你第一时间想到什么？"

他首先想到的，是妈妈的爱。他觉得妈妈的爱就像是糖浆，本来挺好，但现在彻底把他吞没了。接着，他又想到，他对妈妈感到愧疚。妈妈的爱太沉重了，而且妈妈常说："我的生命中只有你。"可其实他有父亲，但妈妈和父亲的关系很是疏离。

"我的生命中只有你"，这句话相信无数妈妈都对自己的孩子说过。但是，当一个妈妈对孩子这样讲时，意思就是：我要和你共生在一起永不分离，并且我只和你共生在一起。

但是，随着孩子逐渐长大，孩子就会从共生走向分离，开始越来越渴望离开妈妈的怀抱，进入广阔的世界。这位宅男也不例外。可是，当他流露出想离开妈妈的想法时，妈妈就会表现得痛不欲生。

这是共生关系的特征。处于共生关系中，一方面是极度亲密，我就是你，你就是我，我们不分你我、不分彼此；另一方面，会有这种感觉：一旦分离，就意味着我们共享的这个共同自我就会崩解，这时就会有死亡焦虑。也就是说，我担心你离开我，我会死掉；我也担心我离开你，你会死掉。同时，既然有死掉的危险，那么那个不想离开的人，肯定会恨死那个想离开的人了。

我把这个称为"分离恐惧"。很多处于病态关系中的伴侣，一旦一方想离开另一方，他最容易体验到的是内疚，因为担心一分离对方就会活不成。而深度谈下去会发现，比内疚更深的是恐惧，是担心对方会恨死自己。例如，一位想离婚的男士说，他担心如果他和老婆提离婚，那么老婆会恨他一辈子，并且会想尽办法报复他。

夫妻关系中，大家都是平等的成年人，都会引起这份恐惧。如果是婴儿对母亲产生这种分离恐惧，那婴儿自然会寸步难行，黏稠的感觉由此而生。

所以，在正常养育中，妈妈要鼓励孩子独立，父亲多少要像把孩子赶出家一样。这样，虽然孩子会对父母产生不满，但在走向分离时，就会轻松很多。

即便父母有这份意愿，孩子仍然需要有一股狠劲儿。这股狠劲儿，用夸张一点儿的词表达，就是"心理弑母"和"心理弑父"。意思是说，如果在走向分离和独立的时候，即使父母会痛苦得要死，孩子也还是要走出去。

当处于黏稠的关系中时，一个人容易变得黏黏糊糊、犹犹豫豫，并且外形上也会显得不利索。而当实现了分离与独立时，一个人容易变得干净利落，能轻松地守住自己的边界，整体上有清爽的感觉。

并且，黏稠与清爽的分别，不仅会体现在个人上，还体现在集体中，例如公司中。

在崇尚集体文化的企业中，容易缺乏规则、界限和秩序，个体难以被允许有分离自由与独立空间，大家长的意志笼罩一切。同时，在这种企业中的人，容易有黏稠成一团的感觉，而且是混乱的。

以我的感知，在崇尚个人文化的企业中容易讲规则、界限和秩序，每个人都知道自己的权力是什么，自己的边界又在哪儿，因此容易让人们觉得一切都是清爽的。

我既是一位咨询师，听了大量企业家的故事，又是一位创业者，并且过去多年一直是个体户，现在才开始朝公司化发展。在这个过程中，我深切地感知到，过去我的企业就是黏稠的感觉。这份感觉朝美好里说，是家的感觉，但问题是，权力和责任都是乱的，很不清晰。

后来，先从我广州的工作室开始，"引入"了一位在欧美企业中做到高层管理位置的管理者，她又是资深咨询师。她成为我广州工作室的管理者后，把各种规则、制度建立了起来，而且这些制度是基本公平、合理的。在一定意义上，有神圣的第三方的感觉，而不都是以我这个老板为中心。这时，我感觉到，我逐渐放松了下来，有了一种清爽感。

在听一些严重缺乏秩序的企业家讲他们的企业发展时，我常感觉，他们的企业有一种浓重的近亲繁殖的味道。倒不是说他们用的都是亲属，而是他们的企业里有一种浓得化不开的味道。并且，在这种氛围的企业里，人们很容易陷入强烈的情绪中，自恋性的情绪导致了大量冲突。这时，大家使用的术语是"爱"还是"不爱"之类的亲人之间才使用的词语。相反，在成熟的企业中，大家讲的是事实。衡量事实的时候，使用的是量化的数据。

企业发展和个人发展一样，也有一个成熟的过程，需要逐渐从黏稠走向清爽。当然，心理成熟度高的个体，一开始创办的企业，可能就是清爽的。

黏稠液体的原型，是妈妈子宫里的羊水。活在黏稠中的人，他们会对妈妈，或者被他们投射为妈妈的人，如伴侣、孩子或领导，保持着极高的忠诚度。

同时，很有意思的是，为了和这种共生对抗，他们会发展出一系列自己意识不到的防御方式，来阻挡任何人进入他们的心。

相反，那些活得清爽的人，他们既会保护自己的隐私，又能真诚地敞开他们的内心——在他们想这样做时。也可以说，他们能这样做，是因为他们是自己心灵的主人，他们能赶走那些想寄生在他们心灵中并且还想做主人的人。

听话、叛逆、感恩与背叛

"伟大，总是从冒犯开始。"我第一次听到这句话时，顿时觉得非常赞同。因为伟大总是要创新，而创新就意味着要去破坏旧的事物、冒犯旧的规则。如果我们总是尊重已有的事物，伟大的新事物就不能产生了。

例如硅谷，就是鼓励背叛的。一个企业家和我分享说，硅谷的整个文化，是鼓励坦荡荡的背叛的。那里的企业家接受自己的员工背叛自己，去创造新的企业。于是，硅谷一直处于创造性不断裂变中，最终成为伟大的存在。

我们容易美化忠诚，而知名的心理学家曾奇峰曾说过这样很有力量的话："爱制造分离，而施虐制造忠诚。在文化延续的表象之后，是每一个曾经生活在其中的人想成为自己的愿望的无边墓地。"

如果后代对前辈绝对忠诚，如果孩子对父母绝对忠诚，那就意味着，孩子的生命将彻底被包在父母的空间之内，他们不可能去创造自己的空间了。相反，如果孩子首先被鼓励做自己，这必然会导致对父母的一些背叛。然而，这样孩子就可以勇敢地去创造他们自己的空间与规则了，世界因此会不断改变。

有一位来访者和我分享说，她的第二个孩子开口说的第一个词是"不要"，而第一个孩子开口说的第一个词是"要"。

她的理解是，第一个孩子出生后，她没什么主见，家人对孩子的管束也特别严厉，动不动就说她对孩子太溺爱了。因为所有人都这么说，而她的心智不够成熟，个人力量也不够强大，所以她没有很好地支持老大。她观察到，老大出生后，她的家人就不断地对老大说"乖，要听话噢"。同时，他们又对孩子制造了各种匮乏，所以她的理解是，因此老大一开口说话，就先表达"要"。

老大出生后，她像是得了产后抑郁症，因此来找我做咨询，现在已有几年时间。不是每个星期都来，而是陆陆续续的，有时两三个月才来一次。长时间的咨询给她带来了改变，她现在变得非常有主见，坚持给孩子爱与自由，坚持及时地回应孩子，无条件地满足他们。结果，老大逐渐从听话的乖孩子，变成了很不好惹的孩子。

至于老二，因为一直在这样的环境里长大，所以得到了充分满足，而开口讲话后，就直接发展到了冒犯的阶段，动不动就说"不要"。

发展心理学和精神分析都认为，每个人都有两个叛逆期。第一个叛逆期是1岁半到3岁时，其标志是，孩子总是说"不""我来"。如果父母想控制他们，他们会闹得很厉害。略有不同的是，精神分析认为，第一个叛逆期从6个月大时就已经开始了，就是我们多次提到的"分离与个性化"阶段。

第二个叛逆期，是青春期。处于青春期的青少年，充满了他们的心智还不能很好处理的荷尔蒙，因此很容易显得躁动不安。很多心理咨询师说，给青春期的孩子做咨询非常不容易，因为他们太想什么事都是自己解决了。所以，他们对别人进入他们的心灵，甚至还去指导他们，会非常敏感。

处于这两个叛逆期的孩子，从严格意义上来讲，都是处于严重的冒犯与背叛中。他们会倾向于缩小父母对自己的价值，夸大自己的力量。于是，真受挫后又发现，其实自己还是挺需要父母的支持的，但他们轻易又不愿意放下自己的自恋，特别是青春期。如果父母还想对孩子施加"高压"，孩子可能会爆发很严重的反抗。

我们需要认识到一点，所谓"叛逆"，从根本上来说，是因为想做自己，所以这并不是一个需要矫治的错误。如果父母想收获一个充满激情和创造力的孩子，就需要鼓励和支持孩子做自己。就是尊重孩子的空间，让孩子在他的空间内按照自己的规则来。

这两个叛逆期，可以说孩子都是在积攒力量，为了更好地进入下一阶段的竞争中。

第一个叛逆期结束后，孩子就进入了俄狄浦斯期。而这个阶段的主题就是与同性父母竞争异性父母的爱与关注，这是一个巨大的冒犯。孩子需要在3岁前从与妈妈的关系中，获得足够的支持与鼓励，确信他可以做自己，然后才可以在俄狄浦斯期展开自己的竞争，虽然竞争对象和竞争目标就是自己的父母。如果孩子在3岁前叛逆一直被打压，被教导听话，与妈妈建立了超黏稠的关系，那孩子的生命力就不能"喷涌而出"，就难以在俄狄浦斯期展开竞争了。孩子的生命力就会被"闷"住了。

当然，这时规则与空间并存，孩子有自己的空间，父母对此给予尊重和支持。同时，基本规则还在，就是父母需要让孩子明白：你可以去淋漓尽致地展现你的竞争欲，去亲近异性父母，但同时你要知道，爸爸和妈妈才是伴侣，而你只是个可爱的小宝贝。

第二个叛逆期结束后，一个人就成年了。他进入了彻底真实的人生游戏中，要去创造自己的生活空间和工作空间。

比如，有无数家长对孩子表现出这种期待：中学不要恋爱，大学也不要恋爱，因为要以学业为重，等孩子大学一毕业，就要立即恋爱，然后结婚生子、传宗接代。

在这种期待中，没有给孩子叛逆与冒犯的空间，甚至都不会有生命力挥洒的空间。父母只教导孩子为了实现某种目的而参与竞争，却没有允许孩子有个性化的热情与创造力。

有时，看到最简单的事物，都需要叛逆与冒犯。实际上，有成就的人之所以在他们的领域有所作为，正是因为他们有直面最简单事物的勇气。

互动：成年人可以健康共生吗

Q：25 岁之后仍然与父母共生的现象，除了搬出去住之外，还有没有其他解决方法？我前几年错过了独立的机会，现在父母年迈，太激烈的割断已经不适合，但我没有"认命"的意愿，仍有独立的机会吗？

- -

A：办法有无数种，我们讲的是一些原则，或者人性运行的规律。

所谓"激烈的割断"，其实就是一下子完成，但这种分离是可以花时间、分步骤地完成的。

例如，一直和父母住在一起的人，可以先说"我要投资买套房"，接着说"我偶尔去住住"，然后住的时间越来越多，最后干脆就不怎么回家了。

还有折中的方法，就是和父母住在同一个小区里，但要保持适当的距离，或者住在临近的小区里，可以相互照顾。

其实，现在有一个方法越来越流行，就是人老了住养老院。现在很多人在中年时就开始想：我老了不牵累孩子，我可以和一些朋友一起弄一个养老院，在里面按照自己的意愿生活。

Q：物理分离之外，怎么看经济分离？比如，需要家长支持读书的学费、生活费……怎么看待这个层面的分离或不分离？

- -

A：现代社会，人的成长期被严重拉长，一个年轻人可能一直需要父母的资助，以完成学业。买房是一件大的事情，甚至父母都要帮孩子来买房子。

我想介绍一首德国的诗《黄金球》，它讲的是，家庭中的爱最好是一代代向下传递，而不是下一代为上一代负责。

黄金球（*The Golden Ball*）

因为爱，爸爸给了我

For the love my father gave to me

我无以回报。

I did not give him due.

年纪小，这份礼物的价值，我不知道。

As child, I didn't know the value of the gift.

长大后，用成人的脑袋，无法思考。

As man, became too hard, too like a man.

现在，我儿子长大成人，爱传给他。

My son grows to manhood now, loved with passion,

在父亲的心中，和别人不一样，他是个宝。

as no other, present in his father's heart.

我曾经接受的东西，现在付出，

I give of that which I once took, to one from

这来自不再回来的人，没法回赠。

whom it did not come, nor is it given back.

当儿子长大成人，像男人一样思考，

When he becomes a man, thinking as a man,

他将像我一样，踏上自己的路途。

he will, as I, follow his own path.

我给他的爱，他会交给他的儿子。

I'll watch, with longing free from envy as

我注视他，带着渴望而没有嫉妒。

he gives on to his own son the love I gave to him.

我的目光跟随生命的游戏，

My gaze follows the game of life-

深入时间的殿堂，

deep through the halls of time,

人人含笑抛出黄金球，

each smilingly throws the golden ball,

没有人抛给传球给他的人。

and no one throws it back to him from whom it came.[①]

---

① 作者：YangBaiQiu。链接：https://www.jianshu.com/p/ccf774b74c1a。

摘自简书网站，简书著作权归作者所有，任何形式的转载都请联系作者获得授权并注明出处。

第三章　**创造**

创造，来自臣服

我的一位老师曾说，她认为任何一种心理疾病的治疗都可以找到一套行之有效的模式。她的愿望是找到这些模式。当时，我听到这句话就想，如果有一天，我的思想和生活都模式化了，人生该有多无趣。

虽然我抵触这个说法，但我并不清楚，创造力到底从何而来。直到在广州日报社开始写"心理专栏"后，我逐渐认识到，创造力是因为臣服。

实际上，思维能力再强，也是没有创新能力的。人一旦爱上自己的思维和一些固有的想法，这就是"向思维认同"，就会失去创造力。所以，千万不要认为创造力是你的大脑强大思维的结果。

那么，向什么臣服呢？就是向超越头脑自我的伟大存在臣服。在任何一个领域，有创造力的人都是因为他们臣服于这个领域，并捕捉到了这个领域内的存在本身。创造力都是发生在自恋破损的时候，那时候，你的心灵有了裂痕，而光就可以照进来了。

> 鸟儿的歌声纤解了
> 我的思念。
> 我像它们一般狂喜，
> 却苦不懂得倾吐。
> 宇宙的灵魂，求求你，

让歌声或什么东西，

自我体内流泻。

——鲁米

如何有创造力地写作

参加工作以来，我不觉得自己是那种天才级的写手。我的写作之所以带来一些影响力，不是写作技巧有多高超，而是直接碰触了一些真相。

真相，就是存在，而最深的存在就像是潜意识深处的水流一样。你深入其中，双手碰触到这股水流。这时，你的文字才有直击人心的力量。当能用双手触摸深层存在的水流时，你能写小说、散文，或其他一些感性的东西。但只有当你跳进这股水流，甚至成为它时，你才能写诗。真正的诗，像鲁米写的那种，能直接碰触存在本身。我挺佩服画家、舞蹈家、音乐家和诗人的，一旦他们能酣畅淋漓地表达而被我感受到时，我瞬间会泪如雨下。

我主持"心理专栏"时，对红极一时的一位网红做过分析。

当时，我花了两天时间搜集她的各种资料，每天都工作 10 个小时以上，搜集了几百篇资料。之所以要这样找，是因为我一直感觉我还没有形成对这个人的完整感觉，我还不够了解她，总觉得缺点儿什么，而且还是很关键的那种信息。

第二天的深夜，我还在投入地找资料时，突然间一个声音从我心中升起："够了！"这个声音，表达的不是厌烦和疲累，而是说，足够了。并且这个时候，我脑海里的各种资料就像一种真实存在之物，它们本来是碎片，突然间就很有秩序地形成了一个整体，而且是自动的。

同时，我脑海里升起一个画面：一个小女孩在爬一堵矮墙，不过一米高，但她摔了下来，这让她非常受挫；可她接下来的选择是，"这堵墙有什么了不起，我接下来要去爬两米高的墙，让你看看我有多厉害"；可是，她爬墙的本领没增长，却挑战了更高的墙，自然摔得更厉害；可她接下来的选择仍是，"我瞧不起你，我要爬更高的墙给你看"……

"够了"的声音和这个画面一出来，我就知道，我把握到了本质。结果，那篇文章写得非常精彩。这就是我的写作方式，就像是在积累水流一样。一个有真正信息的碎片会带来一定的感性的水流，而足够多的信息碎片则会积攒很多水流。当水流足够的时候，就会成为一条流动的小溪，甚至是河，乃至大海。

是小溪或河，还是大海，这源自人们投入的时间。也许有天才，能一开始就直接跳入大海，但绝大多数人还是秉持着"一万小时定律"。就是你要在一个领域内持续投入多达一万个小时后，你才会成为顶级专家。只不过，这种投入必须是有效投入。在我看来，就是真的能碰触到水流的那种投入，浮于表面的努力意义不大。

我最喜欢自己写的一篇文章是《爱的炮灰：〈追风筝的人〉读后感》。《追风筝的人》是美籍阿富汗人卡勒德·胡赛尼的小说，是一流水准的小说，当时深深地打动了我。我读了两遍后，内心有无比饱满的感觉，然后一气呵成，写了一篇三千多字的读后感，读完读后感后觉得不用做任何修改。文章的开头，也是我极有感觉的一段话：

> 对于总是在奉献的羔羊，我们会有意无意地推动它走向这样一个结局：彻底为自己献身。否则，便只有我们为它献身，因为它此前的奉献是如此之重，我们已无法承担。

在小说、电影和电视中，我们常看到这样的局面——勇于献身者，最后的结局常是彻底献身。胡赛尼后来承认，这部小说有自传性质，所以这部小说有了一个好故事必需的品质——情感的真实。

真实的东西，必然符合逻辑，而你头脑虚构的东西，假如没有深入真实的存在中，就可能没有逻辑，或出现严重的逻辑错误。

我写作中使用的故事，都是真实的，只有当事人的身份信息会有所修改，因为必须保护当事人。这曾给我的写作带来了极大的痛苦。因为原来我只是作者，我采访心理咨询师和很多事情的当事人，然后写文章，我不需要考虑保密的事，心理咨询师和事件的当事人去把这个关。但做了心理咨询师之后，我就必须考虑对当事人的保护，要遵守保密原则。

这就导致了一个严重冲突：写作中，我会感觉到，有一个故事放到这个位置堪称完美，可是，这是来访者的故事，我不能轻易使用，我要换一个其他的故事；但一换故事，就不完美了，水流就像是被切断了。这时，我的写作就会停滞下来，甚至会停很久。有些文章，干脆就不写了。

大概花了两年时间，我才终于获得了一种平衡：能接受换一个不完美的故事，并且，逐渐感觉到和来访者的深度咨询。因为进入了潜意识深处，碰触到了更深的潜意识，那股水流才是更深、更根本的，而表面上的故事可以有所牺牲，这并不影响这股水流的流动。

容忍模糊

在关于创造力的理论中，大多会谈到高创造力的人有一个特点：容忍模糊的能力很强。

宅人之所以宅，是为了追求控制感和确定感，控制感和确定感会带给人安全感。可是，当人们太追求控制感和确定感时，也意味着容忍模糊的能力比较差，因此会失去创造力。也就是说，创造意味着创新、新的灵感，这自然要从"我不知道"的模糊中升起，而如果你太喜欢说"我知道"，太喜欢你已有的想法，那么就很难有高创造力了。

当然，很多宅人有创造力。那是因为他们在宅的方面是没有创新的，但宅的生活方式变得简单，提供了一种容器功能。而在这种稳定的容器中，别的方面的模糊感被容忍了，然后这一方面就有新事物从模糊中诞生了。

我的写作方式就是不急于用头脑去寻找答案，而是让这个答案从感觉中、从心中自然升起。在答案没有形成之前，自然是处于一种"我不知道"的模糊状态里。比如，苏格拉底认为自己是一个有点儿智慧的人，因为别人太喜欢说"我知道"，而他则知道"我无知"。

我们一再讲提摩西·加尔韦的自我理论，即自我有两个：头脑和意识层面的自我 1，身体和潜意识层面的自我 2。运动员要想达到身心合一的境地，就要离开自我 1，进入自我 2。进入自我 2 后，运动员不仅自己身心合一，也能非常好地感知整个场域了。同时，时间好像变慢了，而空间变大了。

如果你想有创造力，就要承认，你的头脑和意识层面的自我 1 不知道答案是什么，然后学习进入身体和潜意识层面的自我 2 中。这时，你会发现，好像你的自我与外部世界的那种割裂感减弱甚至消失了。你就能碰触到外部事物的本真，而所谓"创造力"，就是你碰触到了这个本真。

关于那位超级网红的分析文章，我也是抱着这样一个假设："我不知道她是什么样的人，我愿意深入了解她。"这是我对一个人做心理分析时的一贯逻辑，我一开始就抱定这个人我是不了解的，然后我才能"放下"我的头脑，而用我的感觉去感受他。

那么，如何才能尊重自己的感觉呢？答案是，你必须忠于你自己。

每一个在某一方面臻于一流的人，都是因为他们至少在这个方面是忠于自己的。所谓"忠于自己"，就是在某一方面，他是真自我。他追随自己的心而活，而不是按照头脑而活。因为所谓"我的头脑"，实际上装着的是个人意识和各个层面的集体意识的东西。

例如迈克尔·杰克逊，他说"最重要的是忠于自己""唱歌是我所热爱的，我选择它是因为我能从中得到乐趣，演唱对我来说就像呼吸一样自然。我歌唱是因为我必须唱，不是由于父母或家庭的缘故，而是由于我的全部内心生活都融化在了音乐的世界里"。

什么是"忠实于自己"呢？约翰·列侬有一段话：

真正的音乐，是来自宇宙的音乐，是超越人们理解的音乐。当它走到我心中的时候，它与我本人无关，因为我仅仅是一条通道。我为音乐而生，音乐又把自己给予了我，而我又将它表述出来，这是我唯一的乐趣。我像是一个媒介，我就是为寻找这样的瞬间而生的。

　　这段话的意思是，所谓的"天才"其实只是一个媒介、一个通道。当天才们保持通道的开放时，来自宇宙或其他存在的音乐，就会通过这个通道而表达出来。所以，天才们不是在"创造"，他们只是在表达而已。天才级别越高的人，越懂得这一点，他们因而在这一方面会保持谦卑。

　　他们谈的都是同一个东西：放下对自我 1 的自恋，打开自我 2。这时，就像是打开了一个管道，有些东西会经由这一管道而来。

　　你必须尊重自己的感觉，而不是别人的建议。别人的建议常常会干扰你，影响你通道的开放程度。如果你过于在乎别人的建议或评价——这其实是过于渴望别人的认可，那么这个通道就不可能保持开放，来自宇宙的音乐或其他事物就无法走进你心里。

　　过于在乎别人看法的人，通常会认为做自己意味着自私自利、为所欲为和自大。而事实恰恰相反，那些真正能"忠实于自己"的人，最后会学会谦卑。因为他们发现，那些所谓的"才华"并不是他们的，而他们不过是一个通道罢了。如果他们保持这个通道的开放，那些才华就会通过他们来表达。

　　迈克尔·杰克逊深知这一点，所以他自称是"上帝的乐器"。为了保证"上帝的乐器"的通道一直开放，杰克逊做了很多抗争，这一切抗争都是为了有一个他说了算的空间。

　　刚过 20 岁时，他没有和他一直以来的经纪人——父亲约瑟夫续约，以这种方式解雇了父亲。因为父亲的控制欲望太强，希望迈尔克·杰克逊在每一方面都听他的。26 岁的时候，迈尔克·杰克逊与合作了多年的唱片公司摩城公司解约。原因是，杰克逊兄弟想自己创作歌曲，而摩城公司坚决反对，甚至说："你们都不应该提出要创造自己音乐的要求。"但经过各种各样的抗争和事实的检验后，杰克逊越来越坚持一个观点："要是你感觉到什么东西对你来说是错误的，你要相信自己的直觉。不管多么困难，也要立刻做出判断。"

　　所以，这就构成了一个矛盾：一方面，你要去创造一个自己说了算的空间，在这方面你要有强大的自我；另一方面，在你创造的这个空间里，你要放下对自主意识的控制，打开身体和潜意识的管道——在这个模糊的世界里，所谓的"创造"自然而生。

爱因斯坦的策略

我们都知道，爱因斯坦有着顶级的创造力。20世纪初，当传统物理学家认为牛顿力学已经"穷尽"了物理学的大厦时，他提出的理论，让整个大厦崩塌了。

伟大，常常从冒犯开始，而爱因斯坦绝对是一个伟大的冒犯者。美国著名培训师罗伯特·迪尔茨——他是我的催眠老师斯蒂芬·吉利根的好友，曾在广州开办了一个课程——"天才的策略"。在这次培训课上，他解析了几位天才的思维模式。迪尔茨的观点是，天才们的思维模式是可以模仿的。虽然模仿者未必能达到天才们的级别，但使用一下天才们的思维模式会让人受益。例如爱因斯坦，迪尔茨认为，他的思维模式的特别之处在于，他不是用公式和纯逻辑去推导理论的。相反，他是使用了视觉化思考的方式。

弗洛伊德认为，人有两个思维过程——初级思维过程和次级思维过程：初级思维过程的语言是图像，次级思维过程的语言是文字；图像可以视为存在，而文字则是存在的符号系统。

初级思维过程的问题难以沟通，如果一个人陷在这个状态，就会出现精神问题。次级思维过程的问题是，用它可以很好地和其他人沟通，但它其实是符号系统，而不是存在本身。如果你太依赖它，那你的思考就可能会缺乏生命力，甚至都不能碰触到真实存在。

如果一个人既掌握了次级思维过程的符号系统，又能很好地使用初级思维过程，那就意味着，他既能直接碰触存在的水流，又能对这些水流进行符号化思考，就会有很高的创造力。

视觉化思考，就像是这两种思维过程的综合运用。大科学家们的创造力来自哪里？诺贝尔奖获得者杨振宁自己的回答是："你不需要很多知识，也不需要多高的修养，你只要有天不怕地不怕的精神。然后去猛冲，你就能成功。"

这讲的是一种敢于做自己的精神，而弗洛伊德的两种思维过程的理论和罗伯特·迪尔茨的观点都值得参考。

在"天才的策略"的培训课上，迪尔茨根据爱因斯坦的视觉化思考，设计了一个练习——"用感觉去聆听"。

练习步骤如下：

（1）五六个人一组，大家围成一圈儿坐。

（2）从一个人开始，他先简单地做一下自我介绍，然后其他人讲他两个真实的优点，并说"我喜欢"。

特别强调的是，必须是真实的优点，而不是你想象的。

（3）接下来，自我介绍的人安静下来，闭上眼睛，简单感受一下身体，再睁开眼睛。

（4）每个人讲述大约 5 分钟。听的人，不使用思维，而只是将注意力放在感觉上，留意听的时候，自己产生的各种感觉，如你的视觉、听觉、触觉、味觉和嗅觉，以及其他各种感觉。不管它们看上去多么不合理，都要尊重它们的发生。一边听，一边把你产生的感觉画成一幅画。你可以画得非常直观，也可以画得抽象，总之能表达出你的感觉就好。

（5）讲故事的人讲完后，听故事的人一一把自己的画给他看，并告诉他，自己为什么这么画，在听的时候，自己产生了什么感觉。最后，给这幅画起一个名字，写在画上，署名，然后送给讲者。

（6）练习做完后，拥抱彼此，感谢彼此。讲故事的人和赠画人再闭上眼睛，安静一会儿，然后结束练习。

直接聆听感觉，是有些危险性的。如果想降低这些危险性，就要对这个练习有所设置。例如，迪尔茨一次去巴黎一家公司处理公司内的一个危机，他就让相同部门的职员们构建一个安全、私密的小组。每个人都去讲讲公司这次危机事件带给自己的想法和感受，但听的人一样是只听感受，并最终画一幅画送给讲者。这种处理方式，在很大程度上化解了员工们的心理压力。

之所以如此，答案是，头脑和思维层面的自我 1 将我们切割开来，但身体和潜意识层面的自我 2 或者更深的部分，我们都是可以联结在一起的。爱因斯坦对此也有深刻的表达：一个人是被我们称为所谓的"宇宙"的一部分，受时空限制的一部分。他会觉得他的思想和感受与世界其他部分是割裂的，这是他的意识的一种错觉。这种割裂的错觉是我们的牢笼，将我们的欲求和情感限制在一些和我们亲近的少数人中。我们必须将自己从这个牢笼中解放出来，拓宽我们的胸怀，去拥抱所有生灵和整个世界的美，这是我们的使命。

所以，当我们将自己限制在自我 1 的范畴时，我们就像是切断了和整个宇宙的联系，因为创造力也受到了损害。但当我们将自己打开，与其他存在乃至整个宇宙联结时，更多的水流就会经由你而来。我们把这个称为"创造力"。

最朴素的创新方法

仅次于巴菲特的另一位"股神"彼得·林奇说过一句很牛的话：

"即便格林斯潘（美联储前主席）告诉我明天的财政政策，我也不会丝毫调整我的选择。"

这么牛的话语，建立在非常朴素的工作方式之上。每当林奇对一只股票感兴趣时，他就会花大量的时间做丰富的调查研究，要全然了解这家公司，然后才会做决定。

创造，来自你臣服了真实。彼得·林奇这种朴素的做法，就意味着他的决定都建立在对真相的了解之上，因此他和他的公司有了伟大的创造力，能创造出巨大的财富。

2017 年下半年，我认识了一位精英企业家。他的企业营业额在 2017 年达到 50 亿元，纯利润为 5 亿元。并且，他的公司蒸蒸日上，近几年的年增长率都在 40% 以上。在所在的细分领域内，也是当之无愧的国内市场 No.1。

他的公司是在 10 年前创办的。当时，他们有三个合伙人，关键是他和另外一位。他们谈了一次话，就决定创办这家企业。他们都有闪电般的行动力，所以公司迅速注册了。

接下来，他们干了一件很慢、很朴素的事：他们三个花了一个月的时间，对一百个他们认为的潜在客户做了深度访谈，并对深度访谈做了统计分析。最终发现，这个市场有四个核心需求。然后，他们就围绕着这四个核心需求设计了公司的各个层面。现在，十几年过去了，大量事实显示，这个市场的的确确就这四个核心需求。

必须交代的一件事是，他们三位合伙人，当时都是"业界大牛"，在各自的领域都有非凡的影响力。他们的时间非常非常值钱，但他们硬是慢下来，花了一个月的时间，做了这样一个调查，并通过这个调查抓住了事情的本质。

他们的这种做法，让我佩服之至。该快时，他们迅如闪电；该慢时，他们也能这样慢下来。

创造力（或者说伟大），需要建立在真相之上。有的人，是通过天才般的洞察力洞察到了所在领域的真相；有的人，是因为正好他的个性化的生命体验和一个时代的集体体验联系在一起，因而也碰触到了所在领域的存在之水流。像这位精英企业家和他的合伙人，则是通过这种朴素的调查，抓住了事情的本质。

这位企业家，他在生活的很多方面都展现出了这种朴素和对真相的执着。所以，他并不是偶然才这么干了一次。这也来自他的感知，他会真切地感觉到，如果不这么做，事情就做不好。

并且，他的这种做法和所有高创造力的人一样，都有这样一个前提：我的头脑不知道该怎么办。

我是一位超级摄影发烧友，在我玩摄影的过程中，我见过很多人，觉得非常纳闷，为什么他们玩摄影那么多年，拍得还那么差呢？例如，一次去参加一个从小就爱好摄影的发烧友的分享会。他最近去了新疆和西藏，也有不错的器材，并且摄影多年，所以我对这次分享会很期待。但看他用幻灯机播放了几张照片后，我就大失所望，觉得实在是太差了。

我很好奇地问他："你是怎么拍照片的？"他认为我是在向他讨教，于是很热情地说："你必须好好学习，多看看大师们的作品以及理论。例如构图，当你对一个画面产生兴趣时，你的头脑中要先有一个思考：大师们是怎么拍的，书上是怎么讲的。"

他这样解释时，我就明白他为什么拍不好了。因为他的头脑中事先有了预判，竟然没有沉浸到美景中，而是有了条条框框的束缚，自然就没有创造力了，甚至连美感都没有了。

实际上，身体、潜意识、被思考之物在先，而头脑、意识和思考在后，前面是存在之物，思考只是符号系统。这个不能颠倒，颠倒了，就没有创造力了。

简单来说，你不能轻易拿你头脑中已经有的判断去套一个事物。你必须把头脑的判断和知识放下，先去深入这个事物，让判断和思考从你和这个事物的深度关系中自然升起。

我们很容易对自己的头脑产生自恋，认为自己的头脑已经什么都知道了。当持有这种态度时，我们就容易陷入孤独的自恋中，而不能看到真相了。

这也是做心理咨询的一个基本假设。越是资深的咨询师，越有这样一种基本态度：我不知道来访者是怎样的，我只能根据我的理论、知识和经验，去做一些猜测，但关于来访者是怎样的，来访者才是权威。

当抱着这种态度时，咨询师就会看到一个不可思议的世界：噢，原来这个人是这样的；噢，原来人性是这样的；啊，太震撼了；哎呀，实在是太不可思议了……这是一段充满惊喜的旅程。相反，如果咨询师对自己已有的东西太自恋了，他的世界就会变得封闭和无聊起来，所谓"一万小时定律"也会失去效果。

愿你始终抱有一份无知的好奇心，那么在模糊中，你会看到奇迹升起。

互动：臣服什么，又冒犯什么

Q：如果说背叛才会使我们有勇气去创造自己的空间，为什么创造来自臣服呢？这是不是有矛盾的地方呢？

A：臣服于真实存在，冒犯集体意识或权威观点。

欧洲宗教改革的重要推动者马丁·路德，他的倡议是，每个人都可以直接读《圣经》，而不必非得从教会和牧师那里得到二手教义。这是巨大的冒犯，相对于当时的宗教体系而言，《圣经》就像是真实的存在。

在任何一个领域都存在这种情况，前辈们已经有了各种各样成形的观点，我们得敢于冒犯这一切，才可能比他们碰到更深的存在。

Q：我们如何能更好地用次级思维——语言文字，将我们初级思维产生的感觉描述出来呢？

A：可以试试放下一切思维的努力，就是随意表达，想写什么就写什么，直到表达出你的感觉来。先找到感觉，然后试着在写作时务必尊重自己的感觉。接着，这需要练习，得遵守"一万小时定律"。我们看到的厉害人物，都在这条路上走了很久。但特别重要的是自己内在感觉的流动。还有，要有一个好的对话对象。

我读研究生时得过抑郁症，有两年时间。抑郁症好时，感觉内心有很多拧巴着的河流都顺畅了。这时候，正好认识了一位网友。我们一直通过E-mail 联系，各自写了两三万字吧。那些文字，到现在都是我的最高水准。流动的感觉和一个好的交流对象，就产生了不可思议的结果。

Q：有什么刻意的练习可以帮助我们逐渐进入自我 2 吗？

A：一直尊重自己的感觉，在各个方面。用各种方法深入了解自己的潜意识，如找一位好的精神分析师，或者记录、分析自己的梦。静心冥想也是一个极好的办法，如我一直讲的扫描身体练习。

最后想说，不能急，要给自己足够长的时间。像扫描身体练习，我从2007 年就开始尝试。最初，只是改善睡眠和把注意力从头脑中"拿走"，但真正体会到它的威力，是从 2015 年才开始的。不过好消息是，我和很多做静心的朋友聊过，我这属于速度慢的。

臣服的动力

创造力的奥秘，在于碰触你所从事领域的存在本身，而不是用你的头脑去思考。前者是臣服于存在，后者是陷入了头脑自恋中。创造力和创造本身是很伟大的事，如果它们让你意识到臣服是一种根本动力。

为什么人容易陷入头脑自恋中？因为，头脑与意识层面的自我 1 是一种自我保护。当觉得活在一个不够安全的世界时，我们会构建一堵防护墙，将自己与外部世界切断，也因此切断了与其他存在乃至根本存在的联结。相反，当外部世界让我们觉得安全、值得信任时，我们就会愿意把自我保护放下。那时，"我"愿意臣服于"你"，这就是依恋。

自恋是依恋的对立面，人本能上追求一出生就有的全能自恋，但当自己真能控制一切时，就会感到很累。所以，一旦遇到值得信任的"你"，"我"就愿意把自己交付出去。这时，自我保护的这堵墙就没了，一个人就容易碰触到存在本身了。创造力还有另一种常见的可能：你的自我 1 太破烂了，你构建不了一套完整的自我保护系统。这时候，你会很痛苦，但你的自我有裂痕的地方，你的能量可以"喷涌而出"，而光也可以照进来。我们当然希望创造力是前一种可能，作为内部世界的"我"能充分信任外部世界的"你"。这时，你卸掉了自我保护，而创造力也由此而来。

你什么时候体验过没有批评的感觉？在这种状态下，你产生了什么样的感觉？

你是我眼神中的疑惑，

也是我眼神中的灵光。

你是万事万物，

但我却像想家一样想你。

——鲁米

迪士尼的策略

美国培训师罗伯特·迪尔茨在"天才的策略"课程中，分析了很多天才，认为他们的创造力是有迹可循的，就是他们的工作模式，比如迪士尼的创始人华特·迪士尼。迪尔茨认为，华特·迪士尼的策略是"将创作过程切割"，给每个关键部分一个单独的空间。

具体就是，华特·迪士尼将他和迪士尼团队的创作过程分割成了三个阶段：梦想家、现实主义者和批评家。在梦想家阶段，大家天马行空地发挥想象力，并且不必考虑能否实现的问题，也不允许有批评；到了现实主义者阶段，才开始考虑如何实现的问题，同样也不允许批评；到了批评家阶段，才开始有批评。

实际上，我们每个人的思维过程都包含着这三个部分。只是，普通人的这三个部分常常是混在一起的，这导致了每个部分都没有充分发展的空间。例如，当你展望一个梦想时，你现实主义者的部分会担心："这能实现吗？"甚至干脆就调动批评者的部分说："你真笨，你根本实现不了你的梦想。"

同样，你也很难做一个尽兴的批评家。因为，这时你的梦想家角色可能会跳出来说："你怎么可以这样做？你这个没有想象力的家伙，你知不知道你在给我泼冷水？"而现实主义者的角色也可能会跳出来说："你除了批评还会做什么？你知不知道我有多辛苦……"

这三个角色混在一起的话，一个人的思考会变得混乱，一个团队的集体思考也会混乱。而将这三个部分切割开，给每个部分一个单独的空间的话，这种混乱就会大为改观。并且，在每个单独的空间内，这个空间所负责的那一部分就会充分展开。

现实中，迪士尼公司也是这样运作的。

迪尔茨把迪士尼的这个策略进一步细化，他还提出了一个非常有操作性的工作方式，也非常简单。

这要介绍一下迪尔茨的基本工作方式。作为培训师，他在做培训时，会把你内心抽象的东西投射到空间中来，然后在这个空间去探索你的内心，并使之改变。这里说的空间，就是实实在在的物理空间。

他在工作中，常用纸巾来标记空间的名称（之所以用纸巾，是因为纸巾到处都有，很好找）。

例如，我们上课时，在"迪士尼的策略"这个练习中，如果有一个个案要接受他的训练，他会选一个空旷的空间，然后拿四张纸巾，放到地上，并且纸巾之间都有一小段距离——大约是一步远，就是我们能轻松一步走到的距离。

一张纸巾，放到个案一开始站的位置上，这叫"后设位置"。而在个案站着的位置对面一步远的距离，左、中、右分别放一张纸巾，代表着"梦想家""现实主义者"和"批评家"。

接下来的操作步骤如下：

（1）在后设位置，让个案闭上眼睛，感受身体，然后张开双臂说"我是敞开、专注和放松的"；

（2）问个案，这个练习具体想处理什么梦想或计划；

（3）进入梦想家的位置，让个案充分表达他的梦想，并询问他有什么体验；

（4）回到后设位置，澄清一些问题；

（5）进入现实主义者的位置，让个案制订实现梦想的计划；

（6）回到后设位置，澄清一些问题；

（7）进入批评家的位置，让个案从多方面去发现梦想和计划的不足；

（8）回到后设位置，澄清一些问题；

（9）让个案绕着"梦想家、现实主义者、批评家和后设位置"这个圆圈多走几圈，看看还会有什么感受和体验自动浮现出来。

我是在 2008 年上这个课程的。当时，我通过写"心理专栏"和出书，已经有了一定的名气，然后各种资源开始涌来，很多人想和我有各种合作。而我对自己的未来该是什么角色，也有了一些复杂的思考。在这个练习中，我找了广州一位资深的培训师做我的搭档，结果受益很大。

在练习中，我检验的是自己关于心理学的一个梦想。最终，我放下了疑虑，因为通过练习，我相信只要我能全然地投入这个梦想中，我的一切疑虑——主要是来自头脑自我的恐惧，都会自然化解。我深深地体验到，当这个梦想彻底成为发自灵魂深处的呼唤时，现实层面的疑虑都将不存在。

这并不是说，我不需要任何现实层面的考虑，而是说，我越全然地投入这个梦想中，把这件事做得越专业，现实层面的收获就越多。但这些收获只是一个自然而然的副产品，而如果我试图把它们变成主要的目标，而不再是副产品时，我会感觉我寻求更大存在感的通道就会被卡住。这时，我越是在现实层面挣扎，被卡得就越严重。同时，我的天分也会发挥得越困难，这会进一步令我在现实层面更加挣扎。最终，会发展成一个恶性循环。

对我而言，这是一个非常关键的练习。它让我彻底安下心来，继续听从我内心的声音，从事心理学和写作的工作，而不必太多考虑那些现实的东西。现在 10 年过去了，回头一看，事实也的确如此。我投入到自己的梦想中，而现实层面的东西都像副产品一样，自动涌来。

现在，我对"迪士尼的策略"有了新的认识。前几天，在我的"得到"小组谈到"迪士尼的策略"时，我认识到，关键还不是迪尔茨的这种分割，关键是，这种做法把批评者的声音给分隔开了。特别是，在梦想家的环节上，批评者退位了。这样一来，梦想才会得到充分允许。

在迪尔茨那一个星期的培训课程中，每个练习，我们都是找一个搭档，轮流做培训师和个案。通过这些练习我发现，当我们的人生目标主要是自我 1 层面的需要时，这种挣扎和焦虑都会产生，而且还非常普遍。坦白地说，在这一个星期的时间内，我都没有发现一个搭档的梦想，是真正发自他内心深处的呼唤的。有人直接想要金钱和名誉，有人则是绕了个弯子，表面上是想做慈善活动和奉献，可在练习中却发现，背后都是一个孩子，在渴求得到父母的认可。

原因是，他们的父母就像绝大多数父母一样，太喜欢使用批评了，这导致他们丧失了让自己的梦想展开的空间。父母批评的声音就像一把把利刃一样，将他们的梦想切得七零八落。

在这种情况下，父母很难被孩子感知为可以充分依恋的"你"。孩子不得已要打造一堵墙，把自己和最原初的外部空间（即父母的空间）给切割开。后来，他们到了更大的外部空间，也一样抱着这种态度。

至于我自己，之所以有些创造力，首先是因为幸运。我没有挨过父母哪怕一次打骂，而父母也从不要求我听话。虽然他们夸我时会用"听话"这个词，可那只是一种习惯用语而已。

迪士尼公司有一个"梦想室"，这个办法你是否也可以借鉴呢？例如，给自己一个"梦想日"。在梦想日里，你不允许任何批评，就是天马行空地去"放纵"你的梦想。

你在，我才能流动

在过去一年的每周二，我会在广州召开"得到"小组例会，讲述我要写的主题、我的想法和我想到的故事，再听大家的反馈。"得到"小组有两位心理咨询师和两位专业助手。并且，我们只定主题，讨论的时候，大家天马行空，说什么都可以。我需要大家开拓我的思路，而不是从他们那里寻找素材。

有一次，我们准时在上午 10 点开始后，我本来只是讲个开头，没想到，一开始讲就滔滔不绝地讲下去，讲了 20 分钟左右才停下来。我讲得投入，大家听得入迷。讲完了，我不禁感慨地说："虽然你们什么都没说，但是只要有你们在，我的创造力就出来了。刚才讲的那些内容，我真没想过可以这样，但讲着讲着，就冒了出来。"

他们纷纷开玩笑说，他们是我的专业听众。并且，在这个讨论会上，他们自己也有与我类似的体验。

这种体验的关键，就是：你存在，所以我存在。当你稳定地在这里，你"稳定"地看着我，回应我的感受和想法，那我的感受和想法之水流就有信心一直持续地流动。

绝大多数情况下，我们会看到，那些伟大的思想者，他们都至少有一个关键的听众，就是所谓的"知音"。例如，弗洛伊德有一个挚友弗里斯。弗洛伊德的很多思想，都是先写信给这位挚友看，并且弗里斯有更激进的泛性论。

做长程咨询的咨询师们都会看到一个现象：随着咨询的进展，来访者会呈现出一种强烈的渴求——你要稳定地存在。那些心理问题比较严重的来访者，对这一点的需求更为强烈。为什么我们的内在水流的流动，需要一个外在的客体的稳定存在呢？

因为，内在的水流，作为深刻的存在，它既是创造力的源泉，又是毁灭力的根源。不管是否意识到，我们都会担心，我们的生命力水流的流动会带来对外部世界的摧毁。当外部世界很不稳定时，如外在客体一会儿在，一会儿不在，甚至长时间不在时，我们会觉得，这是我们的生命力流动所导致的，我们的生命力流动时制造了毁灭。这时候，我们就会害怕，而去切断生命力的流动。

相反，如果外在客体一直稳定地存在，那我们就会得到一种确信：我们的生命力的流动没有带来毁灭和破坏，所以我们的生命力是可以流动的。

我有一位来访者，她是一个严重的宅女。从她记事以来，她就有严重的睡眠问题，她感觉自己即便在睡眠中，头脑都在高速运转，所以休息不好。她为此非常苦恼。

我们经过漫长的咨询后，突然有一天，她的睡眠有了很大的改善。她发现自己可以连续沉睡六个小时了，而睡眠也真有了比较好的休息功能。

为什么会发生如此改变？我们的理解是通过漫长的咨询，她终于对我的持续存在有了一种确定感，并且可以在我们的关系中，将她的爱恨情仇等各种动力展现出来了。而我没有被她毁灭，甚至丝毫没有被她伤害，反而会因此和她构建出更有质量的关系。这些致使她第一次对人产生了一定的依恋。

依恋产生前，她的自我 1，或者说头脑与意识层面的自我，就是她的"头脑妈妈"，在照顾着她的自我 2（即身体与潜意识层面的自我）。她的自我 1 永远不能松懈，因为她很担心一松懈，自我 2 就会失控，伤害别人，并被别人报复。

自我 1 的弦绷得如此紧，以至于她根本不能有好的睡眠。依恋产生后，她的自我 1 终于可以放松了，她可以在一定程度上相信我，把她交托给我，好的睡眠由此而生。

从这个意义上来讲，臣服是人类的一个根本需求。因为只有臣服发生，我们才能放松下来。

容器和被容之物是一对很深的矛盾。创造力都发生在被容之物（即生命力的流动）上，但被容之物敢酣畅流动时，都是因为有一个更大的容器提供了一个空间。我们可以有意识地利用自己的力量去创造更大的空间，同时也需要有一个更大的存在，提供更大的空间，托着我们。这时，我们就可以放下自我 1 的头脑层面的保护，让生命力酣畅流动就好。

内在的批评者

有一次，我在构思写作时，突然很有感觉，就发了一条朋友圈：你的创造力取决于你的感受流动的空间，朋友圈就是这样一个外在空间。感受流动的空间，有外在空间，也有内在空间。如果你有一个无比开阔的内在空间，你的感受就可以在这个内在空间里自由流动。只是，你的内在空间常常和外在空间是正相关的，甚至，你最初的内在空间就是原生家庭的外在空间的内化。

在原生家庭这个原初的外在空间里，你的感受是被容纳的，还是被攻击的？如果是前者，那么你会自然地学会尊重自己的感受，也因此有了创造力的基础。如果是后者，你就会出现一个矛盾：是对抗，还是顺从？

相对而言，我们更容易做顺从的选择，因为最初一个孩子的力量难以对抗成功，并且人本来也有臣服于更大力量的动力。

这样一来，我们就会内化一个"内在的批评者"（即弗洛伊德所说的超我），总是会去压制你的感觉——"内在的小孩"的声音，即本我。

超我无论如何都带有批评者的意味，只是当成为"内在的批评者"时，批评的声音在超我中占的比重太大，这会导致一个人想做任何一件事，都没办法忠于自己的感觉，因为他首先会听到批评的声音。

所以，我认为在"迪士尼的策略"中，最重要的不是分割，而是将批评者的声音给去掉了，这样就可以充分地去梦想了。并且，"梦想屋"的设置，是梦想被允许了。就是不仅"批评家"被去掉了，同时还换了一个"允许者"。

我有一位来访者，她去上一位老师的课程。在课上，老师说了一句："要聆听你内在的一切声音，它们都是可以发出的。"听到这句话，这个女孩热泪盈眶。因为在她的家里，她深深地感知到，她做什么都是不被允许的。

她从来没有听到过父母对她的夸奖，父母还会随意处置她的东西。例如，一次她过生日，小伙伴们给她庆祝生日，送了她很多生日礼物。她非常喜欢，觉得自己一下子拥有了这么多东西，感到很满足。没想到，几天后，父母没经过她允许，就把她大半儿的礼物送给了她的一个表弟。她对父母表达了不满，父母却说她不懂事。

如果她和父母发生冲突，那父母会向她证明，他们是绝不妥协的。她记忆中有很多次，父母想让她去哪儿，她不想去，父母先是劝说，不一会儿后就会使用暴力逼迫她：有时候是直接把她抱走，有时候是强行拖拽。无论她怎么哭闹，父母都不妥协。

父母没有严重地虐待过她，也没有因为生气而暴打过她，但父母表现出来的那种坚定的态度，会让她感到绝望。由此，她形成了习得性无助，知道她的意志注定会被打压，她的感觉毫无意义，她只能服从。这种内在的关系模式延伸到了现在，导致她要么彻底服从，要么为了捍卫自己的感觉和意志，觉得必须决一死战。

我们需要知道，当一个人展开他的想象，让他的生命力水流流动时，批评就是攻击，就像是要去切断这股水流一样。如果一个人有坚韧的生命力，那就能够抵抗住各种攻击，而能让自己的水流继续流动。但如果一个人缺乏坚韧的生命力，就难以抵抗住这些攻击。

我的另一位来访者，她最初找我做咨询时，整个人看上去是干枯、干瘦的，而且脸上没有光泽，表情也是僵硬的。现在变得丰腴，脸上有了光泽，表情也变得生动了不少。

她生命中最基本的体验，是关于吃饭的。她妈妈在各方面都雷厉风行，控制欲望强烈。她要求孩子必须按照她的节奏去吃饭，如果孩子不听话，妈妈会用坚定的意志和各种方法，把孩子逼到饭桌上来，并且要求孩子吃快点儿。结果导致这位来访者吃饭非常慢。

在一段时间里，我们不能谈她吃饭慢这件事。每当谈到这件事，她就说："我觉得这样是合理的，并且慢慢吃饭是我最享受的一件事，你不要跟我谈这件事。"

后来，她的态度松动下来，我们可以谈论这件事了。我说："慢慢吃饭，对你来讲有重大的意义，是你用来对抗妈妈入侵的重要方式。而我作为你的咨询师，也像是权威的角色，和你谈这件事，让你也感觉到了被入侵。你非常警惕，害怕我也会像你妈妈那样去管制你。其实，我只是想了解这件事是怎样进行的，你的感受是怎样的……"

这样的讨论让她有很多感慨，她最后说："武老师，你想象一下，我每顿饭都感觉到妈妈在严重地入侵我。一天三顿饭，一年就是上千次，而我在家里一直住到了中学毕业，一共 18 年。也就是说，我和妈妈有近两万次的战争——围绕着吃饭这件事。"

谈论这件事时，她不断地打嗝，然后有了这样的联想：也许在她还不记事的时候，妈妈会强行喂她东西，而根本不管她是否乐意。

我聘请的保姆，为其他人家做家务时，遇到过这样的人家。那家的孩子吃一口吐一口，并且吐在饭桌上，那种景象真是糟糕。为什么要这样做呢？原来，孩子的妈妈和姥姥认为，她们决定让孩子吃的，孩子必须吃下去，不接受可以再吐出来，但必须先吃下去。这类事情，都是养育者为了维护自己的自恋，逼迫孩子必须按照他们的意愿来行事，而孩子自身的感觉被切断了。

我的这位来访者说，她成年后和妈妈在一起，常常感觉到，好像妈妈把一把把利刃插进了她的身体里，把她切得七零八落。她的感觉、她的生命力，被切成了没法连接在一起的碎片。这时候，别说创造力了，她就连持续地把事情做好的力量都匮乏。

她有拖延症，经常逼迫自己、骂自己，觉得自己浪费了生命。但她逐渐知道，这些拖延都是为了保护自己，让自己不至于彻底听从"内在的批评者"的声音，还给自己的生命感觉多少留了一些空间。

如果你在不断被要求听话的家庭中长大，那你需要知道，每一次听话，都会远离你自己的感觉，甚至都是你自己的生命力之流被攻击了一次。严重的时候，你会有被切断的感觉。

如果这种被切断总发生，你的内在感觉就很难是连续的。这时，你就会在头脑和思维的世界里寻找连续的感觉。可是，你的头脑中常常塞满了父母和权威人士强加给你的"纸条"，你也不能很好地找到你自己的声音。

我们首先要去学习维护孩子的感觉，孩子天然都在感觉流动之中。如果我们不去频频攻击乃至切断，孩子就会自动保留住创造力了。那些不太使劲儿管束孩子的父母养出来的孩子，反而容易胜过太使劲儿管束孩子的父母养出来的孩子，道理就在这里。你越是使劲儿，就越是制造了对孩子的攻击和切断。

作为成年人，如果你想让自己恢复创造力，那么就需要聆听你的感觉，并试着持续地表达和追求它们，让你的感觉流动，形成一种持续的存在。它不能迅速达成，但非常值得一试。

毕竟，找到这种感觉，才知道什么是活着、什么是做自己。

创造和扩容

我们的内在生命力，需要借助我们所创造的一个外在之物去修炼。这个外在的被创造之物，它的生死会呼应着我们内在生命力的生死，它的品质会呼应着我们内在生命力的品质。

并且，在不断创造的过程中，我们自己的容器（或者叫"空间"）也会不断地扩大。我把这一点称为"扩容"。当生命指向成长时，你的一生必然是不断扩容的过程。被创造的外在之物，它可以是很实际、很真实的事物（例如房子、公司），也可以是有些抽象的想象之物（例如一部作品，或者一个理论），或者是一件美妙的艺术品。要做到这些并不容易，因为我们会看到，这个世界上有伟大创造物的人并不多。

更为重要的是，人类的任何伟大的创造物，最后都会毁灭，都会归于无常。并且，你可能会亲眼看到，你所创造的事物将不属于你，甚至被毁灭。这一切都太考验人的心灵了。如果看着充满了你心血的外在创造物在经历生老病死的无常，而且这一切"惊涛骇浪"都没有冲垮你的心灵，相反，你的内在心灵在这整个过程中反而更坚韧、更有力量，也更圆满了，那就很值了。

在我所能了解的事物中，最能浓缩地体现这个过程的是藏传佛教的"坛城沙画"。坛城，意思是"佛的家"，而坛城沙画，是藏秘大型法事中会启动的一种宗教艺术。喇嘛们会用彩色的沙砾"画"出奇异瑰丽的佛国世界，而制作出来的坛城沙画美轮美奂，绝对可以当作艺术品来收藏。但是，这个艺术活动的最后一步，喇嘛们把呕心沥血才创作出的惊人作品毫不留情地毁掉，再把沙子倒入流水中。

这个活动的寓意，即是无常。

在我的理解中，已经知道自己所创作之物会毁灭，归于无常，但仍然能全情投入，去创造出最高水平的作品来，而且这份毁灭还是自己亲手做的。这个过程，实在太磨炼心性了。

在咨询中，我听到太多人说，有一件事他们很想做，或者有一个人他们很想爱，但就是没有去做，或者没有去追求。为什么？当深入探究的时候，你会发现，几乎都是同样的原因：担心自己会失败。为什么失败会如此可怕？因为失败会带来很深的、他们难以言说的羞耻感，使其不敢去创造，甚至都不敢生出渴望。关键原因是，担心被毁灭，担心自己的渴望不能实现。

这份羞耻感的源头，是全能自恋。他们无意识地活在"我是神"的幻觉中，觉得自己一出手，这个世界就会积极地回应自己、满足自己，但这种想象中的积极回应如果没有发生，他们就会发现一个事实——自己只是个普通人。不过，这时候他们不觉得自己是普通人，而是觉得自己什么都不是。本来以为自己高高在上，但一受挫，他们就会觉得自己是最卑贱的人。这种巨大的落差，让他们觉得无比羞耻，特别是他们竟然幻想过自己是"神"。

有太多人一辈子都没干过什么特别的事，没有强烈地追求过喜欢的人，没有执着地去做自己喜欢的事，都是为了避免这种羞耻感。如果和一个不怎么有感觉的人过日子，或者去做一件凑合的事，那么就算失败了，也不会感到多么羞耻。

为什么有些人可以受全能自恋的驱使，去追逐一些伟大的甚至是幻想级别的目标，而有的人却受全能自恋的感觉所困，以至于寸步难行呢？前一种人，曾经在现实层面干过一些超乎想象的事。这让他们觉得，全能自恋也许是可能的。后一种人，从小一觉得自己"牛"就受挫，结果后来一直都在躲避受挫后的羞耻感。

曾经的现实成就，导致了他们心理容量大小的不同。那些有现实成就的人，也就是把一些事做成了的人，这个现实成就撑开了他们的内在空间。而那些没有什么现实成就的人，他们的内在空间没有被撑开。他们只有在想象的世界里，才会觉得自己有一个无限大的空间。可一到了现实世界，他们稍一受挫就会崩溃。

如果想有一个很大的心理空间，那么你需要通过创造外在现实之物去拓宽你的空间，即扩容。只有真正取得了成就，才能拓宽你的空间，而想象中的世界的大小不能起到这个作用。当然，这并不是说，你有过多大的成就，你的心理空间就会有多大。实际上，很多成功人士的心理空间仍然很狭窄，一旦失败就会突然崩溃。但是，你的心理空间有多大，这需要现实去检验，也需要现实成就去扩容。

有些人看上去天生气量就很大，他们仿佛有无限的空间。而如果你去了解他们的童年，你就会发现，他们绝对干过自己那个年龄超夸张的事情。这些事情在大人看来也许不值一提，但在那个年龄时，是超夸张的，就是这些事情在那个时候扩大了他们的心理容量。并且，最初，这都是养育者所允许的。

心理扩容的最佳时期，就是孩童时，因为年龄越小，达成夸张目标所需要的现实资源就越少。如果这时候一个人形成了巨大的心理容量，那会是养育者给孩子的巨大的祝福。

放到成年人身上，如果你想扩容，最好的方式就是去创造你真心想创造的事物。同时，这种创造过程也是检验你心理容量的最佳方式。你越喜爱的事物，就越具备这个功能。只有你遵从了你的自由意志、遵从了你的心，并将你的心大胆地投射到外部世界，去爱、去恨，去投入、去创造，那么就算最终一败涂地，你也会有一种难得的充实感。

互动：总感觉不到自己怎么办

Q ：怎样才能排除那些批评带来的噪声，静静地聆听真正的内心之声呢？

A：我想起采访孙博时，她像是会读心术一样。我问她："你是如何判断的？"她回答说："我不判断，只感觉。"这句话的意思是，我不用头脑去分析、判断，而只用身体或心灵直接去感觉。对孙博，我羡慕不已，这种境界真是少有。我虽然在很多地方能尊重我的感觉，但离她的境界还是太远了。

同样，我想很多基本上一直都在使用头脑（实际上，先是父母，而后是别人的声音）的朋友，你们的确不知道自己的感觉是什么。那该怎么办？一个办法是，去聆听自己微弱的感觉的声音，如聆听身体、聆听梦。还有一个可以使用的方法是，经常使用头脑的人，注意那些被你视为严重的人格缺点的东西，它们常常正是你自己的声音。然后，可以试试在一段时间内彻底允许自己去活出这些缺点来。

例如，有严重拖延症的人，这样的人会用头脑拼命地批评自己的拖延，但却发现就是无济于事。因为，这个"内在的批评者"常常就是"内在的父母"，而那个试图拖延的部分，就是"内在的小孩"在对抗。可以好好试试，在没有大的影响的前提下，给自己一段时间，彻底、完全地拖延。

提升你的挫折商

"挫折商"是美国职业培训大师保罗·斯托茨提出的概念，简称AQ（Adversity Quotient），也被称为"逆商"。顾名思义，挫折商就是一个人应对挫折的能力。很多人之所以不敢投入创造中，是因为耐挫能力太差，换成斯托茨的术语就是"这个人的挫折商有些低"。

挫折商低的人，会被挫折带来的挫败感给淹没，甚至自我会瓦解，于是失去了应对能力。挫折商高的人则不会被挫败感所淹没，他们的自我会在挫败带来的情绪浪潮中稳稳地存在着。不仅如此，挫折商高的人，他们的自我还是一个反脆弱系统，能化逆境为机遇，把这些打击转化成对自己的锤炼。

简单来说，挫折商低的人面对挫败时，启动的是应付机制，用种种消极的方式来逃避挫败感；而挫折商高的人，这时启动的是应战机制，挫败会激发他调动自己的种种资源和能量，最终化解并超越挫折。

你什么时候体验过挫折没有把你击垮，你反而变得更强？相反，就是一个挫折击垮了你，最终让你变得很虚弱。

> 日落有时看起来似日出。
> 你能辨识出真爱的真面目吗？
> 你在哭，你说你焚烧了你自己。
> 但你可曾想过，谁不是烟雾缭绕？
>
> ——鲁米

控制与归因

挫折商（AQ）的概念，沿袭了智商（IQ）和情商（EQ）这样的概念。这三个概念，都是试图把人性中的一些因素量化。但目前而言，实际上只有"智商"这一个概念被真正量化，并得到了学术界的一致认可。而"情商"和"挫折商"主要是概念，它们的量化程度还不够，也没有被学术界认可。

不过，斯托茨设计了挫折商的量表。而一些研究也显示，挫折商是很有说服力的。例如，美国 SBC 电信公司的销售数据表明，高 AQ 员工比低 AQ 员工的销售额高出 141%。其他研究也发现，高 AQ 员工的生产能力、创造力和沟通能力也明显好于低 AQ 员工。并且，高 AQ 的病人在手术后恢复得也远比低 AQ 的病人快。

斯托茨认为，挫折商有四个因素：控制（Control）、归因（Ownership）、延伸（Reach）和耐力（Endurance）。

控制（Control）

所谓"控制"，即你在多大程度上觉得自己能控制局势。斯托茨认为，一个人的控制能力来自他的控制感，"我感觉到我能控制局势"。

一个人的控制感越高，挫折商就越高；控制感越低，挫折商就越低。控制感和挫折商是正相关。

控制感高的人，即便面临重大的挫折，仍然相信自己能控制局势。当别人都以为"大势已去"的时候，控制感高的人总能透过种种消极因素，看到积极、自己可以做主的地方，而绝不轻言放弃。但控制感低的人，一遭遇挫折，即便仍然还掌握着很多资源，他也很容易觉得"大势已去"。

例如学生时代，平时学生的考试考砸后，会出现两种态度：一种态度是，"啊，幸亏不是中考或高考，这次失败提前暴露了我的问题，我要好好看看问题出在哪儿，这会帮助我提升自己"；另一种态度是，"天啊，我怎么考得这么差，我真的好担心，我最后中考或高考时，一样也会失败"。

那些不断东山再起的人，都是控制感高的代表人物。读研究生的时候，我认识了一位忘年交。他先在一所名校教书，是这所学校最年轻的副教授，公认的学术天才，并且在 20 世纪 80 年代初就屡屡接触当时业界的世界级人物。后来，在下海浪潮兴起时，他毅然下海，贷款 2000 万元做"大生意"——这在当时绝对是一笔超大的钱。结果生意赔了，他欠下了近 500 万元的债务。他断定这个生意做不下去了，转而做书商。经过多年努力后，他终于还清了 500 万元的债务和利息。

我读研究生时编书，与这位忘年交打交道。他当时还在欠债中，但从来没见过他有愁容。他总是豪爽地大笑，人活得非常洒脱。不过你仔细看，还是能看出他过得很节俭。后来一次请我喝酒，他才对我说了他生意失败以及人生的一系列挫败。

现在，我的这位忘年交已经挣了不少钱，虽然不算大富大贵，但日子过得非常潇洒。虽然 20 年过去了，但时间好像在他身上停止了一般，他看上去还是非常年轻。他是高挫折商的典范。

再讲一个低挫折商的例子。2001 年，我来广州后不久，认识了一位女士。她是一个小企业主，本来生意不错，但被骗，损失了 200 多万元。将财产全部变现还债后，她仍然有近百万元的债务。无奈之下，她过起了东躲西藏的生活，觉得"我这辈子已经垮了"。

低挫折商的例子在咨询中特别常见，我见到太多来访者，哪怕只是一次很小的挫败，例如一位老师只是一次公开课没讲好，他就觉得自己是个差劲儿至极的老师，根本不配在学校里教书。

控制感的关键，在于有没有形成一个牢固的自我。科胡特的术语"内聚性的自我"，可以理解为"抽象自我"。当一个人有了内聚性的牢固自我后，在遭遇挫败时，他就能做到对事不对人。就是承认这件事他失败了，但并不意味着他这个人不好。没有形成抽象自我的人，会将自我等同于任何一件自己在做的事。于是，任何一件事的成败都会让他们觉得，这是"我失败了"，因此会产生羞耻感，甚至自我瓦解感。

归因（Ownership）

衡量挫折商的第二个因素是归因。挫折发生了，我们要分析挫折发生的原因，这就是归因。

低挫折商的人倾向于消极归因：要么，他们是外部归因——将挫折归因为他人、环境等外部因素，认为自己没有一点儿责任；要么，他们是消极自我归因，认为自己应该为挫折负责。

相反，高挫折商的人容易内归因。首先会主动承担责任，无论在什么情况下都倾向于认为自己应该为挫折负责。同时，他们会进行积极归因——相信自己一定能改善局面。

斯托茨概括说，高挫折商的人会有这样的积极负责感：我认为我应该为改善这一局面而负责。

挫折必然有外部原因和内部原因，但进行外部归因经常于事无补，因为我们最能左右的是我们自己，最能改变的也是我们自己。进行自我归因的人虽然可能会给自己施加太多的压力，但这种压力会帮助他寻找自己的弱点，然后进行改善。而外部归因的人，在挫折发生后会对自己说一句"这不是我的错"，然后就放弃了自我改善的努力。

例如，我认识的一个女孩，三年时间内曾被辞退了七次，这对她构成了重大的打击。和她深谈后我发现，每次遭遇打击后，她做的都是外归因，觉得是这家公司不适合自己，自己换个环境就好。这导致她没有清醒的自我认识，还将同样的问题带到了下一家公司，于是不断地轮回同样的命运。

她的问题实际上很简单，都是她不能在工作中捍卫自己的权力空间，太容易被上司和同事使唤了。这让她内心很不满，可她没有充分地意识到，于是用拖延、迟到和莫名其妙犯错的被动攻击来报复上司和同事。当时，我还不是咨询师，但给了她这方面的分析，并建议她敢于拒绝别人甚至用愤怒来捍卫自己的地盘后，她的被动攻击好了很多。之后，她就能保住自己的工作了。

归因和控制一样，高挫折商和低挫折商的人关键的区别还在于：高挫折商的人有抽象的内聚性自我，而低挫折商的人没有。结果导致，高挫折商的人在做归因，就是在理性地寻找原因，而且会很好地安抚自己；低挫折商的人无论是做外归因还是内归因，他们真正做的，实际上是"归罪"，就是要找出把事情搞砸了的那个"罪人"。

归因的逻辑是，找出导致挫折的原因，就可以改善它；归罪的逻辑是，找出那个发出敌意的"罪人"，然后"消灭""他"！

这就导致了，高挫折商的人一方面归因，另一方面动手去改善，但他们既不严厉地攻击自己，又不严厉地攻击其他责任方；低挫折商的人则要么严厉地攻击别人，要么严厉地攻击自己，却会忽略改进的努力。

延伸与耐力

延伸（Reach）

延伸，就是你会不会自动将一个挫折的挫败感延伸到其他方面。

高挫折商的人是低延伸，他们会将挫折的恶果控制在特定范围内，就是挫折发生的所在范畴。他们知道，一个挫折事件只是一个挫折事件。

相反，低挫折商的人是高延伸。遇到一个挫折事件，他们很容易会产生"天塌下来了"的感觉，从而觉得一切都糟透了。这样一来，挫折感就像瘟疫一样延伸到他的生活和工作的方方面面，让他因为一个挫折而否定了自己的一切。

低挫折商的人在公司里受了同事或领导的气，回到家后，他们把郁积在心中的怒火发泄到伴侣或孩子身上。结果，把家里也搞得一团糟。

最大的延伸，是因为某一方面的挫折而全面否定自己。

张海迪的一番话是低延伸的典范，她说："人就像一部机器，残疾人就像部分零件损坏一样，不能因此就把整部机器毁掉，那些能用的部分还是大有价值的。"

斯托茨认为，延伸是低挫折商的根本。低挫折商的人，他们不仅没法超越挫折，还会让挫折感泛化到生活的其他方面，最终把生活搞得一塌糊涂。相反，高挫折商的人会先将挫折感严格地控制在特定的挫折事件上，不让它对自己的其他方面产生大的影响，接着还可以超越挫折。

有网友曾在微博上分享过他自己的故事：

小时候家里破产，一向养尊处优的妈妈开了一家早餐店。冬天早起生火时，妈妈被火烧到了脸。真是祸不单行，但妈妈的内心仍然是坚定的。她总是在太阳下山后去买菜，说天黑就吓不到别人了。所幸后来她的伤好了。即便在最困难的时候，妈妈也总会说，她一定有办法。所以，我很小就知道，内心强大与否与财富无关。

挫折商高的人，即便灾难连连，也能看到生命中积极的部分，而没有被灾难产生的挫败感给击垮。

很多父母是相反的，他们不仅不能控制延伸，相反，他们就是制造延伸的源头。例如，一位妈妈发现儿子数学成绩不好，就给儿子报了一个补习班。儿子很累，有一天和妈妈商量，他可不可以不上数学补习班。妈妈说："可以，不过，数学上丢的分数，你要在你擅长的物理和化学上补回来。"

我对这位妈妈说："我可以推测，你儿子的物理和化学成绩后来下滑了。"她吃了一惊说："的确是，但你是怎么料到的？"我继续问她，她的这种手法有没有涉及儿子的所有科目。她想了想说是。

听她这么说，我接着说："我还可以预料，你儿子所有科目的成绩都会变差。"又被我说中了。这位妈妈的做法，实际上是在要挟孩子。结果把一件事情上的冲突和挫败，延伸到了其他领域，最终制造了严重的"污染"。

补充一下，Reach 的英文，翻译成"延伸"很直观，但也许更准确的翻译是"污染"。

耐力（Endurance）

斯托茨认为，耐力是挫折商最重要的因素。在计算挫折商时，他给出的公式是：

$$CORE = C+O+R+2E$$

其中，耐力的因素给了一倍的加权，可见他对耐力的重视。

斯托茨认为，高耐力是高挫折商的最明显特征，高挫折商的人会"把逆境以及导致逆境的原因看成是暂时的……这种态度将使你的经历更加丰富，更善于保持乐观主义精神，也增加了采取行动的可能"。

不过，斯托茨所说的耐力，并不是像老黄牛一样瞎忍受。他说，有些人因为怕得罪别人，所以习惯了忍受，这种忍耐力不是他说的耐力。

他认为，高挫折商的人的耐力，是富有智慧的忍耐，是基于洞察力、希望和乐观主义之上的。

例如，爱迪生为发明电池，经历了 17 000 次失败。他如此惊人的耐力，是和他对电池的理解有密切关系的。可以说，爱迪生知道，他自己已经掌握了发明电池的逻辑，只要不断地试错下去，就能找到对的路。

相反，低挫折商的人，即便在形势非常有利的时候，也会受不了看起来不利的消息，因此会过分担忧。最终产生"怎么做都没有用"的想法，于是容易放弃。

我们总讲格局。格局，就是一个人的自我所构成的内在空间。一个有着坚韧的内聚性自我的人才能承受巨大的压力。如果这个人同时还有开放的心态，能和事物的本质建立联结的话，那就更难得了。

保罗·斯托茨提出的"挫折商"是一个很好的概念，而他提炼出的关于挫折商的四个因素——控制、归因、延伸和耐力，也非常有说服力。不过，挫折商的内核，还是一个人的自我发展的成熟程度。

学习与转化

我有一篇传播很广的文章《如何一年圆北大梦》，讲的是我怎样用了一年半的时间，从全班第 29 名，最后考了第 1 名，然后考进了北京大学。

这段经历中有一个最关键的片段。那是离高考前 3 个月的一次模拟考试，我考了全班第 19 名，而此前的一次模拟考试，我也是考了第 19 名。但是，前一次考第 19 名，我没有慌，因为在我重点投入的科目上，我都考了非常好的成绩，我知道自己的努力是有效果的。可这一次考了第 19 名，除了化学，其他科目都没考好。

在这一年多的时间里，我非常努力，应该是班里非常勤奋的学生之一，可竟然考了这样一个成绩。这非常打击我，绝对是一次大挫败。

成绩发布下来的傍晚，我离开学校，到外面的田野里去散步。外面有麦田，不远处还有一段火车轨道。通常，我们几个好友会在吃过晚饭后，一起出去散散步、聊聊天。但那天太郁闷了，我想独自走走。

一边走一边思考的时候，我逐渐发现，事情不对！因为我的学习能力已经没什么好说的了。例如：语文，该背的、不该背的，我都背得滚瓜烂熟，我的水平绝对是"超纲"的，可我的语文考试成绩一般般；数理化，只有解数学难题的能力我不如我的同桌——他被视为我们班里最聪明的家伙，而解物理和化学难题的能力，我应该都是最强的；最夸张的是政治，我简直把整本书都背下来了，可竟然不及格，简直荒谬……为什么我的知识水平这么高，却考得这么差呢……

在不知不觉中，我走到了那段火车轨道边，一列火车轰隆隆地从我旁边飞速开了过去。因为思考得太投入了，我一开始没听到它的声音，于是吓了一大跳。而看着它奔驰的时候，我"电闪雷鸣"般地想到：火车的质量再好，也只有在火车轨道上才能跑得快，在旁边的公路上，它就跑不动；你的知识掌握得再好，也只有走上考试轨道才能取得好成绩。

有了这个领悟后，我果断决定，除了英语外，其他各科都停止这种重复学习。我相信，除了英语，其他科目的知识，我已经掌握得非常非常好了。接下来，我要思考的是，怎样才能使每一科都走上它的"考试轨道"。

那一段时间，我每天都写日记，内容几乎全是思考该怎样考试。并且，一旦想到方法就立即自己做模拟题进行检测，发现不对就立即调整。

好像用了差不多两个星期，我对每个科目该怎样考试都有了很多思考。大大小小的考试方法，我找到了足足有几十条。

再接下来，我用我想到的考试方法，把每一科的知识点给梳理了一遍。

这种工作的效果远远超出了我的想象，在离高考还有19天的最后一次模拟考试中，我的语文、政治和生物都考了全年级第一名，总成绩名列全班第一。这是我高中三年第一次进全班前10名，之前最好的成绩是全班第11名。高考时，我的成绩也是全班第一，就此考上了北京大学。

在这些考试方法中，有很多小的考试技巧，也有一个关键的考试原则——"站在考官的角度看考试"。

之所以能形成这个原则，是因为我观察自己时发现，我对想象中的考官充满了敌意，我觉得考官是故意来为难我的。

这有一定的现实性，我作为理科生，当时要考 7 科，而政治多项选择题占了政治约三分之一的分数，而每一道题的选择，你选多了没分，选少了也没分。我之前那次没及格，就是因为多项选择题丢分太多。

怎样解决这个问题？考官为什么这么出题……思考中，我的脑海里突然跳出了一句话："不要站在学生的角度上看考试，要站在考官的角度上看考试。"

有了这个意识后，我重新看每一个知识点时都会想：如果我是出题人，该怎样出题？特别是政治多项选择题，能够感受到出题人是严格还是宽松，从而决定在做选择题时标准严格些还是宽松点儿。

这个意识也让我形成了一些具体的考试技巧，例如政治论述题，老师教的考试技巧是：尽可能多写，多涵盖知识点。但是，我一站在考官的角度上，就想到，哪个考官愿意读这种答案？我断定老师教的是一种普通的考试技巧，针对的是那些没掌握好知识的学生，而更高级的考试技巧是：用清晰的逻辑结构、简练的语言把论述题的答案写成一篇篇小作文，让考官读起来感到舒服。

这收到了奇效。最后一次模拟考试，我政治考了 83 分，竟然提高了 30 多分，并且是我所在的省重点高中第一名。高考时，我考了 80 分，是第二名。要知道，我 3 个月前的分数是不及格的。

这个故事呈现了我在考试方面的高挫折商，虽然有了很大挫败，可我还有一定的控制感，同时没有"污染"发生，而且做了正确归因："我的知识没问题，我主要是不会考试。"然后就有了耐力，最终战胜了挫败。特别是，这次挫败，直接让我形成了"考试轨道论"，所以实际上，我是有了巨大的转化发生。

那么，这个转化是如何发生的呢？在重新思考我的这个故事时，我想，在这个转化中，是有这样一个逻辑结构的：

首先，我有一个一定容量和韧劲儿的自我；

其次，挫败入侵我的自我，这个挫败对于我而言，就是死能量；

再次，我的自我面临着瓦解的危险，即自我有被这个死能量给"污染"，以至于被"杀死"的危险；

从次，我没有排斥这股死能量，反而将其吸纳进来，然后用我的自我 1 和自我 2 去消化这股死能量；

最后，我的自我 1 和自我 2 兜住了这股能量，并且，因为有了智慧发生，这股死能量转变成了生能量。

最终，我变得更加强大。

所以，这像是驯服一匹野马的过程，要么我被野马击败甚至杀死，要么我把野马驯服了，最终可以使用它的这股能量，甚至人马合一。也许，大多数从挫败到强大的例子，都有这个基本逻辑：一股被你的自我感知为死能量的挫败感袭来，你正视它、吸纳它、容纳它、消化它，最终把它转变成可以被你的自我所掌控的生能量。

在这个转化的过程中，智慧是看得见的，并且它像是发生在自我 1 的层面，但其实自我 2 作为一个容器的坚韧度更为关键，因为你的智慧要在自我 2 不瓦解的状态下才能发挥作用。

给你的自我腾挪出空间

在影视剧中，经常演绎这样的画面：两个人在厮杀，水平相当，甚至反角能力更高一筹，但主角突然灵机一动，发现周围有东西可以使用，然后出奇招击败反角。

例如在电影《杀死比尔》中，女主角在日本和一个高中生模样的女杀手较量，明显实力不济，被女杀手的流星锤缠住了脖子，陷入绝境。但在就要被杀死的时候，她突然看到旁边有一个带钉子的木板，立即拿它杀死了女杀手。

这种影视剧中刻画的画面，是仅仅出于"主角光环效应"，还是真有一些深刻的道理呢？

我觉得两者都有，同时倾向于后者。

在广州日报社写"心理专栏"时，我采访过多位高考状元和他们的老师。在交流时，听到我的"考试轨道论"，他们惊讶的不是我的顿悟，而是我能在离高考还有 3 个月时，竟然自主选择不复习，而把时间基本都放到了研究考试方法上。

他们说，也有一些学生有和我类似的发现，但高考冲刺阶段，压力太大，他们不敢去做这种看起来别具一格的选择。

可以说，这和电影《杀死比尔》中刻画的那一幕是有相似之处的：在巨大的压力之下，高挫折商的人，或者准确地说，有坚韧自我的人，他们的自我能对抗这个巨大的压力，从而为自己的心智保持了一些空间。然后，心智可以比较好地去运作，不仅发现了机会，还可能立即抓住。

相反，自我不够坚韧的人，在巨大的压力下，自我岌岌可危，有瓦解（即死亡焦虑）的可能。这时候，注意力就被死亡焦虑给抓住了。心理空间被死亡焦虑充满，就没法看到更多可能、做更好的选择了。

我有一个哥们儿，当时，他有一段超满意的恋情，觉得与女友的感情深到了血肉里。然而，当另一位女孩对他表达爱慕时，他虽然预料到一旦曝光，女友会极度受伤，并且铁定会和他分手，但他还是飞蛾扑火，一头扎到了三角恋的泥潭中。果然，女友知道后，坚决与他分手了。之后，他感觉失去了整个世界，与第三者的关系也索然无趣，走向了分手。我的这位朋友，童年极其孤独，四五岁起就常常离家，晚上睡在野地里，而家人竟然也任由他这么做。这样长大的人，不可能会形成内聚性自我。

正常人在恋爱中，能发起有组织的行为。他们不会只看到眼前的一步乃至几步的局部，而会看到一个整体。相反，像我这位朋友，他追逐爱时，就像饿坏了，只要眼前有一点儿肉，就会扑上去，而不管背后还有什么。同样，当遇到危机时，他的心理空间让他只能处理一两步的问题。

一名叫杨明的软件工程师可能也是如此。他要买房子，还差 17 万元首付，于是在北京抢了银行。

要说明的是，杨明和我的这个哥们儿都受过高等教育。托高等教育的福，杨明找到了一份不错的工作，但一受挫，就辞职了。几次辞职后，他最终沦为无业人员。后来，别人给他介绍了一个女孩。女孩条件很好，他很喜欢，于是骗女孩说自己在工作。

后来，到了要谈婚论嫁时，女孩谈到了买房子。两人凑了钱，还是不够。不够，他就想到了抢银行。抢银行时，他就带了一把刀子进去，而他身材不高大，被银行员工轻松地用凳子制服了。

看到他抢银行时的幼稚行为，我想出了一句有些恶毒的话："他的自我，都不能为智商腾挪出一个空间来？"

虽然我们谈的是提升挫折商，但最终发现，写的还是如何拥有一个坚韧的内聚性自我。对此，我做一下总结：

（1）要有时间感和空间感，知道此时此刻的事情不能实现，但可以随着时间的累积和空间的变换而增大实现的可能性。

（2）要从整体的角度看问题，对事不对人，知道一部分的挫败只是一部分的挫败，而不是整体都被毁坏了。

（3）不管是做内归因还是外归因，都要注意，不要做严重的自我攻击。当发现有自我攻击出现后，要用各种方法安抚自己，先安抚了挫败感带来的羞耻感，然后才能很好地做归因。

（4）特别重要的一点是，要寻求人际关系的支持。每个人的自我空间与坚韧度都有局限，当觉得难以承受时，寻找人际的支持很重要。寻找支持和安抚，实际上是当挫败感中的死能量要压倒自己时，要去寻找他人的生能量。

（5）坚韧自我的形成过程，是在得到人际支持的同时，不断化解挫败感，并将其转化成自我力量的过程。

愿你能有坚韧的自我，做你自己生命的主人。

互动：内聚性自我如何形成

"内聚性自我"，它的英文是 Cohesive Self，这是美国心理学家科胡特提出的概念。所谓"内聚性"，意思就是你的自我有一种向心力，可以保证心灵的各种组成部分向内聚合，而构成一个整体。科胡特有这样一句描绘："在情绪的惊涛骇浪中，有一个内聚性自我稳稳地在那里。"意思就是，当一个人形成了内聚性自我后，就可以经受情绪"惊涛骇浪"一般的拍打了。

在内聚性自我形成前，一个人就像是环境的响应器，对别人的评价超在意，而努力调整自己，以争取做到环境认同的最好。形成内聚性自我后，你仍然会对环境敏感，环境的变化会激发你的反应，但难以动摇你的根基。由此，你就有了从环境中跳出来观察的能力。

内聚性自我是怎样形成的呢？它必须建立在"我是好的"这种感觉上。这种自恋感是一种内聚力，可以将你关于自我的各种素材整合在一起。

我曾在微博上发了一句话："你事情做不好，都不是因为，你不好。"这个简单的句子，"击中"了很多人，大家纷纷感慨这句话中包含的感觉，在各种环境中太难得到了。这其实是高挫折商的精髓。

Q：**内部评价体系的人一般都有高挫折商，而外部评价体系的人的挫折商会因周围环境的影响而变化吗？**

A：内部评价体系的人，无论在什么环境下都有高挫折商，但环境的好坏也会对一个人构成巨大的影响。在宽松的环境下，个人就有了更大的试错空间，在严苛的环境下这个试错空间被严重压缩，甚至没有了。

对挫折商低的人而言，当遇到挫折后，去寻找能支持自己的人，这就是去寻找外部环境的支持。但如果外部环境中都是苛刻的人，那还不如憋在心里。

这可以解释为什么很多孩子在学校里被霸凌，回家却不会对父母说。因为说给父母听，常常意味着他们会遭遇父母的攻击，所以不如不说。

Q：**有没有这样的可能，一个人在某些事情上的挫折商高，却在某个特定类型的事情上挫折商低？**

A：人极少可能是全才，对于绝大多数人而言，都是有一个或一些自己擅长的通道。在这些通道上，自己的生命能量得到了足够锤炼，因而具有高挫折商。所以相对而言，人都是在某些维度上有高挫折商，有些维度差一

些。例如对我而言，我是"考试机器"，这方面我的挫折商很高，但在人际关系上，我的挫折商就低很多。

同时，如果一个人形成了内聚性自我，那这个人的高挫折商就会波及他生命中的每一方面。从这个角度来讲，高挫折商的人可能在每一方面的挫折商都高于低挫折商的人，只是在不同方面，他会有挫折商高低的区别。

创造与枯竭

如何让自己不处于人生或职业的枯竭中呢？答案是，让你的生命一直有创造的感觉。

枯竭，是死能量；创造，是生能量。

创造和枯竭是如何转化的？相信无数人有这种经验：一件你很热爱的事一旦变成一份正式工作或正规学习后，你就逐渐失去了热情。为什么会这样？因为你找不到创造的感觉了。但深层上，你之所以找不到创造的感觉，是因为你在这件事上失去了话语权。

所以实质上，要想拥有一个持续创造的人生，你先要拥有一个你说了算的人生。

> 我们的身体在酒桶里发酵。
>
> 我们倒给万物各一杯这个酒。
>
> 我们也给我们的心灵啜饮一口。
>
> ——鲁米

男人的中年危机

一天，一位朋友到访。聊得尽兴，他说干脆不走了，半夜我们继续聊。半夜，我们再聊，他被触动，突然开始流泪。有一种巨大的悲伤弥散开来，我深深地感知到了这一点，知道这是一种极深的空虚感。这位朋友比我年长，他那时已进入中年了。表面上，他活得还不错，但他却总觉得心里发慌，有一种深入骨髓的发虚的感觉。

为什么会这样？这一晚的深聊，最终碰触到了根本：他深深地觉得，自己这辈子好像没有做什么真正有意义的事，做的所有事都像是浮在水面上。对他的这种感觉，我也有一定感知。我的这位朋友做什么事，好像都不能直奔主题、直击要害，他很容易绕、很容易纠结。虽然他做事非常积极，绝对是个勤奋的人，但因为总是抓不住实在之物，结果，这半辈子虽然过上了还不错的中产阶级生活，可这种要命的空虚感深深地折磨着他。

和他的这次深聊让我想到，也许男人的中年危机是这样的：男人也得生一个"孩子"，如果没生，或者这个"孩子"的质量很差，就会有严重的中年危机。这是一种比喻，男人要生的这个"孩子"，可以是作品，可以是事业。例如，我出了十几本书了，出书算是"男人生孩子"的一种。

出书的确是一种很有诱惑力的事情，我见过很多人，自己掏钱出书，如出一本诗集，虽然一本都卖不出去，但送给朋友，也很有面子。我的另一位朋友，在我看来，他这辈子过得很潇洒、很有女人缘，也挣了不少钱，但他却对学术研究一直非常上心，然后在中年晚期（快60岁时），出了一本非常特别的书——在一个特别的领域非常有原创性。可是，这个领域太狭窄了一些，这份原创性并不能给他的书带来影响。但是，他自己非常得意，觉得自己出了一本超有价值的书。他谈起自己书的那份自豪感，和女人谈起自己喜欢的孩子时的那份自豪感很像。

美国著名的存在主义心理学家欧文·亚隆说，每个人都要直面人生的五个根本命题：死亡、孤独感、自由、责任和生命的意义。亚隆提出了一个很常见也很有意思的解释，他说，对抗死亡的一个重要办法，是影响力。如果一个人虽然死去，但他对这个世界还存留着影响力，那么就意味着，他仍然存在着。

男人要"生一个孩子"，并且"这个孩子"能茁壮成长，然后在自己死去后，自己的"孩子"仍然能影响着这个世界。在亚隆看来，这是免除死亡带来的虚无感的一种重要方式，甚至是根本方式。

我的理解是，人必须真实地活着。唯有真实，才能碰触到存在。真实不虚，很需要勇气，但这种真实会带给你充实感。带着满满的充实感活着的男人，或许可以免于中年危机，乃至最终的死亡焦虑。

王阳明所说的"此心光明"，意思或许是，他的生命能量彻底被看见了，因而是全然的光明。如果你想进入这种光明，就要真实地活着，那么自动就会有所谓的"创造力"。因为真实活着的人，就是在碰触存在之水流，甚至直接和存在之水流在一起。

如果活得不真实，你就会有深刻的虚无感，并且总想把那些虚假毁掉。这是因为，你那些没有被看见的生命能量变成了毁灭欲。

一位女士，她人很美，工作和家庭背景都非常好，而她先生非要和她离婚，去找一位条件远不如她的女人。她先生坚定地提离婚，是住了两年监狱后，一出狱就向她提出来的。她的家人和朋友觉得她先生一定是有一些不可告人的阴谋在，而她也觉得他们说得很有道理。他们分析出来的阴谋有很多种可能，但这位女士只能找到蛛丝马迹，因此整天都在脑补，结果活得很累。

我问这位女士："如果你问自己的感觉，你认为你先生为什么提离婚，特别是他跟你说过让你印象特别深刻的话吗？"她想了想说，她先生对她说的一段话让她印象无比深刻。他说："我在监狱里反思人生，发现最后悔的不是住进监狱，而是我这一生就是活给父母看的，我从没有按照我的意愿去活。之所以和你结婚，也是因为我父母最喜欢你。所以，我发誓以后要为自己而活。很抱歉，你什么都没做错，但我必须这么做。"

这位女士说，先生说这番话时无比真诚，并且直击她的内心，因为她觉得自己也是这么活的，因而内心也有一份说不出的哀伤。

我再问她："只凭你的感觉来判断，你认为你先生这番话中的理由，占了离婚原因的多大比重？"她脱口而出："八成！"

中年危机和老人的死亡焦虑很像。饱满地活了一生的老人，是相对比较能够坦然面对死亡的，而虚度了一生的人会特别怕死。

男人的中年危机是，当发现自己的身体开始走下坡路，而时间又变得开始紧张时，过得不够充实的男人，就会担心自己这辈子荒废了，并且很有可能没机会弥补了，因此有了严重的危机感。当生命被死能量彻底吞噬前，我是否饱满地体验了生能量？如果饱满地体验过，特别是体验过死能量转化为生能量的人，也许会体验到所谓"死能量"和"生能量"在本质上是一回事。所以，生命归于死亡，被死能量吞噬也不是一件多么可怕的事。这时，就可以像加拿大音乐家莱昂纳德·科恩一样，在他的歌曲 *You Want It Darker* 中那样的吟唱了：

You want it darker

Hineni hineni

Hineni hineni

I'm ready, my lord

真实地按照你的生命感觉活着，这就是一种最具有个性化的活法。当你这样活着的时候，你就是在创造专属于你自己的生命，这是一切创造力的源头。没有这种感觉，你最多会是一种非常有价值的工具，而谈不上创造力。

有股活力、生命力、能量由你而实现，从古至今只有一个你，这份表达独一无二。如果你卡住了，它便失去了，再也无法以其他方式存在了。世界会失去它。它有多好或与他人比起来如何，与你无关，保持通道开放才是你的事。

创造力不仅是你要去创造一个具有创造力的外在之物，还是你是否创造了属于你自己的生活。如果没有创造力，你的生命就是一种虚度。

疾病的隐喻

多年前，罗伯特·迪尔茨的妈妈的乳腺癌复发，病情非常严重。医生们甚至对他妈妈说："你这已经是癌症晚期了，只有几个月可以活了。"

真的一定会这样吗？那时才二十多岁的迪尔茨想，也许他总结的"迪士尼的策略"可以帮到妈妈，于是他亲自给妈妈做辅导。他先问妈妈："你的梦想是什么？"

妈妈回答说："我没有梦想了，因为我没有时间了，那些梦想实现不了了。"

根据"爱因斯坦的策略"，如果一个人连可视觉化的梦想都没有了，那就只剩下绝望了。这时候，任何人都帮不了他。所以，迪尔茨知道，他首先要唤醒妈妈的梦想。于是，他继续问妈妈："如果有，那会是什么？"这样问，实际上是给对方的梦想一个单独的空间，她都根本不用去思考梦想是否能实现、是否会被批评攻击，她只需大胆地去让梦想涌出即可。

听到儿子这样问，她想到了一个梦想。她说，她生命中有一个重要使命没有完成，她渴望完成它。

这样一来，梦想是生出来的，并且不是头脑的一个想象，而是发自她心灵深处的声音，这种梦想会非常有生命力。

可是，一旦走到"现实主义者"的位置时，她就会停在那儿，她形成不了计划。因为她说，以前病到这种地步的人都死了，她只有几个月的时间，在病得这么重的情况下，她不可能构思一个可行计划，去实现她的梦想。

在无数人看来，这像是确定无疑的事实，但是，这其实仍然是人类的一个限制性的信念，并不一定是真理。

迪尔茨知道，妈妈被医生"催眠"了，他需要打破妈妈的这个限制性信念。于是，他问妈妈："一定会这样吗？你生活中有没有这样的例子，本来以为只会有一种结果，但最后却发现其他结果也可以实现？"

这个问法打破了妈妈思维中的限制，她想到了好几个例子：一个是迪尔茨的大哥，他小时候被诊断为肌肉萎缩，最后发现不是真的；一个是迪尔茨的爸爸，他得了绝症，医生说他只能活6个月，但他改变了生活习惯，最终又活了16年。还有迪尔茨的外婆，她怀着迪尔茨的妈妈时，医生说她生殖系统有问题，不要勉强自己生孩子，否则她和孩子都会死。可是，外婆太想要孩子了，她决定试一试，最终顺利地生下了迪尔茨的妈妈，后来又生了三个孩子。

通过这些回忆，迪尔茨妈妈的想象力的疆域打开了。她不再认为等死是唯一的结果，她相信还有可能继续活下去，并实现她的那个梦想，而她也围绕着自己的梦想制订了一个可行的计划……最后，她痊愈了，又活了18年。

后来，她常说："我有两次生命，第一次是发病前，第二次是发病后。得癌症是我生命中最糟糕的事，也是我生命中最棒的事。"这是一次罕见的转化——最糟糕状态向最佳状态的转化。

迪尔茨妈妈的这个故事，也许很多朋友会觉得不可思议。2008年，我在听到这个故事时也觉得太过于神奇。但后来，我采访过多位出现了一些奇迹的癌症患者，他们在癌症治疗中，都有了心灵上的重大转变。同时，他们也在积极地接受医学治疗。

这种事情还发生在我最好的一位朋友身上。她陷入糟糕的婚姻中，想离又离不了，这样过了七八年。后来，她发现自己得了癌症后，立即下定决心，把婚离了，然后积极治疗、积极调整心态，后来痊愈了。

当年课后，我采访了迪尔茨，问他为什么那次练习会对他妈妈起到这么大的作用。我们得知道，一个人的想象，创造了他的现实。

我接着问："如果你的妈妈只是想，一定要活下去，这就会实现吗？"

迪尔茨说，他认为，如果这是自我（即自我1）的需要，那就是从死亡焦虑而发的需要。那么，这一奇迹就不会发生。同样，如果他给妈妈做辅导时，也是从自我层面上说"我不想妈妈死，我一定要妈妈活下来"，那么这一奇迹也不会发生。关键是进入心灵深处，去看一看到底是什么卡住了。

他说："首先把'我'放在一边，把那些'我想要'的想法放到一边，记住莫扎特的那句话，'我真的从不曾追求创意，音乐不是由我而来，音乐是透过我而来'。"

迪尔茨说，当妈妈多活了10年时，他带妈妈去检查身体，妈妈完全健康，锁骨上的瘤没了，用X光都看不出问题。那一刻，他突然意识到："一个不可能的梦实现了。"那一刻，他充满了感恩。

这件事让他对生命有了很多思考。他想到，疾病的英文单词"disease"直译的意思就是"不自在"，这可以理解为，有些疾病是"内在的不自在"的一种反应。

我们多次讲过躯体化的概念，而迪尔茨把这个概念放得更大。他说："每一种疾病都是一种表达，当我们压抑一些东西，不允许它在意识层面表达时，它会

通过身体来表达，这就是身体的疾病。可以说，每一种症状都是一部分自我在说
'不'，但我们不倾听这种信息，最终它不得不通过破坏性的方式来表达。"

迪尔茨说，他妈妈的这一对矛盾，也是我们每个人的矛盾。生命用各种方式
不断地呼唤我们。聆听并尊重你的内在心灵，在这个地方，你是和整个存在联结
在一起的。所谓"疗愈"，所谓"创造力"，都来自这个地方。

职业枯竭

有一次，和一位专业摄影师聊天。上学时，他迷上了摄影。毕业后，他如愿
以偿地进入了一家大公司做专业摄影师。但工作了十几年后，他基本失去了对摄
影的热情。之所以还继续做摄影师，只是因为"它是一份还不错的工作，可以养
家糊口"。

这位摄影师身上发生的事情，可以称为"职业枯竭"。

美国心理学家贝弗利·波特说，典型的职业枯竭是，你有工作能力，但却丧
失了工作动力。它常见的表现包括：觉得工作索然无味，毫无意义；觉得自己筋
疲力尽，已经油尽灯枯；厌倦工作，缺乏明天去工作的动力……

波特将职业枯竭称为"职业抑郁"，因为和抑郁症患者一样，陷入职业枯竭的
人会有深深的无助感。

他认为，导致职业枯竭的原因可以归为两类：无助感和习惯化。无助感就是，
一个人觉得丧失了对自己工作的掌控感，觉得是领导、对手或其他外界因素控制
了自己的工作进程和收益，从而失去了工作的动力。习惯化，即一个人日复一日
地重复同样的工作程序，最终被厌倦击倒。

波特说的无助感的问题，其实就是我在《空间：维护你的权力空间》中讲过
的权力空间问题。当一个人彻底失去了权力空间，在工作中沦为其他人意志的执
行者时，就会彻底失去热情和创造力。并且，他的工作热情并不是"消失"了，
而是转变成了对自己的攻击。本来的白色生命力变成了黑色生命力，生本能变成
了死本能。

一位男士进入了深圳的一家港资企业，做机床的销售工作。他的能力出类拔萃，第一年就成为公司的销售冠军，第二年仍然保住了这一桂冠。收入很高，老板也器重他。然而，他却陷入了职业枯竭状态，越来越不愿意上班，不愿意出差去全国推销产品。出差回来会想尽办法不回单位，回了单位也很不愿意见老板。

为什么会这样？这位男士很清楚，是老板太"霸气"了。老板不仅制定一切销售战略，也过问一切销售细节。他精力充沛，每时每刻都在工作、都在指挥，这位男士觉得自己只是老板的一枚棋子。最终，虽然收入不错，但这位男士还是提出了辞职。

波特说，在一家公司里，完全没有个人意志的员工和"行走的棺材"没有什么两样。在成为"行走的棺材"前，枯竭者和上司们进行过各种抗争。但抗争一次次失败，本来很积极的人也会陷入"习得性无助感"中：无论我怎么做，都是没有用的。一旦有了这个意识，员工就会觉得，无论自己怎么争取，都无济于事，干脆不如什么都不做。什么都不做，是一种消极自由，是一个人在彻底失去权力空间时，对自己做的一种保护。在有选择空间的情况下，一个人不必让自己陷入这种状态。

我想到我的多位来访者和朋友。作为成年人，他们貌似没有任何爱好和特长，但回忆中，他们分明记得自己对很多事情上过心，但是都被控制欲过强的父母给破坏了。

例如我的一个朋友，她爱好弹钢琴，结果妈妈就督促她弹钢琴，总拿着一根鸡毛掸子坐在旁边。如果她弹不好，妈妈就打她一下。妈妈还制定了严苛的时间表，最终她对钢琴彻底失去了兴趣。

她还曾喜欢过跳舞，妈妈给她报了兴趣班，同样严格地督促她。最终，她也失去了跳舞的热情。

并且，整体上，在父母严苛的管控下训练出的孩子，很难具备天才级别的创造力，因为父母的入侵会激发孩子的反弹。结果，孩子会在自我1中构建自我保护之墙。而且，孩子的太多能量会被损耗在和父母的对抗中，于是不能体会到自己的能量。当他们忠于自己的内心时，会发现内在有一条通道，是通往更大的存在的。

我认为，这样的孩子，难以体会到约翰·列侬的那种感觉：

　　真正的音乐，是来自宇宙的音乐，是超越人们理解的音乐。当它们
走到我心中的时候，它们与我本人无关，因为我仅仅是一条通道。

　　并且，当你无法体会到这种感觉时，你就容易陷入职业枯竭的第二个原
因——重复导致的厌倦中。

　　波特认为，当工作陷入简单的重复中时，职业枯竭也容易产生，因为这会导
致厌倦。

　　各种事情带来的刺激度，都是初次刺激的兴奋度最高，以后兴奋度会下降。
如果后来陷入了简单的重复中，那会带来厌倦。例如，高考前的复习，如果次数
太多，就会带来厌倦。但是，如果你能因为重复学习，而不断地和一件事情建立
更深的关系，你就会体验到相反的感觉，你会产生心流。

　　我读过美国著名风光摄影师亚当斯的一本传记，书中有非常好的一句话：

　　一个人在自己天赋的指引下，兴趣、工作、生活、理想都结合到一
起，发光、发热，照亮和温暖别人……

　　能这样做的人，基本都不会有职业枯竭这回事，因为他会一直处于创造的热
情之中。

互动：胃部的隐喻

Q：**胃胀有什么隐喻吗？胃胀已两年有余，没有反酸、嗳气、打嗝等常见症
状，我的典型症状就是胀气，压力大的时候感觉更明显。因为长期看医生、吃
药，效果不明显，所以今天被安排住了院。如何觉知身体疾病暗藏的心理逻辑？**

　　A：首先，我要强调一下，大家身体上遇到问题，还是先要到医院去做检

查，这是最通常，也是最靠谱的做法。在这个基础之上，我们再试着做一些其他方面的工作。在心理层面，胃有一个基本隐喻。胃，就是生命最初，把妈妈的乳汁这个最原始的食物吞进去的地方。这是胃部很多问题心理隐喻的基础。

无论在理论上还是在心理咨询的实践中，我都注意到，围绕着胃，有一个基本的问题：你最初吃进去的食物，是滋养性的，还是"毒药"？或者说，这两者的成分各占多少？

在什么情况下，婴儿会把吃进去的乳汁或食物感知为滋养性的，什么时候会感知为"有毒"的呢？这有一个最常见的基本矛盾：如果喂养时，是围绕着婴儿的需求而进行的，那就是滋养性的；如果喂养时，是违背了婴儿的需求，例如有严重的不满足，或者严重的逼迫，那婴儿就会觉得这份食物自己不得不吃，这种被逼迫的感觉就会体验到"有毒"。

所谓"有毒"，就是婴儿觉得，养育者对他有恨意。同时，他也因为被逼迫而对养育者产生了恨意。

一份有恨意（即"有毒"）的食物进入胃里，那胃会对它产生抵触和排斥，因此会造成消化问题。比如，你说，感觉压力大时，就容易有胃胀，那么可以猜测，所谓"压力大时"，就是你有了被入侵的体验时。

我做咨询和调查后发现，父母和老人逼迫孩子吃东西的现象简直是太常见了，因此而引起消化问题也就不难理解了。

Q：什么是真实地活着和活过？

A：真实地活着的对立面，是抽象地活着。真实地活着，是拿自己的血肉之躯和其他真实的存在（特别是人）去碰撞、去接触、去感知、去爱和恨。抽象地活着，是躲开了肉身，为了防止产生真实的疼痛，让自己躲在头脑的世界里。

真实地活着，是去爱、去恨，去碰触真实而完整的你。抽象地活着，是不去爱、不去恨，不去了解具有丰富、细腻的真情实感的你。

Q：**若是想要创造属于自己的生活，做一个有价值的人，是不是要经过一段不可避免的没有价值感的生活呢？比如生活所迫，做自己不喜欢的工作？**

A：有价值的和有意义的，常常是两回事。所谓"有价值"，是在别人和社会看起来有价值，而有意义，是聆听自己内心的声音，去和一个存在建立关系。这样一来，你是真实的——因为你尊重了自己内在的声音，而另一个存在也是真实的，所以这个关系是真实的，也因此就有了意义。

如果没有真实的自己，那么即便获得了外在价值，仍然会没有真实的感觉。

以我所见，一般来说，总觉得被生活所迫的人，实际上像是永远都活在这种感觉中。他们所想象的自由，甚至永远不会到来，除非他们开始这样做。

不过，我必须自我保护一下，我这样说，可不是在怂恿你随意做决定。这是你自己的人生。

第四章　现实

单纯

多年前，我写过一篇小文《论单纯》，把单纯说成了一种至高的境界：

单纯不是幼稚，单纯不是简单。

单纯是心性的纯净，单纯的人有一颗晶莹剔透的水晶心。

因这水晶心，世事和万物无所遁形。

……

单纯宛若一面最光滑的镜子，可以映照出万物的真相；

单纯宛若一个最神奇的筛子，可以把杂质去除，只留下那最实质的

内容。

你若明白这一点，你就会懂得——

单纯是种子，灵性和智慧则是果实。

这篇小文是想说，最单纯的人，往往恰恰是那种阅历最丰富的人。一切都是投射，我这应该是在夸自己，因为我一直活得非常简单。然而，慢慢活得复杂起来以后，我才越来越觉得，我是把单纯说得太美了。

也许从根本的道理来讲，单纯真是这么美。先从简单到复杂，再从复杂归于单纯，或纯粹，这是一条很对的路。然而，我们文化中经常描绘的单纯，可能有着很复杂的含义。例如，单纯很可能是，你不敢展开你的生命。

这样说，还是有些绕，更直接的说法是，太单纯，很可能是你阉割了自己的

欲望，特别是竞争欲。

太多人都爱一张单纯的脸，因为这意味着好控制。可同时，也有人很会以一张单纯的脸反过来控制你。越单纯，越复杂。单纯，必然是一件极其复杂的事。你遇到过的复杂的单纯是什么？就是你以为一个人或一件事很单纯，但后来却发现其非常复杂。

单纯有着极深的含义，复杂的单纯并不能否定这一点。

> 有千百种酒，
> 可以让我们心醉神迷。
> 但不要以为
> 每一种狂喜都一模一样！
> 任何酒都可以让人兴致昂扬。
> 像个国王一样细心判断，选择最清纯的
> 没有掺杂恐惧和物质需要在其中的酒。
> 啜饮那可以感动你的酒，
> 啜饮那可以让你
> 像头无拘无束的骆驼那样信步缓行的酒。
>
> ——鲁米

越简单，越复杂

一位女士，她高学历，工作也非常好，堪称精英。她看上去非常单纯，好像脸上刻着"我很简单"这四个字。有意思的是，她总是喜欢上复杂而危险的男人。并且，她还混进了一个比较有社会地位的人的小圈子。整体上，她给我的感觉是，这就像是一个傻傻的女孩，憨笑着在一群有野心、有阴谋也有权力的男人堆里穿行着。

还好，她真的是简单，她就是对这些危险的男人好奇，她自己丝毫没有野心和心机。而且，这个小圈子里的关键人物对她如此单纯也起了恻隐之心，对她有保护，所以她还算安全。

在探讨为什么会被复杂而危险的男人吸引时，她说，她知道自己太简单，自己的父母也太简单。实际上，这份简单是一种软弱，所以她对复杂背后的力量非常感兴趣。可以说，作为最不懂权力游戏的女人，她对有权力的男人最感兴趣。

另一位女士也有类似的情况。只是，她没有频繁地和危险男人打交道。作为一个超级讲道德的女人，她嫁给了一个简直不知道德为何物的男人。在这个关系中，她一再感知到自己被剥削、被利用、被无情地使用，而这的确不是想象与感知，这是真的，有大量的证据。当看得越来越清楚时，她决定离婚。然而，离开她丈夫的过程非常艰难。她一开始觉得，是丈夫不想和她离婚，最终却发现是自己不想离婚。

在咨询中，我问她："为什么会对这个男人感兴趣？"她一开始给出的答案是，她急着嫁人。这是一个简单的答案。后来，她给出了复杂的答案。她说，在还是一个少女的时候，她就想过，她的父母太简单、格局太小，她也一样。他们一家三口都活得像傻子一样，她想找一个聪明人。

这两位女士的故事是同一个类型——最简单的女人选择了最复杂的男人，并且她们是有明确的主观意识的。而之所以做这样的选择，是因为她们意识到，她们和父母的那种简单是一种自体的虚弱。所以，她们想找复杂的男人，因为在她们看来，那份复杂意味着力量。

这些男人用复杂来形容并不准确，更准确的表达是狡猾而无情。他们首先将这份混合了狡猾和无情的复杂用到了伴侣关系中，所以，第二个女人作为一个最简单的人，却选择了最复杂的男人做伴侣，那很容易付出可怕的代价。

从另一个角度来讲，这样的选择非常常见。这像是一种很难抗拒的选择，也是简单且自体虚弱的人走上复杂并增强自体的一条常规之路。世界是相反的，当你看到了 A，也就意味着你看到了 –A。从这两位女士的故事中，你可以看到这条规律在发挥着作用。

男性同样存在简单。王小波在他的小说和杂文中都讲过，我们社会特别崇尚"憨儿"现象。就是一个小伙子，最好是身强力壮，一脑子道德观念，但头脑简单，一看到不道德的现象就上去打抱不平，特别是男女之事。

无数影视作品中都塑造过这样的"憨儿"形象。金庸先生塑造了很多这样的经典形象，如郭靖。电影《硬汉》中，刘烨饰演的也是一个超富有正义感的"憨儿"，他的脑子"坏"了，可身强力壮，拿着一杆红缨枪到处打抱不平。

"憨儿"，是一种极为简单的活法。在这种活法中，自己不纠结。很多人不喜欢纠结、不喜欢矛盾，所以想找到最简单的活法，想抱着这些简单的原则活一辈子。但是，命运不会给人们这种好处，命运会给这样的人出最复杂的难题。通过这种难题，让这样的人醒过来，让他们明白这种活法的局限性。更可怕的是，作为一个简单的人，这种活法其实是你自己制造出来的。例如，那些复杂的人常常是简单的人主动邀请到自己生命中的。

从心理学的角度来看，一个在某一方面活得分数太高的人，其实是活在偏执、分裂的状态里。意识上，他在极致的 A 这一端；而潜意识里，他有极致的 -A。只是他将 -A 压抑得太深，甚至自己都完全不能将其展现在生活中，就好像他已经彻底把这一部分给切割掉了。这时候，他通过靠近意识层面就处于 -A 的人，通过与他们建立关系，而学习与人性的这一部分相处。

可以说，他的潜意识，通过这个人表达了出来。这样一来，他就有机会看到自己内心的这一部分。他必须整合这一部分，他的人性才算完整。最不考虑利益的人，会被最会考虑利益的人吸引；最忠诚的人，会被最容易背叛的人吸引；最没有欲望的人，会被欲望满满的人吸引；最无私的人，会被最自私的人吸引；最善良的人，会被最邪恶的人吸引……

追求人性完整的力量，要远胜过追求幸福、快乐的动力。生活，常常看起来很残酷。"憨儿"常常会被嘲弄，像郭靖这种傻小子，遇到黄蓉这种天仙一般的女孩的故事，在现实中并不常见。

残酷，也是人心的需要。如果不够痛，那些太过于执着的坚持就不会被击穿，而人就不会醒。

上面的这些表达，在一定程度上美化了简单，把简单的人说成是善良而正确的人。实际上，这种简单是一种强大的自我防御。这种防御的根本，是为了给自己一种很好的感觉：你看，我是一个这么有道德的人，我没有坏心眼儿，我是对的，我是好的。这种道德上的自我良好感，可以让他们回避自体虚弱所带来的糟糕感觉。并且，有意无意地，简单的好人生命中的其他人会被推向错的方向。于是，一个道德感太强的人身边，势必会有极不道德的人；一个太简单的人身边，势必会有非常复杂的人。

所以，活得太简单的人，需要看到自己这份对道德的自恋。并且要知道，去做一个真正对自己好，也对自己最重要的家人好的人，这要比抱着一些简单信条去生活难多了。

人性无比复杂，任何人都是，特别是你自己。所以，我们可以说："任何人都没有简单活着的福气。"

好人逃避了什么

好人，总是和坏人在一起。好人，难道仅仅就是在追求被虐吗？或者，只是为了追求虚幻的道德自恋感吗？当然不是。每个人的行为，都是在追求好处，问题仅仅是我们是否知道自己在追求什么好处。

好人无法拒绝坏人的盘剥，是因为，看起来很简单的拒绝行为背后，藏着让好人惧怕的东西。

好人和坏人在一起，首先有这样一些显而易见的好处：

第一，大家都同情好人。哪怕是不喜欢好人，并对好人敬而远之的人，也仍然会对好人报以同情。

第二，好人和旁观者都容易觉得，问题都出在坏人身上，好人与坏人关系中的所有问题都是坏人导致的。

好人、坏人与旁观者，就此组成了一个三元关系。好人在坏人那儿，丧失了很多利益与好处；而在旁观者那儿，以及好人自己心中，都有着一些同情分。如果旁观者足够庞大，那么好人还可能借旁观者的同情分将局面扳过来。

第三，好人还有一个通常意义上的好处——保持关系的继续。好人很担心一旦发起攻击，关系就会丧失，而自己就会陷入孤独中。

以上这些好处，都是很容易被分析出来的。除了这些好处，好人还有一个隐蔽的好处：借坏人来应对外部世界。

前文提到过，我将每个人的空间分成两个领域：以亲密关系为主的生活领域，核心规则是珍惜；以工作关系为主的社会领域，核心规则是权力。怎样才能在社会领域把握好权力规则？关键点是，如何表达你的力量（即攻击性）。一谈到权力，我们都容易觉得"暗黑"，那么，要把握好权力规则，对一般人而言，就意味着要进入"暗黑"的世界。这会让我们惧怕。

所以，很多人期待过简单的生活，彻底不理会权力规则，彻底不理会人性中的黑暗，而追求单纯的真、善、美。如果世界能这么简单就好了，如果就守着珍惜规则去处理一切人际关系就好了。但可惜，人没有简单活着的福分：首先，如果你只使用珍惜规则，而不使用权力规则，那么，你就很难在现实世界中生存；其次，即便在私人领域的最核心部分——亲密关系中，也仍然存在着"暗黑"的权力之争。

我的一个朋友，总想着靠一颗单纯、简单的心走遍世界。她的所作所为，总让我想到一个词——"天下无贼"。可是，她选了一个非常复杂、自私的丈夫，对她经常剥削和控制。这样的关系，看起来很危险，她有可能会被阴险、自私的配偶"活剥生吞"，但也有合理之处。这个善于使用权力规则的配偶，可以帮这个抱着天下无贼态度的人去对付现实世界中的各种"贼"。也可以说，这个回避了权力规则的人，要借助这个太想乃至太会使用权力规则的人来保护自己，并帮自己处理现实世界中的各种权力、利益关系。

相对而言，如果是好男人配一个坏女人，那么看上去并不是很协调。因为好男人会宅、会缩着，而不能像坏男人那样，有力地去应对复杂的权力关系。而坏女人去努力使用权力规则时，就总显得不协调。相反，如果是坏男人配一个好女人，那么就协调很多。男人像狮子一样去应对外部世界，强有力地使用权力规则，女人则在家中使用珍惜规则。这样的内外之分，就协调了很多。因此，很多女人理想的男人是"他一辈子傲慢不羁，但把所有的柔情都给了我"。不过问题是，权力规则和珍惜规则的平衡不好把握。一个太会使用权力规则的人，不仅进入了黑暗，也可能会被黑暗彻底侵蚀，于是变成对所有人都使用权力规则，对身边最不设防的那个人也不例外，甚至盘剥最严重。

只想使用珍惜规则的好人，找到太想乃至太会使用权力规则的坏人，就逃避了面对社会领域的种种焦虑。这些焦虑包括：第一，进入黑暗的焦虑；第二，弱小的焦虑。要想玩权力规则，就必须展现力量。而力量的展现，也需要一个很长的学习过程。如果你是一个胆小的人，来自一个整体上胆怯的家族，那么这份学习相当不容易。

展现力量即展现攻击性，胆小的人担心一展现攻击性，就会被强大的他人报复乃至灭掉。受这份恐惧的裹胁，干脆就只表现"善良"好了。但没有力量的这种善良，其实是讨好与顺从。讨好并顺从强大的他人，让他们不要攻击自己。所以，好人的好，既赢得了道德自恋和他人的同情，又借助坏人逃避了现实世界的压力，这真是有莫大的好处。

我的一个朋友，她的父母人都太好了，面对亲人的严重盘剥，不能做出有力而合理的防御措施。而我和她深谈这件事时，也很容易陷入僵局中，她觉得自己好像和父母一样，真是什么都做不了。

但每当谈到她父母对亲人可能有的恨意时，她都会产生一种莫名的恐惧，不是对外部的惧怕，而是对内在什么东西的惧怕。

我让她安静下来，去体会这种惧怕，她的惧怕一下子达到了顶点。她简直是实实在在地觉得，她身边有一个"鬼"出现了。这个恐怖的"鬼"，就是太好的好人心里的"怨恨"。

太好的好人，一直压制着怨恨。结果，怨恨只能在潜意识里，不能浮现在意识里。它的特征就是恨与攻击。并且，它无论是在梦中，还是在生活中出现，好人一开始都会觉得它来自外部，而且要攻击自己。但试着和它对话，就会发现，它来自内部，是好人一直屏蔽了的。

好人程度越严重，对怨恨的屏蔽时间越久，它的可怕程度就越重。而它一旦浮现，你对它的恐惧也就越重。这是超级好人们同样恐惧的部分。结果变成，越是好人，就越要使劲儿和这部分对抗，生怕它和自己融合。具体就表现为，超级好人们死活就是干不出坏事来，就是不能拒绝，不能保护自己的利益，也不能对坏人行使必要的报复，表达必要的恨。

对胆小的羞耻，和对怨恨上身的焦虑，在好人身上会同时存在，而且严重程度不相上下。好人如果不想再做滥好人，就需要去一点点学习如何合理地使用自己的攻击性。原始生命力都是带着攻击性的，而它之所以不能展开，就是因为有这样两种焦虑：第一种，担心一表达攻击性就会被报复，乃至被灭掉；第二种，担心表达攻击性时会伤害到所爱的人，而自己也变成了陷入黑暗而不能自拔的坏人。

弗洛伊德认为：性和攻击性是人类的两大动力。我也一再强调——把攻击性活出来吧，攻击性就是生命力。但你就是很难做到，这需要不断地练习。

一个孩子，最初展现他的攻击性时，也需要无数次练习。当体验到他不会被灭掉，也不会灭掉父母等所爱的人时，就能逐渐顺畅地、人性化地表达自己的攻击性了。

一个成年人也是如此，需要无数次练习。同时，需要觉知。觉知打开了对攻击性的封印，但真实的成长需要切实地练习。

输在起跑线上

一位女士，博士学位，在学校里教书，有一张很单纯的脸，她有一个近两周岁的男孩。她观察到，当姥姥带孩子一段时间后，孩子会变得内向、封闭，而且会出现各种问题。孩子的奶奶带孩子一段时间后，孩子会变得外向、开朗，也会更开心、活泼。

这个事实让她非常难受，因为她和婆婆的关系紧张，现在自己的妈妈一带孩子，孩子就出问题，而婆婆把孩子带得明显要好一些，这让她感到难堪。有一段时间，她想否认这个事实，但孩子的这种转变非常有规律，一跟姥姥就会内向，一跟奶奶就会外向，她不得不承认。

重要的是，她爱孩子，希望孩子能发展得更好，能得到更多的爱。于是，她最终全然承认了这个难堪的事实。她减少了自己妈妈带孩子的时间，甚至有意地少让妈妈过来。同时，承认婆婆的价值，也试着去修复和婆婆的关系，因为她不想让孩子处在一个分裂的三角关系中。

这位年轻的妈妈还观察到，在孩子一岁半前，姥姥和奶奶带孩子的差异并不大。这种差别，在孩子一岁半后显得越来越明显。在传统的定义中，孩子一岁半到三岁，是第一个叛逆期。这个阶段，孩子特别喜欢说"不""我来"。

所谓"叛逆"，其实是孩子想做自己，想按照自己的意愿去行动。这时候，如果大人利用他们的力量去压制孩子，那就会破坏孩子的自由意志。

不同的养育者，面对孩子的叛逆，会有不同的反应。这位妈妈观察到，奶奶和姥姥对孩子的叛逆都容易有不愉快产生，然后会用一些方式去压制孩子，但程度上有巨大的差异：姥姥会锲而不舍地一遍遍给孩子施加压力，或者直接粗暴地逼迫孩子按她的方式来；而奶奶没有这么执着，并且她会用有趣的方式诱惑孩子听自己的。此外，有很多时候，奶奶有一定的耐心，愿意等着孩子自己来。

这两种方式都称不上是"不含诱惑的深情"，但对孩子而言，他获得的空间是有巨大差别的。

比如，孩子想自己穿袜子，奶奶会接受，而姥姥会不耐烦甚至生气，有时会对孩子说"你看你笨的，你看你笨的"。更多时候，姥姥则干脆替孩子穿袜子。这时候，孩子会哭闹，而姥姥会变得更不高兴。姥姥一不高兴，孩子就会害怕。

这位年轻的妈妈讲这些细节时，禁不住哭了。她说，看着自己妈妈和孩子相处的方式，她想起了自己可怕的童年。可以说，在任何事情上，妈妈都会逼迫她放弃自己的意志，然后按照妈妈的意志来。并且，爸爸常出差，总是缺席，家里就只有她和妈妈两个人。那时候，在这种二元关系中，妈妈的逼迫与不高兴对她来说会变得极其有压力。并且，就算爸爸回来了，空间感是显得大了一些，可爸爸基本上都站在妈妈这边，要她听话。

不过，她还是希望爸爸在家。因为，爸爸在家，妈妈的情绪会好一些。而爸爸不在家时，妈妈很容易歇斯底里，然后会对她各种辱骂和暴打。因为这样的相处模式，她一直是一个乖得不得了的孩子，根本不敢违逆妈妈的任何意志。这一点也展现在她的各种社会关系中。可是，每个人都想做自己，如果在任何关系中，你都觉得做不了自己，总是太考虑别人，那么你就会选择内向与封闭。这位博士妈妈，她一直都是极度内向的，她深深地感知到，任何关系对她来说都是巨大的挑战。

长期的咨询慢慢地改变了这一点，她越来越有力量去捍卫在关系中自己的意志和空间了。现在看自己妈妈对待孩子的方式，她知道，如果没有其他人在，那么姥姥势必对自己的孩子各种打骂。并不是说，只要没有人看着，姥姥就会这么做，而是说，如果家里基本上只有姥姥和孩子在，那么在这种二元关系中，一旦有暴怒产生，那么这份暴怒很容易使氛围变得让人窒息。这时候，就容易发展成大人攻击孩子，把这份暴怒宣泄到孩子身上。

这位年轻的妈妈总结：在她的家里，几乎所有的关系中都藏着——顺从。就是好像所有人都在期待着别人顺从自己。她爸妈如此，公婆也是，老公也是，她也是。只是她最难做到，可她毕竟也是成年人，特别是现在有咨询的帮助，再想让她顺从并不容易。

可是，所有人都可以在孩子身上获得这种感觉。她家里的故事，和她的这份总结让我深受触动。

我们总认为，不要输在起跑线上，可生命一开始就被教导顺从，那这是一种地地道道的"输在起跑线上"。单纯的脸，常常就是一张顺从的脸。顺从的人必须简单，因为一旦有了复杂的智慧和力量，那就不可能再去顺从了。这也会导致一个非常复杂的现象，就是所谓的"扮猪吃老虎"。就是本质上复杂无比的人，却假装很简单，这是一种很有效的生存智慧。

互动：幼稚、单纯、世故和成熟

很多朋友在问，如何定义"单纯""简单""幼稚"和"复杂"这些词语。这是一个好问题，就用宁向东老师经常使用的"四象限坐标图"来区分一下简单与复杂。

要制作一个四象限坐标图，需要两个维度：内在人性的幼稚与成熟，对外在规则的无知与掌握。

这样一来，可以区分出四种模式和我的定义来：

（1）内在人性幼稚，同时对外在规则无知，这是幼稚；

（2）内在人性成熟，同时对外在规则无知，这是单纯；

（3）内在人性幼稚，同时掌握了外在规则，这是世故；

（4）内在人性成熟，同时掌握了外在规则，这是成熟。

世故和成熟的人都是复杂的，而幼稚与单纯的人都是简单的。

四象限坐标图是很有用的工具（如图4.1），我还可以在这个坐标图上继续发挥一点儿创造性。我们可以想象，在坐标图的原点，就是内在人性和外在规则都是零的这个位置上，这是一种原初的合一。而在内在人性和外在规则得分都极高的位置上，也会存在着合一的可能。那样的人，就可以达到王阳明的境界。不仅领悟到"天理即人欲"和"此心之外，别无他法"，而且懂得"此心不动，随机而动"。到了这个地步，就是最简单，也最复杂，简单和复杂由此统一了起来。

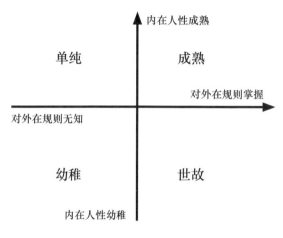

图 4.1　四象限坐标

Q ：简单且自体虚弱的人会通过接触复杂的人受伤而增强自体，这是被动的方式。那如今我已理解了这份自体虚弱，又该如何主动改变，从而不受伤也能增强自体呢？

A：遵从你的内心，按照你的感觉去活，去和这个世界碰撞。在这些碰撞中，至少有两点是增强自体的关键：

第一，反脆弱。人的身体和心灵都是一个反脆弱系统，就是在击打中可以不断地强大起来，而从未经受考验的，很难是强大的。就是你要不断地去体验，死能量杀不死你，而且你还常常能把死能量转化成生能量。

第二，关系的深度。自体强大的根本，是你在伸展自己时，发现被接纳了。你的生命力没有带来灾难性的后果，相反还加深了你们的感情，这是根本性的自体增强之路。

从想象世界到现实世界

现实世界是有疗愈性的。这首先来自对一些问题很严重的来访者的观察。这些来访者，他们通常看上去是非常简单的，但同时他们是封闭的。有的来访者，他们可以看到自己内在有非常黑暗、可怕的想象。而有的来访者，他们意识不到这种内在，但随着咨询的深入，这份黑暗、可怕的想象会呈现出来。

对于他们而言，现实世界的美好要远远多于他们的内在。所以，当他们逐渐走出来后，他们发现，现实世界是有疗愈性的，他们变得更好了。

其次是理论。每个人都需要把自体的生命力展现在与客体的关系中，只有这样，生命力才会被驯服。这意味着，我们必须进入现实世界，真实地呈现自己，并与各种存在去碰撞。这虽然会显得非常复杂，但却可以让我们变得更好。

再次，在精神分析理论看来，人的发展需要经历这样的阶段：最初，每个婴儿都活在孤独的幻想世界中；然后进入妈妈或其他抚养者构建的过渡世界，在这个过渡世界中初步走出幻想世界，整个家庭都像是一个过渡世界，孩子在这个世界里学习如何展现自体，并与客体相处；接着，孩子进入现实世界……

在我看来，即便非常成功地完成了社会化过程，非常好地进入了现实世界，这个过程也并未结束。按照英雄之旅的概念，整个家庭和社会构成的现实世界都可以理解为过渡世界。一个人在这个世界里不断学习，最终发现，自己的内在想象和外部现实竟然是一回事，由此证到了合一。

你什么时候发现，更深地融入社会让你变得更好？

分享两段鲁米的诗，先读第一段：

> 渴望是神秘的核心
> 渴望本身就可以疗愈
> 忍受痛苦，这是唯一的法则

再读第二段：

> 你必须训练你的愿望
> 如果你想要什么
> 那就先奉献什么

这真是妙不可言的两段诗句，这的确是一个人的内在想象与外部现实之间的根本规律。

三重世界

"三重世界"，即想象世界、过渡世界和现实世界。我曾讲过一位超级宅男的故事，他平时是严重的讨好型人格，但在高中劳动周期间，突然间获得了"完美七天"的体验。那七天，他完全遵从自己的感觉，结果做事时无往而不利，而且他并没有变成一个不好的人（即坏人）。

到了第八天，就是劳动周结束后的第一天，他上课时有了特别体验，觉得老师在黑板上写字时，字一个个非常大，还闪着光。每个字不仅仅是写在黑板上，也直接进入他的心里。如果这样下去，他觉得自己门门功课都可以考满分。

中午的时候，他女朋友过来找他。完全遵从自己感觉的话，他不想出去。可他想到，女朋友是从城市另一头的中学来找他的，如果他不出去的话，就太不近人情了，于是决定还是出去见女友。

这个决定一做，他觉得那份完美感有了损坏，从 100 分跌到了 70 分。

接下来发生了一个很重要的事件。当时，女友站在一个十字路口的路边，他看到女友的那一刻，立即心生欢欣，觉得很喜欢女友，然后他想跑过去和女友会合。但就在拔腿要跑的那一刻，突然间一种巨大的恐惧袭来。他瑟瑟发抖，瞬间汗如雨下，特别是小腿，裤管刹那间就湿透了。并且，自此这个问题遗留了下来。他常常会突然间感受到一股恐惧袭来，然后立即瑟瑟发抖，而小腿会很夸张地流汗，一瞬间就把裤管打湿。

他的完美感瞬间荡然无存，他觉得像是从 70 分跌到了负分。之后，他踏上了找心理咨询师的道路。当找到我的时候，他已经找了十多位心理咨询师了。

咨询中，我们多次探讨，从 70 分跌到负分的那一瞬间，就是他奔向女友的时候，他的内在发生了什么？

有一次，在半自我催眠的状态下，他有一个意象出来：他在那个十字路口奔向女友时，充满了幸福感，但突然间一只巨大的手攥住了他的脚踝，把他一直拉向一个坟墓。

这个画面出来后，他觉得找到了答案。

那只巨大的手，就是妈妈的手。他一直和妈妈处于严重的共生状态。虽然他有父亲，并且父亲也是宅男，总在家里，但妈妈总是对他说"除了你这个儿子，我什么都没有，你是我的唯一"。

这是一种病态共生。在病态共生中，常常是大人想和孩子共生在一起，而孩子其实都是想脱离共生，走向外部世界的。

如果用精神分析的术语来讲，婴儿本来处于孤独的想象世界，他和妈妈构建的世界则是过渡世界。整个家庭都可以视为过渡世界，而广阔的社会是现实世界。这就是三重世界。

虽然共生关系有这样的特点，但对于成年的妈妈而言，到不了这么极端的地步。可在婴儿的感知里，死能量就是这样极致。当我们看到，一个人想奔向开阔的现实世界的动力被妈妈的共生渴望给"掐住"时，会觉得妈妈这样很不好。但是，任何已经进入过渡世界的人，都应该因此对妈妈有所感激，因为妈妈还是把你从孤独的想象世界中拉了出来。而随后孩子走向开阔现实世界的动力，本来主要是父亲该干的事情，而妈妈是来配合父亲帮助孩子完成这份工作的。

如果母亲没有把孩子从孤独的想象世界给拉出来，那会如何？我的问题最严重的来访者，她有一段很精彩的描绘。她说，每个人都有三重世界：一重是量子世界，每个人最初都生活在这里；一重是经典世界（即现实世界）；还有一重是中间地带。

她说，她被卡在了中间地带，不愿回到量子世界，也不能进入经典世界。因为靠她自己的努力，她进入不了经典世界。要进入经典世界，就必须有一个人在经典世界对她张开双臂说："欢迎！"可是没有这样一个人，结果她无数次从中间地带往经典世界里跳，都失败了。

她的这段描绘让我觉得非常有感染力和说服力。只是，这个"欢迎"，是一两次努力完不成的，这需要一个人稳定地、许多次甚至无数次说"欢迎"，才能真把她从孤独的想象世界带出来，这非常不易。

我们必须知道的是，在婴儿时，这是最容易完成的，因为婴儿虽然活在严重的全能自恋中，但婴儿的需求无非是吃、喝、拉、撒、睡、玩，这是养育者能满足的。养育者一次次满足婴儿的这些需求时，也是在和婴儿建立关系。同时，无论养育者怎样努力，都不可能满足婴儿的所有需求，婴儿也会遭遇很多挫折。这些满足和挫折结合在一起，让婴儿发现世界不是他的一部分，不会百分之百地满足他的一切。同时，世界也不是一个"魔鬼"，故意和他对着干，什么都不满足他。世界和他是分开的，同时又有非常微妙的联系。当有这种感觉时，婴儿就觉得这是一个基本可以接受的世界，由此就从孤独想象世界进入了过渡世界。

上面提到的挫折，科胡特称为"恰恰好的挫折"。他认为，恰恰好的挫折是很重要的。当婴儿基本被满足，同时又有恰恰好的挫折时，婴儿就可以既和外部世界（特别是养育者）有联结，又有边界，而恰恰好的挫折又不会让他的自体瓦解。

这并不容易发生，其实每个基本还好的人，之所以没有陷在孤独的想象世界中，都是因为妈妈或其他养育者把自己带了出来，而这其实是需要无数次努力的。

同时，每个人也需要意识到，我们不能停留在原生家庭的过渡世界中，而要有意识地努力进入现实世界。

两条道路

一位男士，在我刚开始做咨询后不久，找我做了两年的心理咨询。在他的故事里，有一个堪称里程碑的细节。那是他刚工作时，他同时和单位里的两个女孩谈恋爱，并且还都是女孩们倒追他的。结果，这引起了一个年长很多的老同事的嫉妒。这位老同事找了一个借口想跟他打架。

打架前的一刹那，他被刺激到了。虽然有恐惧，但这不是主要的。主要的是他想，他是不是太沉溺于和女人的关系中了？而且那个时候，他有一种深刻的感知，就是他和女人的关系总是很黏稠，有一种浓得化不开的感觉。一直以来，他都想摆脱这份感觉，而这次险些发生的打架，给了他一个理由，让他下定决心，先远离一下女人。于是，他做了一系列决定。

首先，他和两个女孩都分手了，他觉得他们之间都缺乏爱。其次，他对自己说，先把主要精力放在工作上。如果女人和工作之间发生了冲突，先把工作放到第一位。之后也果真发生过很多类似的冲突，例如周末，这边是恋爱，那边是工作需要，他都选择了以工作为重。

最后，他有意去亲近男性权威，例如自己的直接领导以及单位的大领导，非常刻意地向他们学习。

在咨询中，回顾这个历程时，他深深地感谢自己做的这一系列决定，他觉得这些努力让他在一定程度上脱离了与母亲的黏稠共生关系。

在母亲心中，他一个人的分量，远胜过几个姐姐加上父亲的综合。而母亲也一直对他说："你是我的唯一，我只在乎你。"这份在乎一方面是荣耀，满足了他的自恋，同时也成为非常沉重的东西。并且，母亲是控制欲望极强的人，越是在乎他，就越是期待着他能听她的话，满足她的所有期待。这对他构成了严重的被吞没创伤。

可以说，他的生命就停留在和母亲的过渡世界里。而从想象世界到过渡世界再到现实世界，是一个人正常的生命诉求。所以，当那次冲突发生后，他生命中本来藏着的这份诉求被彻底激发了出来。他拼尽全力，试着进入现实世界，而这份努力也获得了很大成功。

这个历程相当不容易。很多时候，他很容易感知到现实世界，特别是男性权威对他的排斥，这是他内心世界和外部世界的一种呼应。因为他和母亲一直共生在一起，这会引出严重的俄狄浦斯情结，他的"内在父亲"和他之间自然会有着充满敌意的关系。这必然会投射到和男性权威的关系中，常常会让他觉得简直寸步难行。

母亲太需要他了，这是他严重停留在过渡世界的最核心原因。不过非常有意思的是，当我们深入探讨他为什么最终能成功地进入现实世界时，他还是把这份功劳给了妈妈。他说，妈妈对他的重视和爱，毕竟让他觉得，这个世界是珍爱他的，是基本值得信任的，所以当和别人发生冲突时，他总是能看到别人身上有值得信任的部分、有对他好的部分。

当母亲能把孩子从孤独的想象世界拉入和自己乃至家庭的过渡世界时，这已经是母亲的一份巨大贡献了。

他这个里程碑般的故事，藏着两条道路：到底是继续停留乃至滑入和母亲的黏稠过渡世界，还是进入现实世界。选择前一条道路，你会越活越简单、越活越封闭；而后一条道路，你会越活越复杂，意味着开放和宽广。

按一般的理解，从孤独的想象世界进入过渡世界乃至现实世界，并不是一件难事，多沟通就好了。

我在办连续几天的工作坊时，最后两天，常常会让大家做一个练习：把你对某个学员的判断讲给对方听，对方把他的真实情况再反馈给你。有时候，我会欢迎学员们讲出他们对我的判断，我会给出反馈。我保证我是真诚的，当然我可以选择不说，但一说，必须是真实的信息。

这个简单的练习会让人非常震撼，学员们很容易看到，自己对别人的"判断"原来只是想象，而不是现实。

一位学员对我讲了我伤害她的一件事。一次上午课间，她过来找我问问题。在她之前，已经有一个学员先到了，她是第二个，所以她认为，我回答完第一个学员的问题，就会轮到她了。没想到，我跳过她回答了第三个学员的问题，然后是第四个、第五个……一直没有理她。她认为我是故意忽略她的，因此暴怒，但不能对作为老师的我爆发。接着，她转身离开了，下午没来上课。

我也真诚地回答：我注意到她下午没来，但那个课间，我真没注意到她过来提问。而其他学员也反映说，她是被其他学员挤到了外围。

她的内在想象非常重要，这值得去探讨，但首先可以看到，她对现实世界的一个判断是错的——我没有刻意忽略她。这个简单的练习，会让很多学员放下对自己判断力的过度自恋。他们中有很多人本来认为，自己对别人的判断简直就等同于事实，可现在他们知道，他们的判断只是猜测、只是推断、只是想象，必须得到佐证，才可能是事实。

心理咨询中一直强调，心理咨询师不能对自己的判断和分析太自恋。一定要遵守一个基本假设，就是来访者自己是解释自己的权威，而咨询师做的分析，不管看上去多么合理和专业，那都是假设。

不过，在部分学员身上就会引出一个问题：他们极其难以相信别人说的话，不管别人怎么解释，他们还是更倾向于自己的判断。在一对一的深度咨询中，这种现象更容易发生，特别是在那些心理问题非常严重的个案身上。

这是为什么呢？简单来说，这样的人还停留在自己孤独的想象世界里，他们在生命的早期，和妈妈或其他抚养者没有建立起基本的信任关系，这导致他们没有进入过渡世界。可以说，他们从不曾信任过一个人，所以也难以信任别人在沟通中给他们的信息。

电影《楚门的世界》里刻画了这一现象，在主人公的感知中，整个世界都是设计好的，都是虚假的，他连一个信任的人都没有。

心理病理学中有一个重要的术语——"现实检验能力"，指的是，当你的想象和现实发生矛盾时，你能否尊重现实，而不是执着于你的想象。按照病理学，这是区分正常人和最严重的精神疾病患者的重要标准。其实就是，如果你有现实检验能力，就意味着你能接收外界的信息；承认外界信息的真实性而可以放下你的想象，就意味着你能吸收外界的信息。于是，你就不再只是活在一个人的世界里，而可以和世界交换信息了。

这也是两条路，到底是活在自己想象的循环中，还是活在和外部世界的丰富交互作用中。

如何迈入复杂

黄玉玲老师讲的三个故事，阐述了一个人如何才能迈入复杂。

第一个故事，是黄老师上课学习时，从一位外国老师那儿听来的。这位老师讲的故事是，一个孩子要上幼儿园了，可他哭着不想进入幼儿园。这时，一位资深的幼儿园老师过来，一边推着孩子，嘴里一边愉快地喊着："噢，噢，噢……"把孩子推进了幼儿园的大门。关于儿童教育的一个重要原则是不逼迫，可在这个例子中，这位资深的幼儿园老师对孩子做了一些逼迫。这让黄老师觉得有些纳闷，她问老师："这样可以吗？"她的老师说："这是可以的。有时候，我们可以对孩子用一点儿力，让他们进入更大的世界。"

第二个故事，发生在黄玉玲和她的女儿之间。一天，女儿对她说："妈妈，我有时候觉得家里有鬼，我怕。"黄玉玲说："有鬼就让它给我们干活。"女儿又惊又喜地说："噢，真的吗？呀！我的妈妈是老板。"然后，孩子就不怎么怕鬼了。

第三个故事，发生在黄老师的一位女性来访者身上。这位来访者看上去总是很中性，身上还有一股男孩的英气。这背后的原因是，她对妈妈缺乏认同。基本上，当一位女性明显缺乏女性气质时，都可能有这样的原因。然而，经过一次和妈妈的长谈后，她突然间觉得和妈妈有了联结，身上慢慢有了女性的妩媚。

第三个故事中的来访者的转变是怎样发生的呢？黄玉玲老师的解释是，以前，这位来访者在一定程度上停留在全能自恋的想象中。孤独的想象世界，首先，这是一个一元世界的想象，即只有自己是世界的中心。其次，这个想象世界，是由全能自恋及其各种变化所组成的。

例如这位来访者，她常常给黄玉玲老师提各种要求，其中藏着全能自恋的这种信息——"你是我自身的一部分，你必须全然地满足我。否则，我会恨你，对你很失望"。

不过，经过长时间的咨询，这位来访者首先和黄玉玲老师建立了联结。她真切地体验到，虽然黄玉玲老师是咨询师，但并不是必须全然满足来访者需求的一个客体，她是一个活生生的人。在咨询师这儿获得了这份感知后，她再和妈妈做深度沟通时，突然间也感知到，妈妈不仅是妈妈，也是一个人。这份感知让她接受了妈妈的真实存在，然后对妈妈有了认同。

在第二个故事中，黄玉玲老师作为妈妈，之所以能对孩子有那么直接的影响，是因为孩子对妈妈有很深的认同感和信赖感。所以，当妈妈做这样简单的解释时，就帮女儿把不可掌控的、可怕的"鬼"变成了可以掌控的因素。

至于第一个故事，这也要建立在，孩子先对妈妈有一定的认同，然后能对其他类似权威也有认同。这时，这位幼儿园老师才能直接带着一点儿逼迫，推着孩子进入幼儿园的世界。

所谓的"复杂"，也就是在这些时候发生了：第三个故事中的来访者吸纳了咨询师和妈妈身上女性的妩媚，因此开始变得复杂；第二个故事中的女儿，吸纳了妈妈关于"鬼"的解释，因此不再对"鬼"只是惧怕；第一个故事中的孩子则直接被推入了相对复杂的现实世界。

这些故事看起来简单，也许很多朋友觉得没什么，都太普通了吧，但就此我们可以问一个问题：如果连最基本的认同都没有，那会是怎样的？

另一位来访者一直陷在孤独中，后来有了男朋友，我对她说了一句"恭喜"，结果引起了她严重的焦虑。后来，她对我说："你就像是我的父母一样，我非常想听你的话，实现你对我的期待。你对我说恭喜，我就觉得，你是给我提了一个要求，要我一定把这次恋爱谈成。这就让我非常担心，如果我谈不好这次恋爱，那你会不会就不喜欢我了……"

她的这段话，可以有非常微妙的解释，但如果不去谈得那么透彻，就可以看到，对这样的来访者而言，我最好不要给建议，甚至连送祝福都不合适。

她的故事有极为深刻的道理：当她觉得自己的自体弱小时，一个黑色的权威给她传递任何信息，她都担心是一种毁灭性的攻击，所以这时会拼命地想屏蔽。也因此，她会一直活在自己一个人的孤独而简单的世界里，而不能进入复杂的世界。

进入复杂的世界，必须有这样一个开始：一个自体虚弱的人感知到，外界的那个重要客体基本是善意的，他传递的信息是来增强自己的自体，而不是来破坏自己的自体的。在这种感知下，这个人才能敞开自己，吸纳那个重要客体的信息进来。

在心理咨询中有一个共识，对自体虚弱的来访者，心理咨询师别说建议，就是连分析都不会做，而主要是给他们认可、支持和鼓励，即传递善意。等他们自体增强，并且也与咨询师建立了深度信任的关系后，咨询师就可以传递一些强硬点儿的信息了。

强与弱、善与恶

人是自恋的。当"我"感知到"你"是善意的时候，我才愿意低头，承认我可能不如你，放下自恋，去依恋。相反，当"我"感知到"它"是恶意的时候，我不愿意低头。如果"它"逼迫我必须顺从，那我就会关闭自己。

然而，什么时候是善意的"你"，什么时候是敌意的"它"，则取决于客体是如何对待"我"的。如果愿意滋养"我"、容纳"我"，"我"会感知到善意；如果是在利用"我"、剥削"我"，"我"会感知为恶意。

所以，"我"是万物的尺度。

事实上，我们务必重视关系中的强弱这个维度。例如，当咨询中的信任建立得不够时，咨询师太厉害，对来访者而言并非是一件好事。

对此，我有两个印象深刻的细节。

有一次，一位男性来访者对我说："武老师，我必须告诉你，在找你咨询的同时，我还找了一位资历很浅的女咨询师。她明显不如你，可我感觉到在她那里受益很大。"

我问他，这份受益是怎么发生的呢？他一开始不能说得特别清楚，但谈着谈着这一点就清晰了。他说："有时候，你的洞察力让我害怕，而在那个新手那儿，我不用担心她会洞见我的内心，这让我感觉到安全。"再探讨则发现，当咨询师不能洞察到他的内心时，他就会有一种骄傲感，觉得咨询师不如他。同时，他觉得自己能洞见咨询师的内心。当然，这是他的一种感觉，未必是事实。

另一个细节是，一位女来访者给我讲了她错综复杂的家庭关系。她在家庭关系里非常难受，而我给她做了细致的解读和分析后，她很是服气。咨询结束时，她说了一句话："武老师，你怎么这么厉害呢！"

因为这次咨询的时间快到了，所以我们没有探讨她这句话的含义，等下一次咨询开始后，我们就她这句话展开了探讨。她说，我头头是道的解读和分析，让她感觉到自卑。她想：我怎么就不能想到这些呢？并且，她还想到了和父母、丈夫以及其他人相处时的类似感觉。都是别人说得头头是道，而她总是哑口无言。

在这两个故事中，来访者都有想和咨询师一较高下的竞争欲望。他们都希望在咨询关系中，他们是主体，咨询师能滋养他们的自恋，而不是他们来满足咨询师的自恋。当然，这是咨询关系还不够深时的必然需求，等咨询关系变得充满信任时，这种一较高下的感觉会有所"松动"。

同时，更需要强调的是，多数来访者的这份竞争欲是被压抑的，所以咨询的关键不是去驯服他们的竞争欲，而是发掘并鼓励这份竞争欲。

每个人都想带着主体感展开自己的生命，因此会生出强烈的竞争欲，想用各种方式增强自己，并想在各种各样的关系中一较高下。这是很正常、很自然的心理需求，如果你没有看到自己的这份需求，或者容易忽视周围的人的这份需求，那你就需要提醒自己，你忽略了人性中的一大需求。

那么，那些看到孩子听话就很开心的父母或其他各种权威人士，以及真的听话、顺从到骨髓里的人，是不是都忽略了这个基本人性？

强弱问题和善恶问题是紧密联系在一起的。这两个维度，和自我与关系等因素糅合在一起，会生出无数复杂的人性，这也是现实世界复杂无比的根本所在。并且，越是险恶的环境，人们越容易在乎强弱。不过，这也会引出关于攻击性的最基本问题：

（1）我展现攻击性，就会担心被惩罚甚至被灭掉，这种担心让我觉得，我的自体很虚弱，因此有了羞耻感；

（2）我展现出攻击性，发现面对所爱的人一样会有攻击性，这让我内疚，可我还是想展现我的攻击性。当真的对所爱的人造成了伤害时，我就有了罪恶感。

在展开生命的这条路上，一个人很容易被这两种感觉所折磨。当自体虚弱时，你容易感觉到羞耻；当自体强大后，你又容易有内疚感。

解决这个冲突的是情感，即善恶。除了强弱这个生命维度，善恶维度也无比重要。特别是，当你能充分活在爱与联结中时，羞耻感和罪疚感都得到了化解。

关于这两个维度，我觉得可以这样概括：鼓励自体的增强，同时别忘了拉回到关系中来。国内一位心理咨询大家有一个经典的治疗故事。一次，他的一位来访者非常愤怒，摔门而出，而他跟出去对来访者说："记得下次，我还在这儿等着你。"这是非常疗愈性的时刻，传递了这样的意思：你可以尽情展现你自己，而这一切都可以发生在我们的关系中。

当然，也得补充一句："当没有严重的破坏发生时。"

互动：从现实世界到想象世界

多接触杰出人物，你会发现，他们之所以成为今天这个样子，并创造了一些非凡成就，都是因为这是他们的根本想象。

Q：**"一个人的想象决定了他的生活"，那和现实检验能力相比，二者有何区别？是不是现实检验能力投向过去，而想象力投向未来？**

A：现实检验能力中的"现实"，有客观意义上的现实（例如物理方面的），还有对社会共同体的共同想象的承认。举例来说，严重的精神病患者会有幻觉，这时候，如果他有现实检验能力，就知道这是不存在的。此时，他最有疗愈的可能。如果他没有现实检验能力，而把这些视为真实，就会有严重的问题。

Q ：**什么样的挫折才是恰恰好的呢？在孩子成长的过程中，会遇到各种各样的挫折，如何把握这个度？什么样的挫折会过度伤害孩子，让孩子被情绪压垮？**

A：恰恰好的挫折，就是不会让一个人产生自体瓦解感的挫折。

例如，对一个婴儿而言，你严重地饿了他一次，这不是一个恰恰好的挫折，因为吃对他来讲无比重要。但对一个成年人而言，这不算什么，因为他可以想办法解决。当然，如果一个成年人被饿很长时间，那就不一样了。

金钱的隐喻

钱、权、名、色这些俗物中，金钱是最俗的一个，却又是人们普遍最渴望的一个，还是遭遇诋毁最多的一个。金钱，是最现实之物，也是让现实世界变得特别复杂的关键。

人性有两个基本维度：道德上的善与恶，力量上的强与弱。金钱这个最现实之物，太多人性之恶围绕着它展开，所以金钱也容易被视为坏东西。

这是在善恶维度上看金钱，而从强弱维度上看的话，金钱有一个非常简单、直接的功能——增强一个人的力量。因此也可以说，当你排斥金钱时，也可能会陷入虚弱。然而，如果你能在善恶和强弱这两个维度上处理好金钱这件事，那么就可以说，你拥有了最成熟的人性。

同时也可以说，如果你还没有遭遇金钱这个最现实俗物的考验，你认为的道德与纯净就未必是真实的。当真正的考验降临时，你可能会发现，你抗拒不了金钱的诱惑。

当提到"钱"这个词时，你第一时间想到了什么？又想到了什么？还想到了什么？试试做三次自由联想就好。

> 你不知道给你选一份礼物会那么艰难。
> 似乎什么都不合适。
> 为什么要送黄金给金矿，或水给海洋。
> 我想到的一切，都是像带着香料去东方。

给你我的心脏，我的灵魂，无济于事，因为你已拥有这些。

所以，我给你带来了一面镜子。

看看你自己，记住我。

—— 鲁米

金钱恐惧症

我和"得到"决定签约专栏的前一晚，我干了一件罕见的蠢事：我把航班的时间看错了，飞机明明是下午6点多从广州起飞，9点到北京，但我硬是看成了9点从广州起飞。

于是，我8点多优哉游哉地到了广州白云机场后，一办登机手续，立即傻眼了。然后问有没有其他航班，可以当天晚上赶到北京的。一查只有一个航班的一张商务舱的票了。

我已经很久以来基本只坐商务舱了，而和"得到"签约的事超重要，但我竟然犹豫了一会儿，再想买这个航班的票时，商务舱已经没有票了。最后，我订了第二天一早的机票，在中午前赶到了"得到"公司，完成了签约。

作为一位还算资深的心理咨询师，我真的是有很多心理问题，而且花样百出。作为一名"病人"，我至少养成了心理咨询师的职业习惯：每当发生特别的事情时，我都会问问自己：这是怎么了？

通过梦，通过自我分析，通过找我的精神分析师做分析，都得出了同样的结论：我害怕有钱。

我已经料想到，如果和"得到"签约，就会有可观的收入，"得到"专栏将带给我的收入让我心生恐惧。于是，我的潜意识抗拒这件事，然后做出了看错机票时间这件事。

这是我唯一一次因看错航班时间而没赶上飞机。

实际上，我很了解我的金钱恐惧症，它过去多次发作过。早在10年前，我就发生过这样的事：

　　我的一张银行卡，存着我通过出书、办讲座和办心理课程赚的钱，可这张卡我老忘了它。例如一次，我需要把这张卡上的钱转到另一张银行卡上。我是通过 ATM 机操作的，操作结束后，我就忘了取这张卡。所幸的是，我忘在了广州日报社内的 ATM 机上，没有造成损失。

　　这种事已经发生过几次了，以前银行卡上钱的数额少，就算真损失个万儿八千的，我也不会心疼，但那时候那张卡上钱的数额多了起来。如果当时有人在那台 ATM 机上把我卡上的钱转一下账，想不心疼都难。

　　我把这几次"意外"做了一下总结，回忆了一下每次忘记取卡的时间点。结果发现，每次发生这样的事情，都是收入上有了"意外惊喜"的时候，如报社发的奖金超出预期，或者收到我几本书的版税时。

　　再仔细体会每次有"意外惊喜"时的感受，都是有些慌张和不适应。"意外惊喜"越大，这种慌张和不适应就越明显，严重时甚至有发晕的感觉。

　　如果不是学了心理学，我会认为，这是因为"意外惊喜"让自己晕了头，所以才会出现这种偶然的错误。但现在我知道，这是我内心深处不想要这些钱，所以想将它们损失掉。不过，幸好我这种心理还不强，所以最终没造成损失。这种心理远强于我的人很多，例如我的父亲。

　　我从小学起就跟着父亲做各种小生意，例如卖水果、大米、佐料、菜种、凉席等。在我们村里，他的经商意识几乎是最强的：他是最早一批卖水果的，也是最早一批贩大米的，还承包过村里的面粉厂。

　　可是，我们家一直很穷，从来没有因为父亲的努力而变得富裕过。但和他一起做生意的伙伴，很多都逐渐富起来了。我家最穷的时候，连买火柴的钱都没有。为什么会这样呢？一个容易看到的原因是，父亲总是遇到坏人。每当他挣的钱多了时，他就会遇见坏人，钱不是被偷就是被骗。

　　最严重的一次，发生在我读高二的时候。那时，父亲做贩卖大米的生意，因为他不断努力，家境已略有好转。但有一天，父亲将 5000 元的大米批发给一个人，这笔生意只能赚 80 元，而那个人还是打白条。我在外地读书，妈妈和姐姐都反对他这样做，姐姐还和父亲大吵了一架。但这都没有阻止一向老好人的父亲，他竟然做了这个莫名其妙的选择。

很快就证明，这个人是骗子，而且他的家里一贫如洗，他骗我家 5000 元的大米，是为了抵另一笔债务。就算后来打官司，法院判我家赢也没用，因为他根本没有能力支付那 5000 元。因为这一事件，以及后来连续数年追讨无果，爸爸受到了很大打击，一下子老了很多。

另一个例子是，父亲做卖佐料的小生意时也小攒了一笔钱，他带着这笔钱去进货。在路上，他将钱包绑在了自行车车把上。等到了进货的店铺，才发现钱包不见了。

总之，我父亲的一生一直在重复一个模式：每当挣了一笔钱，家境有点儿好转时，他就会出事，把钱损失掉。于是，他这辈子始终是一个智商很高且很努力的穷人。

我和父亲为什么总是和钱过不去？这到底有什么心理奥秘？

在我父亲的家族中，是这样分配钱和收入的，父亲作为不受宠爱并且备受剥削的儿子，我家相当一部分收入被爷爷奶奶拿走了，而他们把这些钱给了我叔叔家。这种分配极其不公平，可我爷爷奶奶可以明目张胆地去做，而我父亲却保护不了自己和家庭。结果，这使得父亲不愿意挣太多钱，他只想挣到勉强能维持我们一家人生活的钱。这样的话，被剥削程度就会降到最低。

我们社会中的各种关系，很容易停留在共生关系中。当停留在共生关系中时，你的收入就不能由你来分配，而会由共生关系的掌权者分配。如果你很能干，带来的收入多，那意味着你要承担太多责任，并且被剥削，那你的挣钱动力会受到巨大影响。

在共生关系中，你常会看到一个现象——鞭打快牛。就是那些能干的人不断被加上各种责任，同时又会被剥削、被驱使，拿到的好处又有限，甚至还不如那些不好好干活的人。这些"快牛"必须是滥好人，否则他们一旦醒悟过来，要么会去追求改变分配制度，要么不再做"快牛"。所以，谁挣的钱主要归谁支配，这是非常简单而根本的规则。

不过，我只解释了我父亲与钱有仇的行为，而没有解释我自己的行为。解释我自己的金钱恐惧症的话，一个简单的解释，是我认同了父亲，还有更深、更微妙的解释。

金钱恐惧症的核心恐惧

下面有关于金钱的 26 种观念，如果下面哪一条符合你的想法，你就给自己打一分。这 26 种观念分别是：

（1）钱是丑恶和肮脏的；

（2）钱是邪恶的；

（3）金钱不是从树上长出来的；

（4）我很穷，但是我很清白；

（5）我很穷，但是我很好；

（6）有钱人是骗子；

（7）我不想有钱，不想盛气凌人；

（8）我永远不会找到好工作；

（9）我永远不会挣钱；

（10）花钱比挣钱快；

（11）我总是负债；

（12）穷人永远不会翻身；

（13）我的父母很穷，我也会很穷；

（14）艺术家不得不与金钱抗争；

（15）只有骗子才会有钱；

（16）总是别人先得到；

（17）哦，我不能收费太多；

（18）我不应得到；

（19）我不够好，无法挣钱；

（20）不要告诉别人我在银行有多少钱；

（21）永远不要借给别人钱；

（22）节省一分钱就是挣回一分钱；

（23）为"不测风云"而存钱；

（24）压力会产生在任何时刻；

（25）我憎恨别人有钱；

（26）只有努力工作才会有钱。

以上 26 种观念，是美国著名心理治疗师露易丝·海，在她的著作《生命的重建》中列出的"与钱过不去"的观念。如果把她的这 26 种观念视为一个心理测试，那可以说，这是关于"金钱恐惧指数"的一个测试。

你的"金钱恐惧指数"有多高呢？也可以对照一下，你的收入是怎样的呢？

在这些观念中，10 年前的我，具备了大多数，而且非常严重。当持有这样的金钱观念时，一个人就很难有钱。

在《生命的重建》中，露易丝·海写了这样一个故事：

> 一个学生平素里工作非常努力，希望能增加自己的财富。一天晚上，他特别兴奋，因为他刚刚赢了 500 美元。他一个劲儿地说："我无法相信！我还从来没有赢过！"大家知道这是他意识转变的外在反映，但他却没有意识到。第二个星期，他没来上课，因为他摔断了腿。医药费刚好花掉了 500 美元。

十多年前，我留意过这样一则新闻：以色列女子安娜德给妈妈买了一张新床垫，并把妈妈用了很久的旧床垫当垃圾扔掉了。她想对妈妈表达爱心，可是，就在这张旧床垫里藏着妈妈的毕生积蓄——100 万美元。后来，安娜德一家人赶紧去找这张床垫，可怎么都找不到了。这件事，老太太看得很开。她安慰女儿说，虽然很心疼，但总比被车撞了或得了不治之症要好。老太太的这句话很有意思，它暗含着这样的逻辑：如果享用这笔钱，就可能会被撞，或得不治之症，而女儿弄丢了她的钱，反而让她免除了这样的危险。

金钱，真的会带来灾祸吗？美国针对那些彩票大奖得主的研究显示，的确如此。美国的一项调查显示，欧美的大多数彩票头奖得主，在中奖后五年内，就会因挥霍无度等原因而变得贫困潦倒，其中75%的人会破产。

对于以上这样的故事，露易丝·海的解释是，他们不想富有，所以用这种方法惩罚了自己。这种解释并未提到其实质，相信你可能还会问：有更深层的原因吗？

一位来访者，每次和别人一起吃饭、喝咖啡时，她都会抢着埋单，但随后会严重不爽，然后就不愿意见和她一起吃饭、喝咖啡的人了。同时，她还有一个特点是，她既不能接受别人比自己收入高，又不能接受自己比别人的收入高。前者会引起她的嫉妒，而后者，她担心自己会引起别人的嫉妒。所以，她总是隐瞒自己真实的收入状况。而当必须讲自己的收入时，她会根据对方的收入状况，虚报自己的收入，目的是和对方的收入基本持平。

这位来访者讲出的嫉妒，是很根本的原因。如果说金钱有什么隐喻的话，那它最重要的隐喻，就是力量。钱多的人，可支配的资源就多，这意味着他的力量更强。在衡量力量时，第一重要的因素是权力，可权力难以被言说，有时也不能被很好地量化，特别是大家的权力处于相似水平时。但金钱不同，这是一个很容易量化的指标，谁的钱多、谁的钱少，有时候可以一目了然。因此，金钱是最容易引起人"羡慕嫉妒恨"的东西。

力量的强弱也可以延伸出一个很接近的维度，就是谁高谁低。越是活在全能自恋中的人，越容易在乎关系中谁高谁低。基本活在一元关系中的人，会希望永远都是自己高人一等。可同时，他们也知道别人会嫉妒自己。活在一元关系中的人，甚至会恨死那些显得更有力量、地位更高的人。

这样一来，就引出了一个很深的矛盾：我既不能接受别人比我高，又不敢比别人高。那最好就是，我们彻底平等得了。在我的理解中，也许这是我们历史上一直追求"均贫富"的重要原因。并且，"均贫富"总是和大锅饭联系在一起，我们好像想用这种方式解决谁高谁低、谁强谁弱的问题。

我们再回过头来看安娜德妈妈的故事。她说，100万美元丢了虽然很心疼，但总比被车撞了或得了不治之症要好。这意思可能是，如果她真享用了这100万美元，就可能会被某种力量惩罚。这个力量，可能就是她想象中的别人的嫉妒。

露易丝·海讲的赢了 500 美元然后摔断腿的学生，这份隐喻就更明显了。他赢了 500 美元，这句话完整的表达是，他作为主体，赢了某个客体 500 美元，然后他摔断腿，可能就是在向这个客体传递这个信息：别嫉妒我，别伤害我，我根本没有野心敢高于你，我摔断腿向你证明这一点。

力量强弱这个维度，关乎竞争。有金钱恐惧症的朋友可以问问自己，在你所处的家庭或家族里，允许或鼓励竞争吗？虽然现在社会特别强调成功，家长们为了增强孩子的竞争力，也是不遗余力，但是你真的接受孩子和你竞争吗？在你的孩子和你这个最原始的关系中，孩子的这份竞争欲，真的是被鼓励的吗？

再回过头来看我父亲的故事，我爷爷奶奶可以非常残酷地对待他。这肯定是藏着这份含义：他们绝不允许自己儿子的力量和地位高过自己。所以，我父亲的金钱恐惧症可能是惧怕自己特别有力量、特别有地位时，会被惩罚，所以他先干出蠢事，来惩罚自己。

我在一定程度上认同了父亲的这种恐惧，可同时，我的父母从不要求我顺从他们，他们允许也鼓励我强过他们。我有太多时候，驳倒过他们的意见，甚至还用 10 年的时间改变了他们一些根本的观念。因此，我的金钱恐惧症要比我父亲轻很多。

刚刚想到一句无比简单的话："金钱恐惧症，其实是强大恐惧症。"

金钱与嫉羡

"嫉羡"是精神分析大家梅兰妮·克莱因提出的概念，听上去很像我们所说的"羡慕嫉妒恨"，但它有很特定的含义。它的英文是 Envy，意思是，你有一个东西，我也很想拥有它，可我感觉这个东西我根本拥有不了，所以只能掠夺它。可即便掠夺了，还是觉得拥有不了它，于是就想毁灭它。顺带着，我也想毁灭那个本来创造并拥有它的原主人。

如果说嫉羡在现实世界中是很常见的存在的话，那么，创造财富并拥有财富的人会恐惧别人的嫉羡，担心别人会过来掠夺或毁坏他的财富，同时也把自己摧毁。毫无疑问，嫉羡是最深刻、最根本的一种死能量。

最原始的嫉羡，自然是发生在母亲与婴儿之间。精神分析家们认为，母亲有乳房，那才是真正的"流着奶与蜜之地"。当婴儿与母亲不能建立起联结时，母亲乳房的丰盛与强大，会严重挫伤婴儿的全能自恋。于是，婴儿会产生巨大的死能量，想摧毁母亲的乳房。

不仅如此，在婴儿的幻想中，他还会想把自己的排泄物放进乳房，以此贬低它、羞辱它、摧毁它。

如果在一个社会和文化中，嫉羡是过于浓烈的东西，金钱恐惧症（或者说强大恐惧症）就会很常见。一个群体或个体，如果有强烈的嫉羡，那也会导致金钱恐惧症。

和我的精神分析师谈我的金钱恐惧症时，我常常要谈到我的收入、影响、名声和地位。这时，他会说："你谈这些的时候，在我和你之间，也呈现了你比我有钱、你比我强这种关系，这带给你什么感觉？"

最初他这样分析时，我会说："我完全没有觉得我说这些的时候有'我比你强'这种感觉，我觉得我就像在谈数字和客观事实。"

后来逐渐看到，我谈这些的时候，是有一些不安的。再后来看到，这份不安非常巨大，我的确会非常惶恐。我意识到，我也在和我的分析师一争高下，而且一旦涉及钱、权、名、利这些现实世界的俗物，我都胜过他。

我会注意到，一旦要谈这些东西，我就会屏蔽情绪、情感（即三种心灵过程中的情绪过程），貌似只剩下理性的思维过程，可是，我的身体出卖了我。这时候，我的身体都会显得有些佝偻。这是一种纯自动的举动，这样做是在向他表达顺从。因为财富的这种隐喻，所以与金钱或利益打交道是一件难度很高的事。

网上曾很流行一句话："何以解忧，唯有暴富。"但实际上，暴富未必是一种祝福。暴富之所以会是诅咒，根本上是因为暴富突然增强了人的自恋，同时也引发了周围的人的"羡慕嫉妒恨"，或者自己内心对嫉羡的恐惧，这些都是根本人性。别说驾驭，很多人可能对它们都严重缺乏意识，于是内心会被它们带来的焦虑所充满，而没法充满智慧地去处理。

那些靠自己努力逐渐富起来的人，就很不一样。在我的观察中，富人的精神面貌和人性成熟程度都是最高的，特别是那些白手起家的精英企业家。

很多轻视金钱的群体，例如老师、心理咨询师和修行的人，他们常常自恋地认为，因为他们一直在和灵魂打交道，所以他们的灵魂层次是很高的，富人的灵魂肯定不如他们。但在我看来，事实恰恰相反。那些一直不谈钱的人，很多人性一直没有展开，所以人性成熟度反而令人担忧。检验方法很简单，突然给他们一个暴富的机会，就可以看出来。

例如我的一个朋友，他一直非常清贫，也勤于修行。本来是我很佩服的人，但后来他竟然陷到传销中了，对其中的挣钱逻辑深信不疑，后来自然被骗。

我越来越认识到，追逐利益但又不被利益控制，这会让一个人的人性变得更为成熟。

并且，既然金钱这么容易引起"羡慕嫉妒恨"，那么能处理好与金钱的关系以及自己和其他人的金钱关系的人，自然是更为成熟的人。这通常意味着，这个人同时处理好了强弱的力量维度和善恶的道德维度这两个人性的根本维度。

你可以试一试，一边追求更多的金钱，一边去观察你的内心以及你和周围的人的关系。这绝对是一个非凡的挑战，也是一次英雄之旅。

升级你的生命尺度

"人，是万物的尺度。"古希腊哲学家普罗泰戈拉如是说。

"你的感知则是丈量你自己命运的尺度。"武志红如是说。

一位来访者，是超级宅女，她有一些轻度的强迫症。例如，有一次她在网上看到有卖 2.9 元一打的圆珠笔，限售两打，包邮。真是超值，她想买。可是，她还有十来支圆珠笔没用完……然而，不买的话，以后再也遇不到这个机会怎么办……但是，她的钱太少，花了 2.9 元就少了 2.9 元，万一以后有急需要钱的时候呢……

她就这样思考了一整天，想找出一个最优化的选择。她没有工作，现在在花自己的积蓄，所以少一点儿就是少一点儿，并且积蓄也的确不多。在咨询中，她特别想和我探讨，怎样会是一个最优化选择。

可是，只要和我探讨，所谓"最优化选择"就已荡然无存，因为咨询费不便宜，一分钟的价格都远超过 2.9 元。

如果将时间拉长的话，这份探讨也有价值，因为破解了她的心理机制，她就可以在以后的类似情境中做出更好的选择了。和她探讨了好一会儿后，我发现，她没把"时间也是值钱的"这个因素考虑进去。接着再一想，我这个理解不对，因为她不工作，所以她的时间的确是不值钱的，哪怕花一整天时间思考一个 2.9 元的选择仍有一定的合理性。和她继续探讨时，我想到了"选择尺度"这个概念。

做选择时，我们自然是有各种尺度的，而这些尺度有赖于自己的生命体验和认知。不同的生命体验和不同的认知导致了不同的尺度，然后在做选择时就会有不同的境界，最终也导致了不同的人生格局。

像这位来访者，她曾经考虑做一份工作，月收入 3000 元。她觉得太少，不足以改变她的人生格局。可是，一旦她有了这样一份工作，考虑到一个月一般有 22 个工作日，那意味着她一天会有一百多元的收入。那时，再面临 2.9 元一打的圆珠笔要不要买这一问题时，她的选择尺度会发生变化。

有些人是有清晰的意识的，会这样思考：我一天都会挣一百多元，那拿一天时间去思考一个 2.9 元的选择题，是非常不值的。就算没有这样清晰的意识，你活在这样的人生格局中，你的感受与认知都是在这个框架下产生的，你仍然会有不同的选择尺度。

形成"选择尺度"这个概念后，我想影响选择尺度的因素有两大类——物理性因素和心理性因素。物理性因素有以下几个：

（1）时间的尺度。你单位时间创造的价值越大，时间的尺度就越重要。

（2）空间的尺度。你进入的空间越多，你的阅历就越丰富。在有些空间里，你会有一些很强的阅历与体验，这会很大地改变你的尺度。

（3）关系的尺度。你愿意为不同性质的关系付出什么样的努力？过去虽然宅，但作为好人，我是很难拒绝人的，所以在很多不是特别必要的关系上，消耗了大量的时间与金钱。现在，各种事情（即各种关系）如潮水一般涌来，逼迫我不断升级我拒绝别人的能力，越来越重视到底要让自己生活在什么样的关系中。

（4）身体的尺度。作为好人，做出前面的选择不易。其中一个因素是，有时真是累坏了，身体轻度的崩溃感让我醒悟过来——事情必须做出改变。

（5）金钱的尺度。之所以把这个尺度放到最后，并不是因为它不重要，它其实是一个非常根本性的尺度，前面的几个尺度都是和这个尺度联系在一起的。你拥有和处理的金钱尺度越大，你面临的人性的考验也就越大。

时间、空间、关系、身体和金钱，这些考量选择尺度的因素可以说是物理性因素。如果你想改变自己的人生格局，就可以在这几个因素上下功夫。

此外，选择尺度还有一些心理性因素：阅历、觉知和想象。

1. 阅历的尺度

阅历丰富的人有丰富的生命体验，他们的人性因而可以更饱满地展开。他们在时间、空间、关系、身体和金钱上都曾遭遇各种考验，他们知道自己的分量，能更清晰、更快速地做出更合理的选择。

商业虽然总被我们社会所诟病，但商业是一个逻辑相对清晰的世界：你必须把事情做好，尊重金钱与人性的规律，才能挣到钱；而如果违背规律，你就有极大的概率被打脸。所以，商业可以极好地锤炼一个人的某些心性。

所以，打开你的世界，增加你的人生阅历，丰富你的生命体验，这极为重要。心打开后，经过真切的体验，才能更好地形成符合人性的选择尺度。

2. 觉知的尺度

阅历未必会改变一个人，很多人虽然人生阅历发生了巨大的变化，但他们的选择尺度并未发生真正的转变。他们固守在已有的尺度上，于是他们的人生也像是没有变化一样。

美国心理学家斯科特·派克提出了"心灵地图"的概念，认为人需要在外在地图改变的同时，及时地修正内在的心灵地图，否则会出问题。

3. 想象的尺度

想象，是一个可以无限的尺度。尽管你事实上处于一个比较狭窄的物理性尺度中，你的时间、空间、关系、身体和金钱的因素都并没有进入一个大的格局中，但你可以先想象这一点。

众所周知，马云因为预见了互联网的威力，所以"坚韧不拔"地建立了阿里巴巴。从根本上来说，一个人的外在人生格局就是由一个人的内在想象所决定的。这个内在想象，既有遗传因素，又有极为重要的原生家庭因素。在这个生命最初的时空里，我们形成了自己对时间、空间、关系、身体和金钱等因素的原始丈量尺度。

苏格拉底说："未经省察的人生不值一提。"如果你不省察自己，那么生命就是一个简单的轮回，成年的你会将早就形成的"心灵地图"重演一遍。但如果有意识地去改变，那么，你可以通过觉知并改变你的选择尺度，去过你自己想过的生活。

互动：从嫉羡到感恩

嫉羡的根本，是一个人觉得自己创造不了好东西，也拥有不了好东西，于是好东西和拥有好东西的人，让他感觉到高自己一等，因此产生羞耻感。接着也产生了毁灭欲，想毁灭好东西和拥有好东西的人。

感恩的根本，是一个人深深地体验到，自己可以创造好东西并拥有好东西，自己可以强大。同时，也愿意承认有比自己更强大的存在，而这些好东西实际上是从更大的存在那里而来。因此，感恩这个善意的"你"的存在，并愿意向这个善意的"你"低头。

婴儿感知到母亲拥有丰盛的乳汁，可母亲心甘情愿地哺育自己、满足自己，这是没有条件的，不需要自己低头，不需要屈从，或拿什么去换取。这种深切的善意让婴儿可以肆无忌惮地吸吮妈妈的乳汁，把这个最原初的好东西吸纳进来增强自己。当深切地感知到母亲的善意后，婴儿也会愿意承认母亲的强大，并向母亲低头，这就是我们一再说的依恋的完成。

一旦形成了，事情会变得非常不同。

我们有时会做感恩教育，然而，感恩得是心甘情愿的，是孩子充分地体会到母亲乃至其他抚养者的心甘情愿的养育后，自然生发的。可是，我们的感恩教育更像是苦情教育。就是让孩子看到，母亲和其他养育者多么苦、多么虚弱，可他们还是含辛茹苦地养育了你，所以你要感恩。

这样的感恩，有强烈的匮乏味儿，充满悲苦的母亲，充满愧疚的孩子。在这样的感恩之下，也许潜藏着巨大的嫉羡：母亲这块贫瘠的土地上，怎么能长成充满欲望的、强大的孩子呢？那一定是孩子吸了母亲的血！

所以，一个好的社会，一个好的家庭，最好是先让新妈妈们充分被滋养。这样，她们才能成为强大的母亲，而能养育出自动有感恩心的孩子。

Q ：**是不是越普通的人，或者偏低收入的人群，越是会受金钱恐怖症的影响？或者，人越是具有可替代性、越对他人没有帮助，就越会受影响？**

A：首先，我的观念改变，来自前女友。她在挣钱方面基本没心理障碍，并且在改造我上也不遗余力。虽然带给我很多痛苦，但的确改变了我。

其次，如果我的观念没改变，我出书、办讲座和开公司等方面的收入会远远低于现在。并且，因为太低，我会缺乏意愿去做这些事。这会最终影响我的投入。

再次，如果我不改变观念，公司铁定开不成，至少做不大，因为会被别人各种剥削，开公司对我来说就没有什么价值了。

实际上，这仍然是我的一个问题。一直以来，我的写作和讲课带来的个人收入远远高于开公司带给我的收入，不过这一点正在急剧改变。这个改变过程也让我看到，这是我的英雄之旅中超重要的部分。

最后，我身边有多位朋友，都有巨大的影响力，但他们绝对有金钱恐惧症。结果就是，他们要么公司开不成，要么公司越大，他们越觉得疲惫，公司对他们而言主要是损耗。

相反，我认识的那些精英企业家，他们能把企业做得很成功，而且已经持续了很多年，他们都能很好地捍卫自己的利益。并且，其中一部分人，明显没有被利益所吞噬，他们的人性因此收放自如，是我见过的人性成熟度最高的人群，胜过一些看起来修行境界很高的人。

Q：我看到别人做了一件我不认可但是可能赚钱的事。实际上，比我还不够级别的人利用一些技巧可以达到赚钱的目的。我很想去做，却又怕不能长久，会失去，反倒不如不要开始。我这么做是虚弱的表现吗？我道德的纯净也是虚假的吗？如果我的内聚性自我还不是"我是好的"的时候，是不是我就没办法解决这个矛盾的情绪了？

A：我们看到了嫉妒的存在，他们挣到了钱，钱比你多，你嫉妒。

接下来，我再谈谈三种可能：

第一，别人的确干了违背良心的事，是恶的，是在通过掠夺别人的东西而增强自己，这一点你不想认同。

第二，他们干的事并不违背良心，也没违背法律，只是方法出乎你的预料。他们能想到、能做到这些，而你却做不到，你一样嫉妒。

第三，你怕只是一时拥有，而不能长久拥有。所以，这是嫉羡的表现，你觉得这个好东西你拥有不了。其实钱这个东西，你挣到了，不就是拿到了吗？

综合来讲，你很可能是有明显的嫉羡心理。

从分裂到整合

英雄之旅（即自我完善的过程），是一个从分裂到整合的过程。最初，我们的自我太脆弱，为了保护脆弱的自我，我们将一些不能忍受的心灵内容分裂出去，如自体的虚弱、关系中的恨。

并且，我们会把这些本来源自自己内心的"坏"投射到外部世界。我们先要构建一个二元关系，需要一个"你"来容纳这些"坏"。发现这些还不够，接着要构建三元关系，需要一个"它"来承接这些"坏"。

人性与世界之所以如此复杂，在我看来，是这份"坏"不断分裂和投射的结果。随着自我越来越强大，建立在"我基本上是好的"这个基础上的内聚性自我终于形成。然后，人就开始做一份相反的工作：整合分裂出去的、被视为"坏"的心灵内容。所以，一个人的人性成熟的标志是，可以面对、处理、容纳并转化自己和关系中的"坏"。

如果仔细观察，你会发现，那些被视为"坏"的东西，却常常正是生命力本身。例如，自恋、性和攻击性以及金钱。因为分裂，你会变得简单，同时也会变得虚弱；因为整合，你会变得复杂，同时也会变得强大。最终，当你彻底整合了强与弱、善与恶两个维度的矛盾时，你会变得真正的简单。

> 当海洋来做你的爱人，
> 马上，迅速和她结婚，
> 看在上帝的分儿上！

不要推迟！

世上没有更好的礼物。

无论多少寻觅

会让我发现这一点。

一个完美的猎鹰，无缘无故，

已降落在你的肩膀上，

并为你的所有。

——鲁米

偏执、分裂与整合

相信你一定思考过这个问题：人性为什么如此复杂？这份复杂是怎样演化出来的？

我的答案是，人性复杂的主要原因，是我们不断地试图把我们自己不想要的"坏"切割并投射出去。如果不做切割和投射的工作，人性就一直都是单一、完整的，复杂也就产生不了了。

为什么要不断地切割呢？因为，当一个人的自体还不够强大、坚韧时，为了保护自体，就需要把自体承受不了的"坏"分离出去，以此来维护"我基本上是好的"这种感觉，而构成向心力，把心灵素材凝聚在一起。

为什么要不断地投射呢？所谓"投射"，特别是"坏"的投射，是要把从自己身上切割掉的"坏"投射到别人或其他存在身上。这真是不够地道的事，但也是必然的事。因为，所谓的"坏"也是人性的根本存在，也是自体的一部分。我们还要把这些"坏"投射到外界这个显示器上，这样就可以看到它们的存在了。

人不能简单地把一些心灵元素消灭掉，这样一来，完整人性就不可能了。所以，当我们不能在自己身上看到这些人性时，就需要在别人的身上看到它们，从而学习如何和它们相处。

当一个人形成内聚性自我后，切割与投射，就可以变成吸纳与整合了。这样的人能直面人性中的"坏"，并且能认识它们、处理它们，最终完成整合。

能直面、处理并适度整合"坏"，这是人性成熟的一个标志。而彻底完成了整合的人，就意味着走完了英雄之旅，成为约瑟夫·坎贝尔所说的"英雄"。不要轻易觉得自己走完了英雄之旅，这是极少数人的专利，而我们绝大多数人都是在路上，并且总是在反反复复。

精神分析中有一个非常重要的概念——"心位"（Position），这是客体关系理论的集大成者梅兰妮·克莱因提出的。她认为，1岁前的婴儿的心理发展有不同的两个心位：一个是偏执分裂位，另一个是抑郁位。

在正常情形下，3个月前的婴儿是处于偏执分裂位的，而3个月后的婴儿可以发展到抑郁位。

所谓"分裂"，就是事情一分为二，而偏执就是只执有一端。例如，婴儿会有两个基本分裂：好妈妈和坏妈妈，好婴儿和坏婴儿。用术语来表达就是：好客体与坏客体，好自体与坏自体。能满足婴儿需求的，就是好妈妈，而这时婴儿也是好婴儿；不能满足婴儿需求的，就是坏妈妈，而婴儿也变成了坏婴儿。

3个月前的婴儿没有能力处理一个复杂信息——母亲是同时有好有坏的，他们认为某一时空里的妈妈和婴儿，要么是全好的，要么是全坏的，这就是所谓的"偏执"。在心理发展很不成熟的一些成年人身上，你会清晰地看到这一点。最初刚和你建立关系时，这样的人会觉得你全好，简直是理想中的完美存在。可一旦他对你产生了不满，立即觉得你成了全坏的存在。

婴儿一开始活在严重的全能自恋和全能毁灭感中，同时伴随着的，是婴儿还没形成客体稳定性。这时，婴儿会有一个巨大的矛盾：当妈妈满足他时，他会有全能神一般的美好感觉；当妈妈没满足他时，他会生出全能毁灭欲。此时，他真的会担心自己像一个全能的"魔"一样，一发出攻击，妈妈就会被毁灭。

同时，这又引出了另一个巨大的矛盾：3个月前的婴儿，基本上是没有什么行动能力的，他的绝大多数需求都依赖于抚养者的照顾，而当需求不被满足时，他会体验到彻底的无助。这是一种极致的自体虚弱感。准确来讲，是婴儿会体验到自己被摧毁的感觉。

无论是自体被摧毁的体验，还是担心客体被摧毁的想象，都是婴儿的心智所不能承受的。实际上，这也是人类所共同不能承受的。所以，处于偏执分裂位的个体必须得把它们分裂并投射出去。这整体上，我喜欢称为"切割"。

把"坏"切割出去，是为了保护"好"的部分。

美国的巨星——性感女神玛丽莲·梦露，在这方面有极致的经历，她换过十个收养家庭。因此，你可以理解梦露的不幸是如何开始的。同时也可以推理，她绝对是一个很难相处的人。

偏执分裂位，还被翻译成"偏执妄想位"。意思是，处于这个位置时，人会有各种严重的全能创造和全能毁灭的想象。最严重的精神疾病患者会直接活在妄想中，而普通人，这些内容会停留在潜意识中，例如梦、神话故事和一些影视作品、小说中。

在正常养育下，3个月以后的婴儿会进入抑郁位。这时，婴儿开始意识到，好妈妈和坏妈妈是同一个人，好婴儿和坏婴儿也是同一个人，这就意味着整合的开始。整合，虽然是更高级的心理功能，但整合容易让人觉得不痛快。因为整合意味着，你看到客体有好有坏，所以不能痛快地去爱，也不能痛快地去恨。同样，你自己也是有好有坏，这让你的爱和恨都会缺乏理由。爱的时候，你会担心自己不够好；而恨的时候，你会想，对方虽然不怎么样，但我也不怎么样，于是难以恨得理直气壮。

我的一些来访者，随着咨询的进展，突然有一天，他们发现自己进入了一种有点儿无聊的状态中。探讨发现，他们应该是从偏执分裂位进入了抑郁位，于是发现不能活在简单的爱恨中了，而是活在爱中有恨、恨中有爱，好中有坏、坏中有好的复杂中。这让他们很纠结，纠结带来了无聊。

同时，他们的现实功能增强了很多。虽然自己的想象世界变得有些无聊了，但是现实却变得精彩了很多。特别是当能体验到和别人的生动联结时，他们很容易会感动得落泪，会感慨地说："这才是生活，这才是生命。"

为什么叫作"抑郁位"呢？因为这时候，婴儿有了内疚的能力。所谓"内疚",是婴儿发现,他有时候会攻击好客体,他因此而有"内疚感",内疚带来了抑郁感。

当活在偏执分裂中时,一个人是没有内疚感的。因为他觉得,当他对客体发起攻击时,都是因为客体太坏了。攻击坏客体,他不会感觉到内疚。不过,他会恐惧,因为担心坏客体会报复自己。

从现实层面来讲,绝大多数成年人都可以处在抑郁位。可实际上,太多人还仍然处于偏执分裂位上,甚至一生都没有走向整合,英雄之旅从来都没有开始过。

对于那些能在生命一开始就进入抑郁位的人,这份整合是一份好命运的开始。不过也只是一个开始,完成整合,绝对是一条长路。我们都在这条路上。

你可以好,也可以坏

前一段时间,我又看了一遍李连杰版的电影《倚天屠龙记之魔教教主》。李连杰在电影中演绎的张三丰让人觉得很是痛快,比如灭绝师太打了张三丰的弟子张翠山的太太(也就是张无忌的妈妈殷素素),张三丰看到后,二话不说,猛扇了灭绝师太一通耳光,还留下了她的倚天剑。

在这份痛快中,有偏执分裂的味儿,灭绝师太被刻画得很无理,是一个迫害者的形象。这时候,来了一个全能神一般的超级高手,狠狠报复了她这个坏人,让人觉得爽快。

我多次听到一些大人对我说,他们家的孩子常常撒谎,他们怎么教育,甚至打骂孩子,都改变不了孩子撒谎的习惯。我问他们:"在这些例子中,如果你们的孩子一开始就对你们讲真话,你们能接受吗?"他们愣了一会儿说:"接受不了。"既然接受不了孩子说真话,那为什么还要求孩子必须对自己讲真话呢?

健康的心智,是"我既可以 A,也可以 -A"。这意味着整合和灵活,相对分裂的心智是"我只可以 A,不可以 -A",而最有问题的心智是"我既不可以 A,也不可以 -A"。当父母既接受不了孩子撒谎,又接受不了孩子真诚时,就是将孩子逼入了"你既不可以 A，也不可以 –A"的矛盾中。这种矛盾，叫作"双重束缚"[①]，在很多严重的精神疾病中都可以看到。

再说说真诚。一直以来，我都是超级真诚的一个人。以至于在和熟知我的同行论战时，该同行也说，他曾想，在他认识的人中，有比武志红更真诚的人吗？最后他说，没有。

和我的咨询师探讨我的这份真诚时，我找到了一种可能的答案：这样的男人，是和妈妈在相当程度上共生在一起的。而在共生关系中，彼此要绝对真诚，否则共生关系就被破坏了。

后来，我不断地思考自己的这份过度的真诚，我还想到了一种不那么舒服的答案：顺从。你看，我完全是坦坦荡荡的，我什么都可以坦露给你，你不用提防我，不用害怕我，我绝对不会把我的攻击性施加在你身上。

可是，我真的是那么坦荡、那么无邪吗？绝对不是。我一样有自恋、性和攻击性这些动力，我一样渴望金钱，但是我把这些人性中复杂的东西，在相当长时间里屏蔽出了我的意识，而把这些最普通的人性压抑到了潜意识中，因此才可以做到那样坦荡。

当我非常坦荡地和我的咨询师谈我的收入和名声时，我认为我就是在说客观事实而已。我的分析师一再提醒，我才意识到，我讲这些时，其实和他之间在构建"谁高谁低、谁更厉害"的关系，但我完全把这种竞争意识给屏蔽了。

我这种看似简单的人，却在潜意识中构建了无比复杂的迷宫。相反，像王阳

---

① 双重束缚：1956 年英国心理学家葛雷格里·贝特森提出的关于精神分裂症病因的理论（Double Bind Theory）。他认为在人们互相沟通的时候，一个人同时在交流的不同层面，向另一个人发出互相抵触的信息，而对方必须做出反应，但不论他如何反应，都会得到拒绝或否认，容易使人陷入两难的境地，精神分裂的症状就是这种痛苦的表达。后来这一说法在诸多领域都获得了应用，在生活中非常常见。当一个要求里含有矛盾的信息，让对方做和不做都不对的时候，就是双重束缚了。

很多精神疾病的病人都有被双重束缚的经历，他们在成长过程中常会有分裂的感觉，内心常处于冲突的状态，自我认识和对世界的认识也多是模糊、不清晰的，常常伴有情绪和思想的混乱。被双重束缚的孩子最难受的是无望与发狂，被撕扯着，因为无论孩子怎样反应都是错的。

明这样在现实世界中无比复杂的人，却有最简单的心灵。

现实中，我见过几位知行合一的人，他们都是精英企业家。他们说自己从来都是想干什么就干什么，绝不压抑，人生畅快至极，没有任何遗憾的事。同时，以我所知，他们并没有干什么出格的坏事。

我想，"你可以好，也可以坏"这种表达其实还远远不够，更好的表达是："你可以展开你的任何一种人性。"它们本来就是超越了"好坏"的，这也是最好的整合。

你可以执着，也可以放弃

日本小说家村上春树在他的短篇小说《再劫面包店》中写了一个故事：

一天夜里，刚结婚的小两口突然醒来，饿得不得了，把家里所有的食物扫荡一空，可还是饿。妻子说："我从来没有这么饿过。"

这时，"我"不由自主地回了一句话："我抢过面包店。"

原来年轻时，"我"曾和一个最好的哥们儿去抢劫面包店，不是为了钱，只是为了面包。

抢劫很顺利，面包店老板没有反抗。不过，作为交换，他请两位年轻人陪他一起听一下瓦格纳的音乐。两个年轻人犹豫了一下，但还是答应了。毕竟，这样一来，就不是"抢劫"面包，而是"交换"了。

事后，"我"和伙伴非常震惊，连续几天讨论，是抢劫好，还是交换面包好。再后来，两个人莫名其妙地再也不联系了。

对妻子讲述这件事时，"我"说："毫无疑问地，我们被诅咒了！"

"不仅你被诅咒了，我觉得自己也被诅咒了。"妻子说。她认为，这就是这次奇怪的饥饿感的源头。要化解它，就必须去完成这个没有完成的愿望——真真正正地再去抢劫一次面包店。

最终，新婚的两口子开着车、拿着妻子早就准备好的面具和枪，扎扎实实去抢了一次面包店—— 一家麦当劳。

　　早在读研究生时，我就读了这篇小说，当时觉得莫名其妙，不知道村上春树在说什么，可是这篇小说却给我留下了非常深刻的印象，让我记得清清楚楚。

　　多年后，一次和心理咨询师朋友们闲聊，突然间我明白了这篇小说的寓意：没有实现的愿望，具有诅咒般的力量。

　　本来两个年轻人可以凭武力直接抢走面包，这个时候是他们说了算，但经老板提议，他们最终同意陪老板听听瓦格纳的音乐，因此，这件事就变成了一次交易，而且老板的意志占了上风。老板在非常弱势的情况下，凭借这个提议，一举让形势反转。可以说，他用四两拨千斤的方式，击败了两个年轻人。

　　这两个年轻人没有搞明白到底发生了什么，但他们都体验到了被击败的感觉，因此有了羞耻感。后来，为了躲避自体虚弱的羞耻感，两个人干脆不来往了。

　　这是一种较量，这个世界上无数事情都藏着这种较量。于是，事情层面的客观事实变得不那么重要了，而事实背后所藏着的个人意志的较量，才成了主要的东西。

　　曾奇峰老师是玩这个游戏的高手。他说，去餐厅吃饭，偶尔感觉服务员的服务态度不好时，他会玩一个游戏。在埋单时，他会故意找一个很便宜的菜说："哇，这个菜你们的定价也太便宜了吧。来来来，我给你们补点儿钱。"其实，也就几块钱，而餐厅的服务员一定会答应。但这时候，关系的掌控权就变了，最后服务员们都会有点儿蒙。

　　这种时候，无论是那个面包店的老板，还是曾奇峰老师，都称不上是善意的，相反是一种执念——我要说了算。

　　曾经见过这样一件事：一位80岁的老人，在长达47年的时间里一直在寻找初恋女友，最终通过一家报社得以圆梦，知道了初恋女友的下落。他和初恋女友原来是因为组织的反对而不能结婚，他对此一直耿耿于怀。于是，花了大半生的时间去寻找初恋。

　　这种故事非常多，在咨询室里，我也见到过几位已经年过半百的人，对初恋一样有类似的执念。

　　这种执念，是爱吗？也许有爱的成分在，但依照我们的心位理论来讲，这是陷在了偏执分裂位的一种表现。

生命中最大的现实之一，是有些愿望你注定不能实现，那么该如何面对这些实现不了的愿望呢？这就涉及精神分析的另一个概念——"哀伤过程"。精神分析认为，任何丧失都会导致哀伤。让哀伤的情绪、情感自然流动，最终在情绪过程、身体过程和头脑过程中都接受了这份丧失的发生，这个完整的过程，就是哀伤过程。

当哀伤过程没有很好地进行时，一个人的能量就会仍然滞留在和丧失较劲儿上。如果这件事中聚集了太多的能量，那会导致一个人没有心理能量去做其他事情。

3个月后的婴儿能否进入抑郁位的关键，是婴儿是否充分感受到了妈妈的爱。然后，他就不能再用偏执妄想的方式去攻击妈妈了。一攻击，他就会感觉到内疚带来的折磨。

对此，很多资深的心理咨询师都体会过。他们常常听到来访者说："我是如此爱着你，怎么会舍得严重地攻击你？"当然，这还不是完整的整合，完整的整合意味着：我可以攻击你，也可以放下对你的攻击；我可以爱你，也可以恨你，这两种事可以同时发生。

感知到这个世界有爱，是放下偏执的关键。

虽然常有人说，只有偏执狂才能生存，并且的确在一些成功人士身上会看到"我开始了一件事就必须追求到底"的偏执存在，但如果只有这种感觉在，那就会失去灵活性。我的一个企业家朋友，他的经营上出现了一些问题，这带给了他很大的挫败感。我和他探讨的时候，发现是失败带给了他巨大的羞耻感，而他这时候会隐隐地觉得，好像有一股敌意的力量在和他对抗，而旁观者也好像只是在等着看他的笑话。

当觉知到这份隐隐的敌意后，他再看现实时，首先看到他周围的朋友和家人多是可以给他各种支持的。接着，他想到，这些挫败是中性的，都是历练而已。如果不仅事实上他遭到了打击，在感受上他的自我也因此变得更虚弱，那真像是遭遇了敌意攻击一样。但如果他好好地去面对这些问题，又或者解决了这些问题，又或者将它们视为经验教训，那么他的自我最终会变得更为强大，而他的企业也会因此同步走向强大。如此一来，挫败都像是善意的了。

所以，在根本上，是你在不断地走向强大。

最终的整合

一个人能放下执念，前提是，外面得是善意的"你"。放下执念，就像放下武器一样。如果外面是敌意的"它"，"我"自然不能放下武器。除非是"我"惧怕被"它"毁灭，而不得不放下，但这时会产生巨大的羞耻感。并且，这时的投降或顺从，必然只是表面的，在难以觉知到的内心深处，"我"要挖一道深深的鸿沟，或打造一堵看不见的头脑围墙，把"我"与外部世界割裂开来。

当"我"确定，外界是善意的"你"之后，还会引出这样的问题：如果善意的"你"消失了呢？"我"该怎么办？

我的一位挚友，她的妈妈突然被检查出得了难以治疗的癌症，很快就去世了。治疗的过程非常煎熬，而妈妈去世后，她同样煎熬。作为好友，我曾试着给她一些陪伴和支持，可一次关键的疗愈，来自她的另一位好友的一条短信。在短信中，那位好友对她说：

> 所有的爱都不会失去，因为已经永驻你心。

这条短信让她泪流满面，而几乎同时，她想起了许多和妈妈在一起的美好时光。这些记忆，以及记忆中的爱与温暖，是如此真切。并且，她也看到，作为妈妈的女儿，妈妈很多好的品质都在她身上留有印迹。所以，真的不必太惧怕爱的失去。

哀伤的过程，就是必须承认丧失的发生，并让这个过程的各种心灵，特别是丧失导致的各种情绪、情感，都流动起来，这样才能完成哀伤。

如果你看各种讲述哀伤过程的资料时，你会看到以上的讲解。但这些仍然是表面的部分，而在深层逻辑中，还得有这样的部分：外部世界的爱失去了，可它留在了内部世界。相反，哀伤过程之所以不能完成，是因为相反的部分：我不想接受内在的痛苦，所以我拼命保留住外在的爱。

为什么爱的留住这么重要呢？

爱，是最重要的生能量，而所爱的人（即好客体）的离世，如果像是彻底消失了，那就意味着这份生能量被死能量彻底吞噬了，这是更深层面的恐惧。并且，如果所爱的人离世后，我们内心的爱与美好也一并消失了，那也意味着，我们内在的生能量被死能量给吞噬了，这是我们更为恐惧的。

在内心最深处，还藏着这份恐惧：我内心的死能量彻底占了上风，是不是意味着，我就是邪恶的死能量之化身了？由此可以说，我们担心外部世界夺走了所爱之人，实际上是担心，夺走所爱之人的那个力量是来自我们自己。

这个逻辑一层层地递进下来，也许有些朋友觉得难以理解。但我们从那些经典的生死故事中会看到，当所爱之人去世，而自己生出"冲天怨恨"时，那也是自己心灵黑化的时刻。最重要的时刻，自己会滑入严重的邪恶。

一位男士，在他四五岁的时候，他的父亲因病去世了。一年多后，他的母亲再婚，给他找了一位继父。他和继父的关系本来还好，有过两年比较和平、友好的时光。但后来，继父和母亲生了弟弟、妹妹，从此以后，他和继父的关系变差。后来越来越恶劣，最终到了不能见面的地步。

在咨询中，他说自己非常想念父亲。可是，无论怎么努力，他都回忆不起来和父亲共处的那些时光了，能回忆起来的细节都没几个。虽然把父亲忘得这么干净，但同时，他把父亲给理想化了。他觉得，父亲是一个非常正直、善良、勇敢的男人，他也像认同了父亲一样，一直在追求正直、善良、勇敢。这的确是真的，他非常具有奉献精神。但同时，他的个性很极端，和他共事的人都有些怕他，因为他一发现别人自私、软弱时，就会变得非常愤怒，而无情地批评对方。

我们可以看到，他在相当程度上是处在偏执分裂位上。他把父亲当成了近乎全好的客体，而将继父视为近乎全坏的客体。同时，他也想让自己变成一个纯粹好的客体，可他的做法却显得有些可怕。这意味着，别人可能不这样觉得。

咨询中，我请他去找亲戚们了解一下他父亲到底是怎样的。他拖了很久才去做这项工作。而一了解，他发现他的父亲非常普通，就是一个既有优点又有缺点的男人。而且，真不能用"正直、善良、勇敢、无私"这些词来形容。可以说他父亲不是英雄，只是一个普通的男人而已。

他了解到的信息让他有些崩溃，过去几乎从不做梦的他开始做梦了。而梦中常常是两个雄性之间的剧烈冲突，有时是雄性的动物，有时是男人，有时则是

"恶魔"。他从一开始认为，这是他和继父之间的冲突，可随着梦的推进，他越来越清晰地认识到，那是他的恋母弑父情结。

至此，他才终于明白，虽然在现实中，父亲是病死的，可在他的幻想中，他认为父亲是他杀的。而为了躲避这一罪恶感，他把父亲给彻底理想化了，并把这份冲突投射到了和继父的关系中。

很有意思的一点是，他为什么要理想化自己的父亲？因为在他的想象中，他自己是全能毁灭者，而父亲真被他毁了。这是坏自体和坏客体之间的坏关系，而且是太坏了。他不能承受这一点，于是把父亲理想化了。这样就意味着，父亲是一个好客体，而且他对父亲没有丝毫敌意。他让这样一个理想化的好客体留在内心，是为了对抗内在的黑暗想象。

每一个看起来很普通的关于人性的冲突，最深处都指向了这样的想象：我之外的世界，是敌意的还是善意的；我之内的世界，是敌意的还是善意的。这个世界到底是生能量占据上风，还是死能量更为强大？

精神分析治疗的最终目标是，让一个人彻底相信自己的自发性，也就是达到想干什么就干什么的状态。可怎样才能达到这样的状态呢？克莱因的心位说给了一个基本答案：

在偏执分裂位上，我担心外界是有敌意而强大的，于是在表达带着攻击性的生命力时，我很恐惧，因为担心外界敌意的"它"会把我摧毁。可我又必须去表达攻击性，并增强自己，不然会感觉到很羞耻。

到了抑郁位上，我基本上会体验到，我有时是强大的，我想表达带着攻击性的生命力。可我一样恐惧，我担心我的敌意会把善意的"你"摧毁。

当能化解矛盾后，就意味着，一个人的攻击性彻底被驯服为生命力了。这时候，人就可以尊重自己的自发性，而不必担心伤害所爱的人，或被报复、惩罚了。

一旦到了这种地步，一个人会有最高程度的人性化。他成为自己，但却无害于别人和社会。

这是全然的整合，也是王阳明所达到的境界。不过，我必须补充的是，当我们能真正看到世界有好有坏、自体和客体有好有坏时，这就已经是一种很高程度的整合了。

互动：偏执分裂位不等于错误

偏执分裂位并不等于错误，也不等于是低水平。一个愿望发起时，总是在偏执的位置。并且，这时也需要做一些偏执分裂的工作。例如，把自己和自己的愿望视为好的，而把坏分裂投射出去，这样才能比较好地追逐并实现这个愿望。如果从一开始发起愿望，一个人就总是反思，就处于抑郁位，怕伤害到别人，那就别追逐愿望了。

"情人眼里出西施"是偏执分裂位吗？这是学以致用啊。这的确是偏执分裂位，把"坏"从情人身上分离出去，于是觉得情人美如西施。

和很多投资人聊天，他们总结好的投资对象，都说到"病态的天才"。因为觉得很多好的投资对象身上，都有那么一股子偏执劲儿。有这样一股劲儿，才更有可能把企业做好。

记得有一个研究显示，那些善于为自己辩护、不容易自我批评的人更容易成功。一个愿望如同一个新生儿，在它稚嫩的时候，需要呵护，而不是各种批评、打击，特别是自我批评。等它强大、茁壮了，就可以做更好的反思了。当然，事情是有限度的。如果始终处于偏执分裂位，不能进入抑郁位，那么可能会：第一，树立很多敌人，忽略很多陷阱；第二，不承认失败，于是把太多精力损耗在"沉没成本"上。

所以，在克莱因看来，人经常是处于偏执分裂位时发起一个动力，逐渐走到抑郁位，再回到偏执分裂位发起一个新的动力……生命就是这样不断轮回的。

Q：**快意恩仇，要痛快地去爱、痛快地去恨，这与抑郁位的状态矛盾吗？还是说，快意恩仇是为了达到抑郁位呢？**

A：应该不太可能只切割而不投射。投射有两种水平：一种是强力地把坏投射到别人身上，而去批评、攻击对方；另一种是我虽然没有采取攻击别人的行为，但我心里觉得外部世界很坏，这也是投射。

快意恩仇，就是真实地去建立联结。在这种情况下达到的整合，才是强大且真实的。如果只是在头脑上去整合，这会是虚假的。例如，很多看起来很高明的人，一遇到事情就会抓瞎，这是因为没有经过真正的历练。

"快意恩仇"这个词容易给人偏执的感觉，但在比昂那里不是这个意思。快意恩仇的对立面，也不是整合，而是我们多次谈到的"心灵僻径"。

Q：经常说到的"坏"和我们平时谈论的人性中的"恶"不同吧？那区别又有哪些呢？

A：所谓"好"，所谓"坏"，其实都是"我"的感知。

这有被固定关系和关系群所塑造的部分，例如在东方，"攻击性"就不是一个好词，而在西方，"攻击性"这个词的英文 aggressiveness，就像是一个褒义词。

但在人性最深的地方，关于"坏"，我想是有一定的共识的，甚至是很根本的共识。例如我一再说，自体的虚弱和关系中的恨是最容易被感知为"坏"并恨不得切割掉的东西。

第五章　自由

自我实现

我们一直在讲"拥有一个自己说了算的人生"，自从业以来，我也一直在讲"成为你自己"。成为自己的人，会是什么样的人呢？他们会成为以自我为中心、自私自利的人吗？在我最初倡导"成为你自己"时，总有人会问这样的问题。

我们都知道，带着攻击性的生命力一旦被看见，就会成为白色的、好的生命力，所以，真正成为自己的人，他们的生命力的品质（即人性化程度）是最高的。只有那些没有被看见的黑色生命力展现时，才会是以自我为中心、自私自利的。

根据对杰出人物的研究，人本主义心理学家马斯洛提出了极具影响力的需要层次理论，认为人有七种需要：生理需要、安全需要、爱与归属需要、自尊需要、认知需要、审美需要和自我实现的需要。

自我实现者，即那些真正成为自己的人。马斯洛认为，这些人会有一些共同的人格特征。

你认为自己是自我实现者吗？你身边有自我实现者吗？并说说他们的人格特征是怎样的。

> 我看上去如此脆弱，
> 而这里，就在我手里，
> 是永恒的保证。

——鲁米

自我实现者的人格特征（上）

与精神分析一开始接触的多是有心理问题的患者不同，马斯洛研究了 48 位杰出人物，例如林肯、杰斐逊和爱因斯坦等，马斯洛认为他们是自我实现者。研究对象也包括一些普通人，但被马斯洛视为自我实现者或可能的自我实现者。

太多人认为，精神分析治疗的就是病人，但即便在弗洛伊德那个时代，也不完全是这样。而现代社会，能接受一周数次的经典精神分析治疗的，多是高功能人群。弗洛伊德的来访者中有很多成功人士，他们中有至少十位将他们接受弗洛伊德的分析过程写成了书。像林肯、杰斐逊和爱因斯坦，如果给他们做深度精神分析，他们一样有心理问题。

像日本的一位精神分析大师，他一直说，精神分析是给少数人的，而他一生中只接受了几十位来访者，其中不少人跟了他一辈子。后来，这些来访者已没有达到诊断标准的心理问题了，但还继续接受精神分析，只是为了更全面、深入地了解自己。

从马斯洛出发，我们先界定一下什么是自我实现。简单地理解，就是拥有自主人格的人，他们自己的事情自己做决定，自己为自己负责。

自主人格者，因为一直活在真实中，他们的生命力被充分看见，这部分生命力也因此更成熟。这会带来一些好处，让他们既能深入地理解世界，又能真诚地看待自己。他们的自我更和谐，他们与他人和世界的关系也更和谐。马斯洛认为，真正自主的人具备 14 个明显的人格特征：

1. 准确和充分地认识现实

马斯洛将人的认知能力分为两种：B 认知，即存在认知（Being Cognition）；D 认知，即匮乏认知（Deficiency Cognition）。

具备 B 认知的人，现实是怎么回事就怎么认识，不会按照自己的需要、想象或欲望去认识现象。不自欺是具备 B 认知的人最明显的特点。相反，具备 D 认知的人，是按照自己的需要、想象或欲望去认识世界的。

寓言故事《皇帝的新衣》中的小男孩，看到了皇帝没穿衣服，这是最经典的 B 认知。有 B 认知的人不会因为任何原因改变自己对事物的原初认识。B 认知是自主人格的基石。

2. 宽容但又疾恶如仇

他们能看到事物的两面性：一方面，他们深切地理解人性的脆弱，从而具备高度的宽容；另一方面，他们对人性中的恶又高度敏感和抵触。

例如王小波，他对恶和人性弱点描绘得入木三分，嘲讽起来仿佛不留余地。但同时，他的作品又无限地宽容。

3. 对自己的体验全然敞开

对自己的内心体验，他们欣然接受，自然地表达情绪和思想。他们坦率、自然，又不落入俗套，而且按照本心去行动。

4. 以问题为中心，不以自我为中心

他们为工作而工作，非自我实现者为生活而工作。他们在做事情时非常投入、忘我，被事业自身所吸引。非自我实现者相反，他们也许工作会很卖命，但追求的不是事业自身，而是为了副产品，如控制别人、赢取社会地位和经济收入，甚至变态地要求其他人服从自己。

在工作中，自主者总是新意不断，创新仿佛总是信手拈来。这也是因为他们有 B 认知，而没有 D 认知。

5. 超然独立的性格

超然独立的性格具有独处与独立的强烈需要，自己做判断，不依赖别人。

6. 不迷信权威和文化

权威和文化不会对他们造成压力。他们不随大流，不受制于文化环境、权威而被动选择。

7. 清新隽永的鉴赏力

他们像是没有"审美疲劳"，能以敬畏、惊奇和愉悦的心情体验和鉴赏一生中所遇到的各种事情，并频频产生"高峰体验"。高峰体验其实是"我"的本质与其他存在物的本质的碰撞。马斯洛对此提出了"B 价值"和"D 价值"的概念。

所谓"B 价值"，即存在价值。自主者既理解自己，又理解别人和自然，他们能以孩子般的心欣赏一切。比如，他们可以看一千次日落而不厌倦，这是一个人看到了事物本身的价值。

所谓"D价值"，即匮乏价值。一个人根据自己的匮乏而产生的需要，然后用自己的需要去评判对方，从而赋予对方的价值。非自主的人需要别人和外物来满足自己，他们根据这些需要给别人和外物硬安上了一些意义。当需要丧失时，别人或外物对他而言所具备的价值也就消失了。

例如，一个男人因为寂寞而恋爱。一开始，因为恋人填补了他的孤独感，他对恋人"很有感觉"。但当寂寞消失后，这种感觉也随之消失。他看到的是恋人对自己的"用处"，这是一种匮乏价值。他并没有看到恋人作为一个女人、作为一个人的原初的美，那才是存在价值。

工作也是如此。自主者看到的是工作自身的意义，这是存在价值。而非自主者看到的是工作带来的"好处"，这是匮乏价值。但当匮乏得到满足时，非自主者就觉得工作越来越没有意思了，而自主者就不会产生这种感觉。

我们会看到，自我实现者与非自我实现者的最大差别是，前者可以臣服于其他人和其他存在的真相，而后者则陷入自己自恋的想象中。对此，我的理解是，自主人格者是充分把自己活出来的人。结果，这个充分被看见的人，也可以很好地看见别人和外部世界了。也就是说，当"我"被充分看见后，也就能看到"你"的真实存在了。

自我实现者的人格特征（下）

依照马斯洛的需要层次理论，当基本需要处于匮乏时，人的心理能量就会集中在追求这些基本需要上，如"饮食男女"的生理需要和安全需要严重匮乏时，他们对这些需要的追求就会成为第一位，毕竟这涉及生死问题。当死能量成了压倒性力量后，对生存资源的追求就成了人最重要的事情。

一些心理功能和现实功能发展程度很低的来访者，会存在这样一个问题：他们认为，这个世界应该符合他们的想象。于是，他们不能尊重现实，而总是想把自己的想象强加在现实之上。

例如，一位女士，她的人际关系一塌糊涂，因为她有这样的心理逻辑：

（1）我很缺爱，所以别人必须爱我。

（2）谁不爱我，我就恨他。

（3）恨一个人，我就必须表达。

（4）为什么不表达呢？人人都应该爱我，他不爱我，我当然要攻击他。

这个逻辑，相信大家一眼就可以看出问题，别人没有爱你的义务，而且你动不动就愤怒，那很容易破坏人际关系。

她也的确没朋友。她知道现实是怎么回事，不然就不会来咨询。她知道，自己总动不动就发脾气攻击别人，导致了她人际关系太差，而这带来了一系列问题。可是，每当谈到这个问题时，她都会说："我就是需要爱啊，为什么他们就是不满足我呢？！"

马斯洛将匮乏定义为"基本需要的匮乏"，基本需要有四个：生理需要、安全需要、归属与爱的需要以及自尊需要。这位来访者所匮乏的，可以说是归属与爱的需要。

在精神分析理论看来，这位来访者还处在最原始的全能自恋中。她认为自己的需求必须得到满足，否则她就会生出自恋性暴怒。同时，她也觉得，世界应该有一个可以无限满足她的客体。就像婴儿在幻想，应该有一个"完美乳房"可以满足他的所有需求。

她最初得到的满足实在太少了，于是她不能承认现实，而必须活在孤独的想象世界中。想象可以满足她，而现实只会让她感觉到绝望般的匮乏。从这个角度来讲，那些能活在存在认知和存在价值中的人，多是因为他们的基本需求被满足了，于是不再执着。

当然，有很多人是处于一种临界点上。这时，觉知和适当的满足，就可以帮助他们从匮乏认知和匮乏价值，过渡到存在认知和存在价值中来。我想对还不是自我实现者的朋友说："别怪自己，慢慢来。"

马斯洛总结的自我实现者的14个人格特征还有：

8. 真切的社会情感

自主者有一种普遍的慈悲心，他们似乎理解所有人的处境，对所有人都有强烈而深刻的认同感和慈爱心。他们能坦然地看待亲人的优点和缺点。非自主者容易分裂，有些非自主者很爱自己的亲人，但对别人非常凶恶。

9. 深厚的人际关系

这种关系是纯粹的存在爱，而不是匮乏爱。他们倾向于寻找其他自我实现者做朋友，他们的爱中很少有控制和征服，也不会把自己的意见强加给别人。

据世界各地的统计，情杀案占了凶杀案的三分之一。某个男子杀了自己的恋人，理由是"我太爱她了"，这是一种匮乏爱。他爱的是恋人对他的满足，而不是恋人自身。他从没有将恋人当作独立的一个人来看待，而是将其视为必须满足他的一个工具。不满足，就摧毁你。

10. 民主风范

他们能看到每一个人的独特之处，能与任何性格相投的人平等相处，仿佛没有觉察出种族、年龄、教育、宗教等差异。他们70岁的时候也可以和小孩子做朋友，把小孩当大人一样对待。同时，他们年轻的时候也不刻意蔑视权威。

许多心理医生认为，治疗是一种模式，只要掌握了一套治疗方法，就可以治疗很多人。但马斯洛认为，这样的心理医生才是最好的：这个心理医生把每一名患者都当作世界上独一无二的人。他没有术语、预期和先入之见，他具有道教般的单纯、天真和杰出的智慧。每一个患者对他来说都是独特的人。因此，他是以全新的方式理解和解决全新的问题。甚至在非常困难的病例上，他都获得了巨大的成功，这证实了他做事的"创造性"。

这个心理医生并不独特，每个自主者都具备这种态度：将每一个人都当作世界上独一无二的人。

11. 高度的道德感

自主者有强烈而自主的道德感和伦理观。他们有很高的道德标准，但这个标准常与所在文化的一般标准不同。他们信奉"己所不欲，勿施于人"，并在各种情境下都坚守自己的道德底线。他们不会有两套道德标准，一套宽松的给自己，一套严格的给别人。

12. 批判精神

自主者有一种自然而然的批判精神，这是源自存在认知、存在价值和存在爱的批判。他们不是为了标新立异而批判，只是当周围的一切与他们的存在认知相悖时，他们的自主精神导致了这种批判。

13. 接受模糊状态

能接受模糊状态是创造力的一个典型特征，自主者也正是如此。他们很少受条条框框的限制，从不急着将一件新事物纳入一个僵硬的认识模式中。他们会安静地等待答案到来，答案没有找到的时候，他们不急着去造出一个答案来。

相反，非自主者一定会先把新事物纳入已有的某个模式中去，不这样做就会焦躁不安。事情刚开始，他们就急着去找答案了；别人刚开口说话，他们就已经急着去阐述自己对这件事情的认识了。其实，只要静静地等一等，他们会得到更好的答案，但这种等待对他们来说好像是对自己的否认。非自主者不能接受这种等待。

14. 高创造力

创造力分自我实现型的创造力和特殊天才型的创造力，马斯洛研究的是前者。他强调，创造力只是自我实现人格的必然产品，自我实现者几乎时时、处处都具备这种创造力。这种创造力源于自主。

至此，我们就介绍完了马斯洛总结的自我实现者的人格特征，你觉得自己符合多少条？你认为自己是自我实现者吗？你身边有这样的人吗？

自我实现者能看到自己、他人和世界本相，事实是什么样子，他们就看到什么样子，这是自主者有创造力的最根本原因。

他们之所以如此，马斯洛认为，多半要追溯到他们无畏的性格。这要分两个方面：

一是对外界。自主者既不随大流，也显然缺少对文化的顺应态度，他们不害怕别人会说什么、要求什么、笑话什么。因为他们不太需要依赖别人，所以也较少被他人所左右。并且，他们不敌视他人，相反会理解他人。

二是对体验。更重要的是，他们的自我更和谐，他们更能接受自我。他们敢于直面内在自我，同样也敢于直面外在现实，这使得他们的行为更有自发性，而比较少控制、压抑、规划与设计。

自主者不怕自己的思想，即便它们是"古怪的"、糊涂的或疯狂的。他们不怕被笑话，不怕得不到赞同。他们能让他们的自我通过情绪流露出来。相反，普通人和神经病患者用围墙挡住危险，并控制、抑制、压制、镇压他们的自我。他们苛责自己的深邃自我，并且期望他人也这样做。

对自主者的这种特质，马斯洛曾做过以下描绘：

> 他们（自主者）并不忽视未知的东西，不否认它或躲避它，也不力求制造假象好像它是已知的，他们也不过早地组织它、分割它或对它分类。他们并不依赖熟悉的事物。他们对真理的探索，也不强求确定、保险、明确和有条理……当整个客观情境有这种要求时，自我实现的人可能安于无秩序的、粗线条的、混乱的、混沌的、模糊的、有疑问的、不确定的、不明确的、近似的、不严格的、不准确的状态。

这就是自在，即对自发性的信任与尊重。

怎样回归自主

自我实现是自主人格的一个副产品，那么，自主人格又是如何形成的呢？一个很有可能的答案是，因为命运的馈赠。就是生命一开始，你的自主性就是被允许、被鼓励的。可能很多朋友会问："如果我的原生家庭太糟糕，我的自主性被破坏了怎么办？"

马斯洛有一个糟糕的童年，他曾这样说自己：

> 我是一个极不快乐的孩子，我的家庭是一个令人痛苦的家庭，我的母亲是一个可怕的人。我没有朋友，我是在图书馆和书籍中长大的。但是，奇怪的是，过着这样的童年生活，我居然没有患精神病。

童年和青春期，马斯洛因瘦弱和大鼻子一直很自卑，他说"我从来没有任何优越感"。这和他的父亲塞缪尔有关。父亲曾在大型家庭聚会上问大家："难道亚伯（马斯洛全名是亚伯拉罕·马斯洛）不是你们见过的最丑的孩子吗？"

塞缪尔是一个"不存在的父亲",他不愿意回家,和孩子们的关系淡漠,但马斯洛最终还是和父亲和解了。父亲年老时,失业了,也花光了积蓄,并与妻子离了婚,之后住到了马斯洛家中。他们相处得不错,马斯洛说,他是"一个很好的老家伙。一直到他去世,我们都是朋友"。

但对母亲,马斯洛一直抱有无法释怀的恨意。母亲去世后,他甚至拒绝参加她的葬礼。他形容母亲是一个冷酷、愚昧无知和充满恶意的人,好像热衷于逼孩子们发疯。而父亲之所以和孩子们的关系淡漠,也是为了躲避她。虽然父亲有很好的收入,但母亲会用锁把冰箱锁起来,只有当有心思给自己弄吃的的时候,她才把冰箱打开。她不会认可孩子,总对孩子们说"你根本就不知道什么是对的",也常发出威胁——"上帝将惩罚你"。她毁坏过马斯洛心爱的唱片,把马斯洛带回家的两只小猫当着孩子的面活活摔死……

这样的家庭背景没有阻碍马斯洛成为极具影响力的心理学家之一,他也显然拥有自主人格。

自主性被破坏的人,该如何回归自主呢?马斯洛有这样一些建议:

(1)重建你的内部评价体系。在决定你自己的事情时,试着自己做决定。你应该请教别人的意见,但最后做决定的是你自己。放弃对身边的人的依赖,放弃对权威、文化乃至流行的迷信。

(2)倾听并接受你内心的声音。马斯洛认为,"自主者对自己的体验彻底敞开"。他相信,直觉、感觉等体验性的东西是我们认识自己、别人和世界最可靠的部分。如果它们不可靠,那只是因为你在认识它们的时候,扭曲了它们。试着按体验的本来面目去接受它们,这样做得多了,你会发现,它们无比准确,从不欺骗你。

(3)把每个人都当作独一无二的人。我们容易将自己当作独一无二的,但我们却容易以己度人,认为别人和自己一样,忘记了每个人都是独一无二的,这是我们特别喜欢拿自己的坐标体系去套别人的根本原因。这样做起来很轻松,但会因此丧失存在认知、存在价值和存在爱。

理解别人是很多种创造力的基础:小说家如果不理解别人,他写出来的作品就是可笑的;管理者如果不理解别人,他就不可能在管理上有创新。对他人和世界的理解能力,意味着一个人能看到其他存在的本来样子。

以上这三者是最根本的。此外，马斯洛还有一些小建议：

（1）无我地体验生活，全身心地献身于事业。

（2）选择成长。很多人放弃了成长，觉得人生这样就可以了。当一个人这样做的时候，创造力会逐渐离他而去。

（3）真诚一致。不自欺、不欺人、不装模作样。自己的意识与内心的体验相一致，讲出来的又与认识相一致。

（4）从小处做起。如果你目前不是自主的人，缺乏存在认知、存在价值和存在爱，但只要你从小处做起，一点点尝试做你自己，你最终会走向自主之路。相反，如果你开始是这样的人，但后来放弃了，你就会背弃这条路。

（5）勤奋，追求达到你能做到的最好。

自主者既然有这么多优点，为什么多数人不这么做，从而成为非自主人格，并丧失了创造力呢？

马斯洛认为：与其说创造力是一种能力，不如说是一种人格；与其说创造力是我们学来的，不如说创造力是与生俱来的，多数人只是不幸放弃了自主而最终丢失了创造力而已。

导致抛弃自主的原因主要有两个：控制性教育和太顺应社会。

1.控制性教育

如果父母喜欢控制孩子，希望孩子完全按照自己的计划去发展，那么这个孩子就会成为父母的复制品，而不是他自己。

有些时候，孩子会激烈抗争，但很可能他会以反控制对抗控制，只学会了对着干，而没有学会遵从自己的声音。

更为关键的是，父母控制性的爱会让孩子形成外部评价系统。孩童时代，他揣摩、在乎父母对自己的评价，在乎父母的物质奖励。长大以后，他就揣摩、在乎领导和同事等周围的人对自己的评价，特别在乎单位和社会的物质奖励。这样一来，他就无法成为一个自主的人。

并且，这样的孩子长大以后，和父母一样，会喜欢去控制别人、控制周围的世界。他会从自己的角度去看别人、看世界，并且根据自己的需要、欲望和想象去理解别人和世界。也就是说，他所有的多是匮乏认知、匮乏价值和匮乏爱，而不是存在认知、存在价值和存在爱。

每一个非自主者都有深深的恐惧，他们缺乏安全感。之所以扭曲对自己、别人和世界的认识，只是因为这样做让他们觉得更安全。按照事情的本来面目去认识，在很多时候，这会让他们惊恐。因为，在童年的时候，父母给的是条件性积极关注：你必须满足我们的要求，我们才给你爱。但孩子作为一个独立的人的要求呢？父母并不知道。而孩子最终也会形成一种潜意识：如果我不满足别人（先是父母，后是周围的人）的需要，我就什么（先是爱，后是物质、社会地位等）都得不到。

学校的控制性教育一样会带来这些问题。如果有人以为，控制性教育可以"塑造"出有创造力的人来，这真是大错特错。因为创造力在每一个学生自己的身上，在他们的人格自主上，而不在别处。

2. 太顺应社会

除了控制性教育，我们自己也是一个问题。自体都在寻找客体，我永远都在寻找你。具体而言，我们渴望成功，渴望顺应社会，渴望掌握社会的规则。为了早早地实现这些，我们可能会放弃自己，成为"社会所希望的人"。

在很多时候，这样做仿佛真是通向成功的道路，因为不少这样的人成了成功人士。但可惜，这样的成功人士缺乏创造力。他们所追求的，也是绝大多数人所追求的；他们所在乎的，也是社会潮流所在乎的。只不过，他们想要的更多。他们就以"我比别人占有的多"这种比较来衡量自己，来对抗自己内心深处隐藏着的恐惧感。他们对社会的贡献并不多，至于创新方面的贡献，就更微乎其微。

对此，马斯洛也有一段精彩论述：

> 对现实世界的良好适应，意味着人的分裂，意味着这个人把他的后背对着他的自我，因为它（对于成功）是危险的。

但是，现在清楚了，他这样做的损失也是很大的，因为这些（藏在自我中的）底蕴也是他一切欢乐、热爱和能力等的源泉，为了保护自己而去反对自我内部的"地狱"，结果就把自己同自我内部的天堂割裂开了。在极端的情况下，我们成了平庸、封闭、僵硬、冷漠、拘束、谨小慎微的人，成了不会笑、不会欢乐和爱的人，成了愚笨的、依赖他人的、幼稚的人。

他的想象，他的直觉，他的温暖，他的富于感情，全部逐渐被扼杀或扭曲了。

这也是温尼科特的观点："创造性生活是一种健康状态，顺从对生活来说是疾病的基础。"

我则喜欢说："最重要的创造，是按照你的意愿去创造你的生活。"

高峰体验

除了自我实现和需要层次论，马斯洛还有一个经典的术语广为人知，就是"高峰体验"（Peak Experience）。

马斯洛发现，自我实现者常常会提出一种特殊的生命体验——"感受到一种发自心灵深处的战栗、欣快、满足、超然的情绪体验"，由此获得的感觉，就像光一样，照亮了他们的一生。这种体验持续的时间虽然短暂，但深刻无比，马斯洛称之为"高峰体验"。

高峰体验是一种很特殊的东西，马斯洛发现，在这种体验中，当事人虽然有自我消融感，并且时间感和空间感也会发生变化，但他们同时又具备最高程度的自我认同。而且，他们同时又像是碰触到了人性、宇宙或存在的本源。

处于高峰体验的人，有以下一些特征：

（1）有一种比其他任何时候更加整合的自我感觉。更少内耗，更少冲突，更少犹豫，更心平气和，注意力高度集中，同时高度放松，身体高度协调。

（2）自我整合感的同时，他们也体验到了和其他存在的融合感。例如，创造者与他的产品合二为一，母亲与她的孩子合为一体，艺术观赏者化为音乐、绘画、舞蹈，而音乐、绘画、舞蹈也像是成了他。

（3）高度地发挥出了潜能，感到自己更聪明、更敏锐、更机智、更强健，"在一般情况下，我们只有部分能量用于行动，部分用于抑制这些能量的发挥，而现在不再有浪费，全部能量都用于行动。此时，他犹如一条一泻千里直奔大海的河流"。

（4）虽然潜能有了最大程度的发挥，但同时，人又会觉得轻松自如、毫不费力。

（5）有高度的责任心、主动性和创造力，他们深深地感知到，自己不再是被推动的、被决定的、无能为力的、暮气沉沉的、只能守株待兔的弱者，他们感到自己就是主宰者。

（6）他们在行动上更具有自发性、表达性、纯真性，无防备，无防御，他们在行动时更加自然、放松、简单、诚恳，不踌躇，不做作，直截了当，有一种特殊的淳朴，他们自由地奔涌出生命力。

……

马斯洛不是哲学家，甚至都不是一个好的科学家，他的语言和逻辑不是那么精练，但我几次写的关于他的理论的文章，都有很多人说"这是你写过的最好的文章"。也许是因为，高峰体验和自我实现就是我们人可以达到的一种境界。

NBA 超级球星比尔·拉塞尔将自己的高峰体验描绘为："这就好像在用慢动作打球，我几乎能够预见接下来会出现什么动作，下一次是怎样接球得分……"

这些高峰体验有这样的特点：

（1）自我 1 和自我 2 合二为一了。特别是，通常统治着我们、我们主要感觉到的"头脑自我"（即自我 1）消失了。

（2）作为内部世界的"我"和作为外部世界的"你"合二为一了。这时，你甚至会觉得，整体意义上的"自我"都消失了。

（3）时间感变了，好像时间不存在了。

（4）空间感变了，好像空间不存在了。

从整体上来讲，这可以称为"合一感"，就是头脑自我消失、完整自我消失、时间消失和空间消失。

如果用马丁·布伯的《我与你》这本书中的理论来讲，合一感就是"我与你"的关系建立的那一瞬间。

体验到合一感，会带给人巨大的愉悦。那应该如何去追求这种感觉呢？有两条截然相反的道路：

（1）既然合一感中好像最重要的条件是自我消失，那就努力放下自我；

（2）既然合一感是自我实现者的专利，那就努力去成为自己。

　　后一条道路，是我们通常所知道的道路，也是马斯洛的自我实现之路。前一条道路，是各种修行的道路。

　　在一定程度上，这两条道路都行得通，为什么？当"我"的存在得以确认时，"你"之存在也就彰显了。而两者的存在同时被确认时，合一就呈现出来了。

　　我们主要讲的是第二条道路，就是成为自己的道路，努力在这个世界上确认"我"的存在。

　　在第一条道路上，我认识的很多人，他们坚持不懈地在做一件事，就是打坐。例如我的催眠老师斯蒂芬·吉利根，他从十几岁的时候就开始打坐或冥想，到现在已经持续了四十多年。

　　至于我自己，做扫描身体练习也有 10 年时间了。

　　从表面上来看，这是最无聊的事情，但实际上，这也是最享受的事情。因为在这样的活动中，你会体验到各种消失。最初，先把注意力从头脑上转移到身体上，就已经带来享受了，这是一定程度上的思维的消失。接着，当进入比较深的安静时，你会体验到一定程度上的自我的消失。思维和自我的相对消失，会让你体验到时间和空间的变化。当一切都消失时，你那时会体验到合一。

　　次数极少地，我体验过语言、思维和自我这三者的同时消失，那带来了无法言说的高峰体验，甚至用高峰体验来形容都不对。这既然是语言、思维和自我消失后才有的体验，那也意味着，它不可用语言来言说，也不能用思维来思考。

　　这条道路非常迷人，可同时，第二条道路（即自我实现之路），一样是非常迷人的。

　　经典精神分析追求的并非是把问题解决好，而是实现一个终极目标——让被分析者由衷地信任他的自发性。马斯洛所描绘的高峰体验，在我看来，就是自发性。在高峰体验中，可以有各种美好的、迷人的描绘，而同时你会看到，当这些体验发生时，当事人能体验到毫不费力、纯发自然的感觉，这就是自发性。

　　马斯洛对自我实现者的研究，给我们呈现了一种可能：那些最能够做自己的人，那些有自主人格的人，他们并没有成为自私自利、以自我为中心的"恶魔"。相反，当他们的潜能实现时，他们成了最好的人。

　　一个人的人性展开之路，也许有迷途，但它能被允许、被看见时，人性展开之路也是生命力不断被照亮之路。

互动：心流与高峰体验

同为人本主义心理学家，罗杰斯对我的影响极大，而马斯洛的影响就很小，原因可能是马斯洛的这种归纳性研究好像不实用。

而且，马斯洛没有特别好地指出一条路来。自我实现的确是非常棒的事情，可如果我偏离得太厉害，我怎么能回去呢？高峰体验很迷人，可好像是羚羊挂角，无迹可寻。

相比之下，积极心理学家契克森米哈赖所提出的"心流"（Flow）一说，就非常不同，它是一个操作性的概念。契克森米哈赖通过大量的案例研究，最终提出了"心流"一说。可以说，高峰体验就是级别很高的心流体验。之所以用"心流"这个词，是因为太多被调查者说，当这种美妙的体验发生时，就像是"一股洪流带领着我"。

我尝试用精神分析理论来阐释一下我所理解的心流的逻辑：

（1）心流就是生命力的无阻碍流动。

（2）生命力即精神分析所说的攻击性，它的无阻碍流动需要过两关：自我虚弱时，展现生命力，不必担心被报复；自我强大后，展现生命力，不必担心伤害别人。

（3）要做到这一点，需要在一个容器内修炼生命力的流动。容器有多重含义，自我是容器，关系是容器，你在做的事情是容器，家也是容器。总之，生命力是被容之物，而它的存在被确认，需要一个稳定的容器。

（4）契克森米哈赖总结的心流发生规律是，找一个你基本能控制的事物，稳定地投入其中，并且要有挑战。就是所做的事情有时会超出你的能力，但不要超出太多。然后不断地努力，并不断地接收到正反馈——就是你的努力有效。那么，久而久之，心流就可以出现了。

（5）心流出现时，人会有忘我感，也忘记了时间和空间，并会有合一感。

在一个稳定的容器内表达你的攻击性，而它不断被确认为生能量。当整体上被确认为生能量后，生命力就可以酣畅流动了。容器可理解为"你"，攻击性可理解为"我"。那更简单的概括是："我"的存在被"你"允许。

Q ：有的人能够高度敏锐地洞察他人的脆弱，内心也拥有充分的善意，具备高度的宽容。那么，如何理解他们对人性中的恶又有高度敏感和抵触？

A：王阳明是一个极好的例子，他能洞见所有人性，同时疾恶如仇。他有一首诗对此有非常好的表达：

无善无恶心之体，

有善有恶意之动。

知善知恶是良知，

为善去恶是格物。

他深切地懂得，在最深的源头，"无善无恶"，但人要"知善知恶"，而且还要"为善去恶"，最终"我心光明"。

Q ：高峰体验只是一种达到成功巅峰的状态吗？还是要根据动机和感受去评判，体验到自我突破、超越自我般忽然顿悟的感觉才算呢？

A：这样的质疑切中了马斯洛的理论的缺憾，他描绘了一种至高境界，但没有说出如何才能走到那里。而且，因为这个缺憾，的确像是把匮乏认知与存在认知对立起来了。所以，契克森米哈赖的心流说是非常完整的理论，不仅描绘了很好的境界，还指出了如何走到那里。

就以攀登珠峰为例，如果真是靠自己的力量实现了这一点，那必定是经历了大量的练习，不断锤炼自己的力量，最终学习到控制各种因素，而实现攀登珠峰这个目标。这样的话，甚至在攀登珠峰之前，就已经有心流体验了。而攀登上珠峰的那一刻，应该会有高峰体验。

让情绪流动

高峰体验和心流，本质上都是有什么东西在体内流动的体验。

一谈到情绪，相信很多朋友本能地会先想到负面情绪，像悲伤、愤怒、恐惧和内疚等。这些情绪都像是负能量，常常被视为该被丢弃的东西。但我们都知道，负面情绪和正面情绪一样是人性的重要组成部分，它们该被接纳。

怎样才叫"接纳"了呢？标志就是，在这个情绪上，你有了流动的体验，即这些情绪能在你这里自由地流动。

接纳和觉知实现的标志，是有流动在发生。这也是我所理解的心理咨询产生了效果的标志。心理咨询如果只是带来了认知上的改变，那还不够，甚至这可能是不真实的。心理咨询是在帮助来访者更好地去拥抱自己凝结的能量（即情结[①]），碰触它、觉知它，让它重归流动。咨询师要做到这一点，首先得处理好自己的体验。如果只是掌握了一堆理论和技能，就还远不是一位卓越的咨询师。

你什么时候体验过情绪自由流动的感觉，那是怎样的？无论正面情绪还是负面情绪都可以，也请讲讲它们是怎样发生的。如果你以前是一个不能让情绪自由流动的人的话，这种改变是怎样发生的？

　　　　让你的智慧保持炽热，
　　　　让你的泪水保持闪耀，那么
　　　　你的生命就会日新又新。
　　　　不要介意像小孩般爱哭。

　　　　　　　　　　　　　　　　　　——鲁米

让悲伤流动

读研究生的时候，我们几个同学组成了一个学习小组，每个星期聚一次，轮流讲自己的体验和故事。在场有一位老师给我们小组做督导。

---

① 情结（Complex）：在荣格分析心理学中具有十分重要的地位。荣格认为个人无意识的内容主要是情结，主要指的是个人无意识中，对造成意识干扰负责任的那部分无意识内容。或者换句话说，指带有个人无意识色彩的自发内容，通常是由心灵伤害或巨痛造成的。弗洛伊德说"梦是通往潜意识的忠实道路"，荣格则表示"情结是通往无意识的忠实道路"。

从临床意义上来分析，情结多属于心灵分裂的产物。创伤性的经验、情感困扰或道德冲突等，都会导致某种情结的形成。弗洛伊德的俄狄浦斯情结和阿德勒的自卑情结（Inferiority Complex）等，都是十分著名的例证。荣格曾有这样一句名言："今天，人们似乎都知道人是有情结的，但是很少有人知道，情结也会拥有我们。"拥有情结是正常的，每个人都会有自己的情结。

情结通常是由两部分组成：一部分是产生创痛的意象或心灵痕迹，以及与此紧密相关的原型意象或心灵痕迹；另一部分是个人人格中与生俱来且受制于其气质的因素。

现在，情结在一般意义上用来指一个个体对某一个地方、某一个人或某件事情所具有的特殊的感觉，是其个人心理的一部分。

即便在这样的场合，打开自己也是很不容易的。我们的心灵似乎都披着厚厚的盔甲，要为自己的故事"涂脂抹粉"，那些故事和体验也因此失去了力量。大约半年的时间，听了许多故事，但我没有一次被打动过，直到一次例外。

当时，我的一个女同学讲了一件她的伤心事：一天晚上，一个长途电话从美国打来，她高中班上最具天赋的男同学在美国五大湖上划船游览时遭遇晴天霹雳，同一条小船上的其他人安然无恙，只有他当场身亡。

那时没有手机，她是在北大校园的一个电话亭接的电话。一听到这个消息，她就开始泪崩。接下来，她忘记自己还说了什么，也不知道是怎样回的宿舍。

在小组里讲这个故事的时候，当时的那种感觉再一次袭来，她再一次失声痛哭。

我们被深深地打动了，大家陪着她一同落泪，我也不例外。只是，在难过之后，我还有了一种特殊的感觉：我仿佛听到了天籁之音。

等大家都平静下来后，我讲述了这种感受，并解释说："你讲得那么纯粹，没有掺杂一丁点儿杂质，是我感受过的最纯净的悲伤。也许是这个原因，让我觉得那是来自天堂里的音乐。"

我描述这份感受时，曾担心她会不会觉得被冒犯了，因为那么悲惨的事情我居然有了享受的感觉。但她说，她没有被冒犯的感觉，相反觉得我的这种形容让她很舒服。

任何丧失都会导致悲伤，如果我们不让悲伤流动，就意味着阻断了这个悲伤导致的哀伤过程。这样一来，就会有心理能量淤积下来。丧失越大，淤积着的心理能量就会越多，构成一个"情结"，于是给我们带来了各种问题。而让悲伤流动，就会打开这个淤积的能量之结，让卡住的能量释放出来。这个过程也常常会带来一些认知上的重大突破。

这是很关键的一点。她说，如果说那次哭泣前后有什么最大改变，那就是"以前，我围着别人转，总渴求别人给我什么。那以后，我把注意力放到自己身上，只为自己跳舞"。

以前，她对别人战战兢兢，特别想赢得别人的认可。结果，赢得的是冷落和嘲讽。后来，她不再关注别人，不再渴求别人的认可，只是"为自己跳舞"，但人们反而走过来和她一起跳舞。

　　哀伤过程，是告别悲惨过去的必经之路。并且，必须是那种真切而纯粹的悲伤，不是表演出来的悲伤，不是为了获得什么好处（如别人的可怜与同情）的悲伤，而仅仅是直面自己的不幸时带来的自然而然的难过。

　　当悲伤自然流动时，必然会泪如泉涌。而泪水就像是心灵的洪水，会冲垮我们在心中建立的各种各样的墙。随着心灵之墙的一一倒塌，你坦然接受了悲惨的人生真相，你不再去否认，也不再去和这注定不可能改变的事实较劲儿，你的心理能量就获得了解放，重新回到了你自己身上。

　　关于悲伤，我喜欢美国心理学家托马斯·摩尔的话：

　　　　悲伤把你的注意力从积极的生活中转移开，聚焦在生活中最重要的事情上。当你损失惨重或处于极度悲痛的时候，你会想到对你最重要的人，而不是个人的成功；是人生的深层规划，而不是令人精力涣散的小玩意儿和娱乐项目。

　　相信许多人有这种体验：一场大病、一场灾难或一场意外的死亡，改变了我们的人生态度，使得我们明白了什么是人生中真正重要的。这也是悲惨的人生真相必将带给我们的馈赠。

让愤怒流动

　　在所有的负面情绪中，也许愤怒是被我们误解最多的。我们惧怕愤怒情绪的表达，也有很多书和人教我们如何去压抑愤怒。

　　并且，在互联网上的论战中，我也注意到公众有这样一种倾向：谁先表达愤怒，谁就容易被公众排斥，他在论战中就像是输了。

　　当然，即便在互联网上也有反例，一些动不动就破口大骂的人，也可以成为非常红的大 V。那是因为，这些人一开始就表现出了强烈的攻击性，他们自始至终都是这样一种姿态，公众因此反而接纳了他们的这种形象定位。

　　不管公众怎样看待愤怒，也不管你怎样看待愤怒，你都得学习如何去表达你已有的愤怒，否则会带来各种问题。这不难理解，因为愤怒和性一样，都是我们本能的驱动力。如果性能力被阉割了，一个人就会变得萎靡不振；如果愤怒的动力被"阉割了"，会带来同样的结果。更重要的是，愤怒很难"被阉割"。那些看起来没有愤怒的人，其实也会找一些途径释放自己的愤怒。

　　一个女孩，她父母疼爱她的弟弟远远胜于她，但她不能表达愤怒，否则会招致责骂，从而得到的爱更少。于是，她变成了一个看上去非常顺从，仿佛彻底没有了愤怒的人。在家里如此，在单位也是如此。

　　例如，在单位里，领导和同事常推给她一些本不属于她的任务。她不敢推掉，因为怕得罪人，怕伤害关系。并且，她对我说："我从不生气。"可是，那些任务，她总是拖延，还常犯一些"莫名其妙的错误"。结果，常惹得领导和同事对她非常愤怒，这导致她多次被开除。

　　在这个案例中，拖延和"莫名其妙的错误"，其实就是被动攻击。她不能在关系中主动发起攻击，于是就寻找了一些被动的攻击方式。她并不像自己所言——"我从不生气"，她只是在愤怒出现的第一时间，立即把愤怒压下去，从而根本觉察不到而已。但愤怒仍要找到突破口跳出来，拖延和"莫名其妙的错误"就是她表达愤怒的方式。

　　她的那些同事和领导由此感受到了被攻击，这种感受是很真实的，这个女孩的确是在报复他们。当然，这种报复是破坏性的，既得罪了人，又不能帮助她捍卫自己。此外，这个女孩不愤怒，但她看上去成了一个惨兮兮的可怜虫。她永远有说不完的委屈，她总在自怜，也总是无意中找一切机会让人可怜她。但如果她能在第一时间识别自己的愤怒，并能适当地把它们表达出来，那么她就会远离这种无力的可怜状态，变成一个更有力量的人。

　　否认和压抑愤怒还会导致你错误地评判形势。

　　一个女研究生，她的导师为了最大限度地利用她，不让她学习其他知识，只让她专心做一个方面的工作。那方面的知识她已完全掌握了，再干下去不会有任何提高了。不仅如此，虽然这个项目会给导师带来很多收入，但导师每个月只给这个女孩 200 元的生活补贴。

　　这是赤裸裸的剥削，可女孩不敢对导师表达愤怒，因为她认为导师决定着她的前途，她还有赖于导师的恩惠。等接受了自己的愤怒并重新分析全盘局势后，她才恍然大悟，明白导师对她的依赖程度远远胜于她对导师的依赖程度，她有足够的资本去和导师讨价还价，根本不用那么怕他。

　　于是，她这样做了，去和导师讨价还价。导师一开始很生气，但他最终聪明地让步了，因为事情僵持下去的话，他的损失更大。这就是愤怒的价值。

　　你不能，也不必像小孩子一样，一感受到愤怒就发泄出来。好的处理方式是，理解你的愤怒，问问它向你传递的信号是什么意思，然后富有智慧地去解决它，那它势必会帮助你强大起来。对此，美国心理学家托马斯·摩尔有非常好的表达：

　　　　你要理解你的愤怒，最终才能触及它的核心。它有某种深奥的内涵，能帮助你让生活变得有意义。如果你确切地知道什么让你生气、你在和谁生气，你就能清楚自己的立场与事情的重点，以及该如何在情感上加以处理。

　　愤怒厘清了复杂的生活，并不断将其重组。精神分析认为，生命力天然就是带着攻击性的。当我们能很好地展开攻击性（如表达愤怒）时，生命力也由此得到了张扬。

　　音乐剧《歌剧魅影》讲的是在一家歌剧院里出没的魅影般的一个戴着面具的男人和这家剧院年轻的"台柱子"的爱情悲剧故事。

　　这个女孩在唱歌时有一个问题，她不能唱出最高音，而魅影就来教她。当她在歌唱时，魅影用充满魅力的声音激励她："再高一些！再高一些！再高！再高……"突然间，女主角爆发了，发出了超有震撼力的最高音。我在伦敦和广州，两次去剧院看过《歌剧魅影》。我英文太烂，听不懂那些对话，但在女主角的声音飙出最高音时，我瞬间泪崩。泪崩中，首先有触动，我觉得这是女主角的生命力在极致地流动。其次也有悲伤，因为这份流动我没有活出来。同时，也有坦然，因为至少看到，这是有可能的。

魅影因为天生长相丑陋，所以要戴着一张面具。他充满愤怒，在表达愤怒上也没有障碍，因此他有了一种独特魅力。而他的歌喉也是一种极致，因此打动了女主角。魅影的形象，是一种隐喻。

只要你是还没有充分活出自己的人，那你心中必然都藏着一个魅影。魅影其实是没有被看见的真我，它充满着黑色生命力，让我们惧怕它的表达，因为担心这会带来别人对我们的报复，或我们对别人的伤害。可那些活在愤怒中的人，我们既对他们有排斥，同时又会被他们所吸引。因为至少他们敢表达愤怒，他们在一定程度上活出了自己。

在任何一个领域，要唱出我们的最强音，都需要敢于表达愤怒，表达自己的攻击性。它远不仅仅是表达愤怒和压抑愤怒这么简单，而是，只有能表达愤怒与攻击性的人，才能品尝到活出自己的滋味，一如托马斯·摩尔所说：

愤怒，给予你力量和动力，让你生命的每一分钟都具有创意，每一分钟都能表现出你自己的风采。

两种愤怒

所谓"两种愤怒"，意思是：愤怒有好的愤怒，也有坏的愤怒。好的愤怒，既能够保护你自己的空间，又能促进关系朝建设性的方向发展。而坏的愤怒，常常只能带来破坏。

一位男士A，他有一位朋友B，但A觉得B是一位损友，因为B总是找各种机会占A的小便宜。

A认为自己是个大度的人，所以对B占小便宜的行为总是一笑而过，可内心隐隐还是觉得不爽。

有一次，他们共同做一件事，B接连占了A多次小便宜。A大怒，觉得这个人怎么这么不知好歹。并且，言谈举止中，B还透露出这么一种感觉：A是个不能保护自己的、让人瞧不起的蠢货。

B的这种智商上的趾高气扬的态度，让A尤为恼火。于是，A设计了一个连环套，让 B 不断中计，最终遭受了一连串损失。然后，A 再不经意地透露说："你智商怎么这么低，这么容易就被算计了？"

做这些事时，A 做好了两个人关系玩儿完的准备，但没想到，被算计又遭受了一连串损失的 B，竟然对 A 表达了尊敬和歉意。从此以后，他们从损友逐渐变成了真正的好友。

这个故事让 A 明白，原来表达愤怒、报复和算计，竟然也可以赢来别人的尊敬，并让一个关系变得更好，而不是只会破坏关系。然后，他在表达愤怒上就容易了很多。

这是愤怒的独特价值。人们通常尊重的，都是力量。一个阉割了愤怒与力量的好人，容易获得同情，但不容易获得尊重。不仅如此，托马斯·摩尔在他的著作《灵魂的黑夜》中还说道："你最好只和那些会表达愤怒的人做朋友。"

为什么呢？

第一，一个能坦然表达愤怒的人，会很快表达出他的立场和态度，这样的沟通可以很高效。而压抑愤怒的人，他不能直接表达他的立场和态度，这会让沟通变得复杂、低效。

第二，压抑愤怒的人，他的愤怒并没有消失，愤怒还会以其他方式展现出来。并且，因为压抑愤怒的人觉得愤怒是具有破坏性的，所以一旦他们表达愤怒，常常会有破坏性的后果。

例如，太压抑愤怒的人会使用被动攻击，例如拖延、遗忘、莫名其妙犯错等方式，从而阻碍事情的发展。

更严重的是，你必须小心那些貌似一点儿愤怒都没有的人，因为他们的愤怒都压抑到潜意识中了。愤怒一旦发出来，就容易像火山爆发一样发作。如果你留意那些灭门案的罪犯，你会发现，熟人会说："这个人好得不得了，从来没有发过脾气。同时，他非常内向。"我认识一些情商极高的人，他们会说："要小心严重压抑加内向的人，他们太容易忍让，可能会让你误以为他们好欺负。他们平时好欺负，可他们已经退得不能再退了，所以一旦爆发愤怒，后果就会很严重。"

所以，要学习直接表达愤怒，你这是在教别人尊重你、尊重关系。一如托马斯·摩尔所说：

> 当人们清楚、明白地表达出愤怒的情感时，它就能为一个人和一种
> 关系做出很大贡献。但是，当愤怒被遮掩、隐藏起来时，它的影响则正
> 好相反。

如果看一个家庭、公司等团体时，你会发现，那个团体中有担当的人，多是
能表达愤怒的人。

想更好地表达愤怒，就需要理解愤怒是怎么回事。我的咨询师朋友胡慎之，
一直以来，他常因吃饭的事而情绪失控，特别不能忍受吃饭的时间被拖延。例如
订餐，送餐的人来晚了，他就会非常愤怒，忍不住暴训送餐的人一通。

为什么吃饭的事这么令他愤怒？对此，在没有学心理学之前，胡慎之想过很
久，最后将其上升到了理论的高度：因为某些重要的心理原因——男人是受不了
饿的。

但开始学心理学后，他才逐渐明白了自己失控的原因。"简单来说，就是把对
经常饿我的父亲的原始愤怒，转移到了饿我的其他人身上。"他说。

原来小时候，他父亲常用"面壁"的方式惩罚他：命令他跪在一个板凳上，
面向墙壁思过，并且一罚就是三个小时，还常在晚上吃饭前开始。三个小时过去
后，饭都凉了。妈妈和奶奶求父亲先让孩子吃饭，但他坚决不同意，还大声吼
她们。

挨饿的滋味很不好受，胡慎之记得那种滋味，也非常愤怒，但不敢表达，因
为父亲是那么强大。

不敢表达愤怒的小胡慎之表现得像一个好孩子，非常乖、非常听话。直到小
学三年级，他才爆发了自己记忆中的第一次愤怒。

那一天中午，上最后一节课的老师拖了堂，大约拖了一个小时，而他放学后
要走10分钟才能走到妈妈上班的地方吃饭。在路上，他越走越有气，结果当走到
妈妈那儿，看到妈妈为他准备的午饭时，怒气一下子到了顶峰。他举起盛饭的搪

瓷大盆，猛地摔到了地上，然后转身又去了学校，这顿中午饭因此没吃成。

这次愤怒只是昙花一现，之后他又变回那个很乖的、没脾气的小男孩。他记忆中的第二次强烈的愤怒，一直到大学毕业后才出现。

当时，他在防疫站工作，一次去一家饭店检查卫生。那家饭店的老板给他们安排了午餐，但向下布置任务时出现了疏漏。结果，等胡慎之和同事做完检查准备就餐时，饭店的服务员却告诉他们，没有给他们安排午餐。

"听到这个消息，我暴跳如雷，平生第一次这么愤怒，而且完全不能控制自己。"他说，"我把饭店的服务员、经理和老板叫来狠狠地训斥了一番。当然，我不能说是因为吃饭的事，只能拼命挑卫生的刺。"

其实，饭店立即安排一顿午餐并不难。胡慎之知道这一点，但他就是无法控制自己的愤怒，甚至上司极力相劝都不成。后来有一段时间，他一直对这家饭店耿耿于怀。

这只是开始，从此以后，他不仅对挨饿特别不能忍受，而且还变成了一个很有怒气的男人。

这导致了双重结果：一方面，胡慎之觉得自己的人格力量越来越强；但另一方面，他因为愤怒而失控的情形也越来越多。

后来，他逐渐理解到，他的失控，常常是把对父亲饿自己的愤怒转嫁到了其他人身上。之后，他对愤怒的控制力才越来越强。他也试过对自己小时候无比畏惧的父亲直接表达愤怒，这是一个重要的挑战。随着认识越来越深，他越来越能做到对第一时间惹到他的人表达愤怒，而不是迁怒于别人。这使得他的人际关系越来越好，而且尊重他的朋友也越来越多。而且，朋友们在他面前很放松，因为他们知道，胡慎之是直接表达愤怒的人，不藏着掖着，而他们对胡慎之也可以这样。

这些事情让胡慎之领悟到，愤怒有好的愤怒和坏的愤怒。他说："好的愤怒，针对的必须是导致你愤怒的那个人。你对这个人愤怒，你才能捍卫自己的空间，并且愤怒的表达才会有效果。如果这个人惹了你，你不敢对他表达愤怒，而是把愤怒发泄到其他人身上，那么，你发泄得再厉害都没用，因为对象选错了，那样表达愤怒就没有任何意义。"

学习直接而合理地表达愤怒，而且是对引起你愤怒的人表达，这是一件非常有张力的事情。你越是能做到这一点，就越会发现，你会拥有更好的关系。

能做到这一点的人，通常也有很大魅力，因为，流动，就是生命。

让一切情绪流动

1. 让恐惧流动

恐惧，是极为根本的负面情绪。可以说，恐惧决定着我们自我的边界。我们要突破自己的舒适区，进入更大的世界里，而舒适区的边界总是由恐惧所构成。

我们最恐惧的东西，多是在童年，甚至是童年早期所形成。那个时候，我们拥有的外在资源和内在力量都是比较匮乏的。但慢慢长大，特别是成年后，一个人所拥有的外在资源和内在力量都多了很多。这时候，常常就可以去面对生命早期所恐惧的东西了。

一位女士，每当夜幕降临时，她就会把家里所有的门窗锁上，并一遍遍地检查，生怕没有锁好。

即便如此，她也不能安心，还会把家里所有的灯全打开，然后自己坐在电视机前看电视。看什么节目不重要，但一定要把声音调到很大。经常，她就这样一直看到天亮。而天一亮，恐惧也随之消失，她才在疲惫中睡去。

她有一个 5 岁的儿子，但儿子一点儿都不能给她带来安全感。有时，为了在晚上睡一觉，她会求朋友来陪她。朋友一定要是成年人，那样她才能睡着。并且，朋友在她家的任何一个地方待着，她都能在卧室里安然入睡。神奇的是，不管她睡得多好，只要朋友一离开她的家，她一定会在短时间内醒来。就好像有什么声音在告诉她，朋友离开了。

对黑夜的恐惧达到了这种地步，是因为她曾遭受过严重创伤。

原来，她 4 岁时，在一个漆黑的夜里，亲生父母把她送人了。那一天，她傍晚时睡着了，等一觉醒来，发现已不在家里，而是在一条船上，身边是一对陌生的阿伯和阿婆。他们说，他们现在是她的爸爸妈妈了，她亲生父母不要她了。

这是非常惨痛的创伤，给她幼小的心灵留下了无法抹去的伤痕。现在，她之所以再一次如此怕黑，也恰恰是因为她第二次被重要的亲人抛弃——丈夫刚和她离婚。

第一次，她是在黑夜中被抛弃，这容易给她留下这样的幻想：如果我当时没有睡着，或许我就不会被爸爸妈妈抛弃了。

将这种心理带到了现在，就好像她的潜意识在说，不能在晚上睡觉，如果这次不睡着，她就可以避免第二次被重要的亲人抛弃了。这是心理上常玩的"刻舟求剑"的游戏。

面临极端的恐惧，我们最容易想到的是防御恐惧。这位女士正是如此，她一遍遍地检查门窗有没有锁紧、打开所有的灯、把电视的声音调得很响、找成年人陪，都是为了不想体验到恐惧。

但这时最好的办法是，她要去聆听恐惧，发现恐惧所传递的信息。假若她彻底明白自己的恐惧是来自4岁时被父母抛弃的经历，那么这种恐惧或许就可以逐渐被化解。

不过，像这么惨痛的创伤，是独自一人不能承受与化解的，她需要寻求专业人士的帮助。这也是成年人所拥有的力量之一，你有了金钱、人脉，你有了生命的自主权，然后可以去寻找各种能帮助到自己的资源。

恐惧，常常是在揭示生命的真谛，你越恐惧的地方，可能越是藏着极为重要的生命真相。

2. 让内疚流动

比起悲伤、愤怒和恐惧来，也许还有一种情绪，是人类更不愿意接受的，那就是内疚。因为，当处于悲伤、愤怒和恐惧中时，你容易体验到自己的弱小。而当处于内疚中时，你会产生"我不好"这种感觉。

为了避免"我不好"这种感觉，很多人更愿意过分地追求清白感。我听到太多人说过，"我已经仁至义尽了""我问心无愧""我良心上没有一点儿不安"这类说法。

但是，一份和谐的关系，必然有丰富的付出与接受。你给予我物质和精神的爱，我接受。我给予你物质和精神的爱，你也欣然接受，然后回馈我更多……如果这种付出和接受的循环被破坏，关系随即就会向坏的方向发展。

并且，与想象不同，付出和接受的循环被破坏，很多时候不是因为不愿意给予，而是因为不愿意接受，因为接受会带来内疚。对此，德国家庭治疗大师海灵格描述说："我们付出的时候，就会觉得有权利；我们接受的时候，就会感到有义务。"

如果只付出不接受，一个人就会有一种清白感，会觉得自己在这个关系中绝对问心无愧。这是一种很舒服的感觉，有这种感觉的人，会觉得自己在关系中永远正确。那么，相应地，关系的另一方就会觉得很不舒服，会频频感到内疚，会经常觉得问心有愧。即便他不明白付出者为什么那么喜欢付出，他最终也一定会产生逃离的冲动。

一旦他真做出了逃离的举动，那个一直认为自己清白无辜的付出者就会觉得受到了莫大的伤害，并且会激烈地指责逃离者的背叛举动。但实际上，他才是破坏关系的始作俑者。

一个人不管怎样付出，仍然会不可避免地伤害另一方，因此另一方总会产生或轻或重的内疚感。好人常常拒绝这份内疚的流动，于是非常努力地做一个"完美的付出者"，那样他就问心无愧了。只不过，这份内疚并没有消失，它其实是被"付出者"有意无意地转嫁到"接受者"身上了，即"付出者"其实在享受这种逻辑：既然我是付出的一方，那么我们关系中无论出现什么问题，那都是你的错。

最根本的人性是自恋，所以人最容易逃避的东西，就是"我错了"。明白了这一点，就不难理解好人为什么常常不被待见了。

人性极为复杂，关系也极为复杂。在复杂的关系互动中，我们会产生各种各样的情绪。每一种情绪都深具价值，越是能尊重这些情绪，并让它们在自体和关系中充分流动，就越是对你、对我和对关系的尊重。如果我们把一些情绪视为好的而去表达，而把另一些情绪视为坏的而去压抑，那么关系就会失掉那些关键的信号。于是，你、我和关系都不真实了。

人生，就是一场体验，而情绪、情感是最重要的体验部分，当你让这一切体验都流动时，你会发现，并非是只有正面情绪才让你体验到幸福。实际上，一切情绪的流动，才是幸福感的根本。

互动：流动是一种什么样的体验

我的一位来访者是个滥好人，在和丈夫争吵时，一直都是她输，因为她总是忍让。但经过咨询，她的勇气越来越大。终于有一次，她失控了，对着老公吼了两个小时，并且那个时候她的头脑异常清醒。她老公每说出一句话，她都立即能驳回去，而且绝对有理有据，老公被她反驳得哑口无言。等两个小时吵架过去后，她感觉到爽得不得了，也是五体通泰的感觉，并且觉得仿佛是晴空万里。

所谓"流动"，从小的方面来说，是你的某种感受在自然表达，然后你获得了它的流动的体验。流动的体验，就意味着，带着攻击性的生命力，就像河水一样在你的身上自然流淌。

Q：**"当悲伤自然流动时，必然会泪如泉涌，而泪水就像是心灵的洪水，会冲垮我们在心中建立的各种各样的墙。"这样自然的流动只需要一次就足够了吗？怎样才会触发那种流动？**

A：怎么可能一次流动就足够了呢？一次流动，只是让你体验到生命力流动的感觉，仅此而已。

怎样才能触发流动？在一个稳定的容器内，你发出了你的动力，然后不断得到正反馈，最终你的生命力被确认是好的，于是就可以流动了。

滔滔不绝地倾诉，如果是思维过程、情绪过程和身体过程的同时发生，那会是流动的体验。但如果是隔离了情绪过程和身体过程，仅仅是语言层面（即思维过程的表达），那就不会有流动的体验了。

Q : 如果是有意识地觉知愤怒的情绪，让其流动直至消失，是否可以理解为表达情绪，还是一定要在关系中去表达？

A：你可以在自己体内去体验愤怒情绪的流动。当然，这时候你要知道，这只是你自己内部的一次体验。你也可以让愤怒发生在关系中，如果它能在一个关系中被容纳，那会是非常不一样的体验。

并不一定非要在关系中去体验，特别是，如果你想表达愤怒的对象完全不能接受你的愤怒呢？那干吗非得自寻烦恼呢？

当然，问题在关系中产生，在关系中呈现，在关系中疗愈。如果你作为一个表达愤怒有困难的人，找对一个能包容你愤怒的人，让你体验到愤怒在关系中的表达，这会带给你巨大的疗愈感。

Q : 每次表达愤怒后，与别人的关系就会有冷战时期。讨厌那样的感受，后悔表达愤怒，如何正确地表达愤怒？

A：正确地表达愤怒，最好只是就事论事，并且表达真实的感受，而不是评论。

人们容易犯的错误是，在表达愤怒时，因为觉得愤怒不好，所以会在表达愤怒的同时说："因为你不好，所以我才生你的气。"这种"你不好，你错了"的表达，通常会引起对方的反感。

我们在表达愤怒甚至任何一种体验时，还要切记一点：每个人都要为自己的体验负责。就是，不要轻易认为：我的体验（特别是不好的体验）是你这个坏人导致的。如果你抱着这份认识去表达负面情绪，那么除非遇上一个情商比较高、包容力比较强的人，否则很容易会引起反弹。

让欲求流动

欲求，就是欲望和需求。

这两个词，容易引起人的不安。"需求"这个词还好，而"欲望"这个词就很容易让人有各种负面联想。然而，它们都有巨大的价值——去构建关系。无论你想满足自己什么欲求，都需要发生在关系中，也可以说是"让欲求在关系中流动"。

人太容易去追求独自圆满，因为这貌似很容易控制。而按照精神分析的客体关系理论，人活在关系中，自体和客体加一份动力，就是一个关系。动力形形色色，可以归为自恋、性和攻击性这三种，也可以不断延伸。欲望和需求就可以视为一种延伸。当然，也可以视为一种近义词。

例如，吃东西的时候，你就和食物建立了关系。并且，在多数情况下，食物是他人种的，而你在婴幼儿时，你的食物是父母提供的，甚至直接就是从妈妈身上获得的。

如果没有欲求，一个人就可以在最大程度上活在孤独中，但强大的欲求会诱惑你、逼迫你活在关系中。这样一来，你就不得不在关系中历练你的心性。

你什么时候体验过，你的一份欲求，在关系中非常顺畅地被满足了？这带给你很大的满足了吗？

云朵流泪，花园就会开花。

婴儿哭，母奶就会溢出。

万物的哺育者说过：让他们尽情地哭罢。

雨的泪与太阳的热共同滋育我们。

——鲁米

没有麻烦，就没有情感

有一个视频叫"收到礼物的小萝莉"，视频内容是一个小女孩收到了妈妈给她的一个书包，里面塞满了礼物，有两张影碟、睡衣、零食和有迪士尼标志的 T 恤。这些礼物都很普通，但带给了小女孩惊喜，她连珠炮般地问妈妈："你怎么知道我想要这个？！你怎么知道的？！你怎么知道的？！"

看完礼物后，妈妈问她："如果可以自由选择，你想带着这个书包去哪里？"小女孩带着点儿撒娇地说："迪士尼——"妈妈说："好，今天就去！"小女孩再次被震惊到了，她问爸爸："这是真的吗？"当得到确认后，她喜极而泣，号啕大哭。哭着哭着，妈妈说："跳个开心舞吧。"她立即带着泪珠跳了个开心舞。

整个视频，小女孩的情绪转折非常多，但这些情绪和转折的发生都极为自然，加上她生动的身体姿势和表情，让视频极有感染力。

你的每一个欲求都是一个能量触角。在这个视频中，小女孩的需求被充分看见了，这让她非常惊喜。当这些需求都被看见时，她整体上就处在了能量自然伸展的状态。

当然，她的情绪流动如此自然，我们还可以推论：在这个看起来很普通的美国家庭里，她可能一直都活在这种基本感觉里——"我的需求基本会被看见、被满足"。

在你的原生家庭里，你获得过这种基本感觉吗？可能有朋友会问："我如何判断，一个人是否获得了这种基本感觉呢？"

情绪的自然流动，是一个标志；另一个可以目测的标志是，一个人在表达需求与情绪时，他的身体是协调、放松而自在的。相反，如果一个人身体紧张、表情僵硬，那这个人就很可能没有获得这份基本感觉。

没有获得这份基本感觉的人，其中一部分人会特别怕麻烦。他们既怕麻烦别人，又不愿意被别人麻烦。

不管怎样美化不想麻烦别人，我们都可以看到，没有麻烦，也就没有了情感。并且，总是少麻烦别人的人会看到，一些特别能麻烦别人的人总是比你活得更好，也更招人喜欢。

例如，我的一个朋友，一直是一个活力四射的女人，她最终成为全球五百强企业的全球副总监，她就是一个不怕麻烦的人。她说，她可以同时处理上百件事，她不觉得这是挑战。

她在美国工作不到两年的时候，就已经屡获提升。她对我说，她非常难以理解的是，为什么她的多数华人同事对上级总是太客气、太拘谨。他们为什么就不能像她这样，主动接近上司呢？她还发现，上司是可以"使用"、可以管理的，而且你越是这样做，上司反而越喜欢你、越重用你。

我请她描绘细节，而她讲了一会儿后，我总结说："我感觉你像是这样的，你过去'咣当'一声，一脚把上司的门踹开，并对他们非常直接地说'浑蛋，出来帮我一个忙'。然后，这些浑蛋就屁颠屁颠地出来帮你的忙。"

我的这个反馈让她放声大笑，然后她说，她想起了和爸爸的关系。她爸爸是一个严重的宅男，她的哥哥、姐姐靠近他总是很困难，而她却很容易。她靠近的方式，就是很野蛮地命令"使用"爸爸，没想到爸爸对她越来越好。

这不难理解。渴望被看见，是人的根本需求。她爸爸的宅，是一种把自己锁起来的状态。当哥哥、姐姐用普通的方式想靠近爸爸时，爸爸会说："别烦我。"哥哥、姐姐收到了这个信息后，认为这是真的，就真后退了。结果，爸爸就只能继续陷在孤独中了。而她野蛮地把爸爸的门踹开，让爸爸出来陪她，同时也把爸爸从孤独中拉到了关系里。

怕麻烦别人，是一种懂事，而孩子太早懂事，或一个成年人太懂事，那都意味着，他经历过很深的绝望。我们观察孩子就会发现，他们会很天然地想把自己的各种动力展现在关系中。一位网友曾在我的微博上留言说：

　　我小侄女会理直气壮地要爱，生气了就要你哄，发脾气也要你哄才会好。到现在 6 岁了，还是会要你抱抱她、夸夸她，毫不掩饰对你的依赖和需要。所以，大家对她的爱好像也会多点儿。她像小太阳一样，永远充满活力、热情和快乐。

　　这是一个欲求基本被满足的孩子，她就达到了科胡特所说的心理健康的两条标准：自信，活力能滋养自体；热情，活力能滋养客体。怕麻烦别人的人，像是一个孤岛，因为他无数次体验过，他的能量触角伸出去后，没有被接住。于是，他知道，自己伸向别人的手是不受别人欢迎的，这叫作"麻烦别人"。

　　"伸开双臂，如果你还想被拥抱的话。"——鲁米如是说。相反的情形则是，怕麻烦别人的人，双臂已经很难伸开了。

　　在杨丽娟事件中，我印象特别深的一个细节是，她的父亲去最好的朋友家都不坐沙发，而是坐在板凳上，因为怕给朋友造成麻烦。并且，绝不接受朋友的热情招待，最多只接受一杯水。何等孤寂，何等辛酸。

　　深度的怕麻烦哲学，都是在生命早期，在家中就建立的。健康的情形是，父母心中有爱意和热情，他们会带着欢喜去满足孩子。这样，孩子就会带着自信和一点儿理直气壮去要帮助、要爱。他们体验到，既然父母都喜欢这样做，那这样做就不是对父母的侵扰了。

　　如果父母缺乏热情，对孩子的好是努力做出来的，那么即便事实上被满足了，孩子仍觉得像是伤害了父母一样。于是产生愧疚，以后尽可能不给父母添麻烦，由此形成了怕麻烦哲学。

　　缺乏热情的人，可以努力对别人好，但这时会有付出感。这几乎是必然的，因为他没有享受和愉悦，他的确觉得对别人好像是在割自己的肉，他意识上再慷慨，付出感一样会产生。

　　关键是把生命力展开，把热情活出来。一旦你是一个能量可以在关系中自然流动的人，你就会体验到，仅仅能量在你自己身上和在关系中流动，就已经是很开心的事了。你体验到这份享受后，就不再容易有付出感了。

　　欲望、声音、愤怒、喜悦、爱、恨、高峰体验、歇斯底里、心流……这些其实都是一回事，都是活力。活力流动起来后，你才能享受到热情流动的感觉多么美好，谁付出谁索取、谁对谁错都不重要。

一天晚上，我深切地体验到这一种感觉后，就在微博上发了一段感慨：

> 放下对错，只有爱恨；放下评判，只有感觉。——这真好。世界在摇曳生姿。

所以，试着鼓励你的孩子，鼓励你的爱人，也鼓励你自己：伸出双臂，如果你还渴望被拥抱的话！

你的需求不是罪

对于一个怕麻烦的人而言，表达需求是一件很不容易的事。例如，我有一个亲人，我们都觉得他这辈子可能没怎么求过人，极端一点儿是一次都没有。不过，这肯定不可能，至少一辈子总有那么几次吧，但次数肯定会非常少。

我问他："为什么对你来说，求人这么难？"他想了想说，一旦被拒绝，就会产生非常糟糕的感觉。

这些糟糕的感觉，会有非常丰富的情绪层次。首先是羞耻，会觉得自己非常没面子。其次是暴怒。像他一点点拒绝都不能承受，是因为背后藏着全能感——我一旦表达了需求，就必须被满足，否则会有自恋性暴怒产生，还有失望、绝望与悲伤。他成为这个样子，那必定是，他无数次体验过他的渴望没有被满足。于是，渴望变成失望甚至绝望，而这是巨大的丧失，也会导致悲伤。

……

这些复杂的负面情绪，可以概括为一个非常简单的逻辑：

（1）需要有罪；

（2）我有需要。

围绕着这两个部分，可以分出好人与坏人。坏人或者所谓"小人"，似乎没有了第一部分"需要有罪"，而只剩下"我有需要"，并且会不择手段地追求需要的满足。

不过，这并不是真的，他们只是不能很好地意识到第一部分，同时也会将它传递到别人身上——"你这么笨，活该被我利用"。最严重的时候，坏人不仅要剥削好人，还要将好人逼到绝境，因为"你这么笨，你该死"！

相比之下，好人似乎没了第二部分"我有需要"，而只剩下"需要有罪"这种感知，所以他们会压抑自己的需要。

不过，这也不是真的，好人仍然有需要，并用巧妙的方式来追求。什么方式呢？通过满足别人。

作为经典的滥好人，我也有这个问题。大学的时候，我喜欢一个女孩，觉得她配得上用最好的一切。我曾想象挣很多钱，让她吃最好的、穿最好的、用最好的……但同时，我又觉得她是一个"坏女孩"。

我是一个好人，好人其实很多时候蛮卑鄙的。

只要有需要，一定的罪恶感是不可避免的。我们多次说过，马丁·布伯说，关系有两种：一种是"我与你"，一种是"我与它"。当我没有任何期待与目标，带着我的全部存在与你的全部存在相遇时，这一关系就是"我与你"。当我将你视为满足我的需要的工具与对象时，这一关系就是我与它。

所以，只要有需要，就意味着关系会被降格为"我与它"。

一天，快递员给我家送了一份快递，我收了快递后说了一声"谢谢"。他走之后，我回忆时发现，尽管事情是刚刚发生的，但他的样子已然非常模糊了。

因为，我和他没有相遇。

对我而言，见面那一刻，他就是一个快递员，满足了我正在进行的一种需要。如此一来，我就没有拿出我的全部存在去碰触他，于是他对我而言就是很模糊的了。

想到这一点后，看着我最爱的加菲猫阿白，我刹那间明白，尽管它对我而言是很清晰的，但我和它仍然是一种需要与被需要的关系。我喜欢它的可爱，而它也一直扮演可爱样儿和我打交道。

想清楚这一点后，忽然间，我好像看透了一切，看到了阿白的全然存在。很有趣的是，在接下来的一段时间里，阿白与我形影不离。我走到哪儿，它就跟到哪儿。而这时，我们彼此之间是没有任何需要的。之前，这种事只发生在它需要我时。

需要是有罪的，所以，很多修行的人会斩断关系，独自一人待着。孤家寡人常常是一个奢望，需要或欲望总是会逼迫你去建立关系。因而可以说，欲求是一种黏着剂，将我们彼此粘在一起，直到你完全找到真我。

如果说，"我与你"的关系是根本的神圣关系，那么"我与它"的关系就像是有原罪一样，而我们是可以在"我与它"的关系中前行的。让一切流动，同时觉知它，而不断走向"我与你"的境界。

让你的声音流动

所谓"流动"，就是让你的各种能量都坦荡地展开。作为有语言能力的人类，这些能量中特别重要的一种，就是你自己的声音。你能否顺畅地表达自己呢？在表达时，你的身心是协调一致的吗？

我想起一位男性来访者，和他对话是一件蛮难受的事。因为他每一句话的最后几个字都会音调没有节奏地骤然下降，难以听到。需要不断地重复问他，你才能知道他刚才说了什么。

虽然很难受，但我对他充满同情。因为我知道，一个人对这个世界发出声音的方式，也是他小时候被回应的方式。具体到这位男士身上，他之所以会这样发出声音，是因为他在生命早期发出声音时，太难得到回应，所以他干脆失去了表达的兴趣。

刚进入广州日报社工作的时候，有一天，我们部门的新员工被邀请列席参加报社最重要的选题会。这是为了让我们知道报社是怎样工作的。选题会快结束时，一位副总问我们："你们新员工谁想说点儿什么吗？"

我可是有一肚子话要说，于是举了手。举手的同时，我看到很多人脸上有了奇怪的表情。那一刻我知道，作为情商低的家伙，我没领会领导的意思。她就是客气一下，而我这个"新兵蛋子"竟然当了真。

在那一刻，我想发声的能量没有被外部环境欢迎。我得到的回应是，你最好闭嘴。这是当下的关系模式，不过还好，我算是有内聚性自我，作为一个喜欢发表观点的人，我也不怕别人这种回应。所以，我还是表达了自己的看法。不过，我多少也是懂事的人，没有把一肚子话都说了，而只说了我认为重要的。

不管别人怎么说，都没有破坏我表达自己想法的热情。也是因为这样一个特点，我才能写十几本书，几百万字，而且也的确有了一些反响。

不过，我在表达自己时一直有一个问题，我有咽炎，总是"喀喀喀"的。并且，我讲话时，虽然没有突然最后几个字变得杳不可闻的现象，但我的每个句子整体上是声音越来越低的，也缺乏一些抑扬顿挫的节奏。

为什么会这样？简单的解释是，我是抑郁型人格。虽然抑郁症早自愈了，但抑郁特质一直在，所以讲话时不允许自己太兴奋。更细致一些的解释是，在我的家里，我从不被要求听话。我表达自己的观点时，是被允许的，父母也喜欢听我讲话。可是，整个家庭的气氛是压抑的，所以这种压抑也传递到了我身上。

不过，也有过几次例外，最长的一次有一个月时间，我感觉能量充满全身，整体上处于流动中。那时，讲话就可以很自然地抑扬顿挫，不会"喀喀喀"，连咽炎也像消失了一样。

你必须重视自己的表达方式，也要注意自己对别人的回应方式，表达与回应在人际关系中是很根本的因素。不懂表达，特别是不懂回应，很容易给关系造成很大的破坏。

像"呵呵"和"哦"，曾被评为"最伤人聊天词语"。一位女网友和男友是异地恋。"十一"假期，她想去见男友，用QQ告诉他，男友只回了一个"哦"。她大怒，提出分手。虽然男友极力挽回，但从此"哦"成了他们网聊的禁语。

它们为什么如此伤人？因为，它们不是真正的回应。

很多成年人感觉到，若对方没有回应或不及时回应，自己的情绪就会产生巨大的波动。幼小的孩子更是如此。所以，精神分析会强调：对幼童来说，无回应之地，即是绝境。并且，幼童获得回应的数量和质量，将决定他未来的沟通能力。

不仅要回应，而且回应要及时。对婴儿的观察研究发现，如果婴儿向妈妈发出信号，妈妈能在短时间内给予回应，婴儿就没有受挫感。如果妈妈没注意到或很晚才给出回应，受挫感就会产生。如果总是受挫，妈妈基本不回应，那么，婴儿就会减少甚至不再向妈妈发出呼应。严重的宅，极可能都有这样的背景。

这样说，可能会让人感觉到很大的压力。事实上，准确回应并不是特别难的事情。一个网友在我微博上讲到她的故事：

> 儿子和外婆玩，我去洗脸。他"疯"得很高兴，突然跑来说："妈妈，妈妈。"我对他说："嗯，妈妈在洗脸。"我突然意识到他是想告诉我他很高兴。我说："你是不是很高兴啊？"他"嗯"了一声就自己跑开了。

你存在，所以我存在。妈妈回应了孩子的感受，孩子的感受在那一刻被确认了，于是就有了存在感。在视频"收到礼物的小萝莉"中，小姑娘的情绪极为自然地流动时，我们深深被感染了。这意味着，她有很强的存在感，她的存在被我们感受到了。

如果孩子总处于无回应的绝境，那长大后会衍生出很多有问题的沟通方式。一女子和父亲吵架，愤怒之下回到房间，将门猛力带上。父亲敲门，她就是不开，并且心里有恨恨的快感升起：你们总是不回应我，让你们也尝尝没有回应的感觉！

她的描述，让我瞬间理解了我的一位亲人。他不能和别人好好地打招呼，别人对他说"你好"，他只是"嗯"一声。我们提醒过他多次，都没用。原来，他的心理很可能是这样的——让你们也尝尝没有回应的滋味。

在无回应之绝境下长大的人，认知治疗几乎是不可能的。我的一位来访者，在长时间内，咨询中我说了什么，她甚至都听不见。随着时间的推移，一次次准确回应的累积，她逐渐能听到我说什么了。这也是因为她幼时严重缺乏回应，她的自我几乎没有将他人纳入。

因此，准确而及时地回应别人，对某些人来说并不容易做到。不过，比这一点更关键的是我们首先得意识到，我们那些关于互动的人格特征并非是天生的，而是在生命早期形成的，它可以改变。

特别重要的是，不管你的过去如何，你都可以试着鼓足勇气，通过时间的积累，通过空间的变换，通过不断投入，对这个世界持续发出你的声音。

呼吸的隐喻

流动，是能量在自体与客体之间的自由传递与交换，一切涉及你内部世界与外部世界关系的主题，都藏着是否能自由流动这个隐喻，如呼吸。

提到高考，就不可不提考试焦虑。在各种化解考试焦虑的方法里，总有人提到深呼吸的方法。当考生焦虑时，可以用几次深呼吸让自己放松下来。

如果你了解各种冥想、静心与禅修方式的话，你会看到，呼吸在其中也占据了重要地位。

为什么呼吸会有这个效果呢？因为，呼吸是你与外部世界关系的隐喻。

你用什么样的方式吸入外界的空气，反映着你对外界的基本态度；你用什么样的方式呼出你内部的空气，也反映着外界对你的基本态度。

在考试焦虑中，或任何一种严重的紧张中，你都会发现，你的呼吸改变了，严重时会屏住呼吸，或呼吸困难。因为这时候，考生会觉得整个外部环境如同一个苛刻的、充满敌意的考官，而他也对这个考官产生了敌意。在这种敌对的环境中，外部空气和自己内部的空气都像是有了毒。于是，不敢大口吸气，怕被毒到；也不敢大口呼气，怕毒到考官而被惩罚。

这时，如果你能做深呼吸，就意味着，你用主动制造深度呼吸的方式来让自己感知你与外界的关系还可以是友善的。

如果你潜意识中觉得外界毒气（敌意）太盛，你也毒气（敌意）太盛，那么，你的呼吸会变得困难。就吸气而言，会是这样一种逻辑：外界不友好，外界对我有敌意，可是，我不得不吸入外界的空气，否则会死；可它又有毒，所以我得强忍着小口吸入。于是，吸气变得困难，如吸气很浅。

同样，如果你觉得自己有毒，那么，你在呼出空气时也会有困难。比如，你去见一个心爱的人，你紧张得屏住了呼吸，这是因为你无意识中觉得，你是一个怪物，你呼出的气息有毒，会毒害到对方。

外界对你充满敌意，而你对外界充满善意，这是分裂、否认加投射的结果。也就是说，你以自己善良自居，并在一定程度上否认了自己的恶。接着，将这部分自身的恶投射到了外部世界，由此才产生了你内部善、外部世界恶的错觉。

你感知中的外界的恶意程度，就是你自身对外界的恶意程度。你也可以由此来观察别人，别轻易相信他自身善良、外界恶的逻辑。

敌意的根本，是婴儿最初的全能毁灭欲与他向外界的投射。婴儿因此会特别惧怕外界敌意，怕自己会被轻易毁灭，也怕自己的全能毁灭欲能轻易毁灭别人乃至世界。这种恐惧体现在呼吸上，就导致了他的呼吸困难。

小孩子也会持有这一逻辑。所以，当孩子的呼吸出问题时，除了必要的看医生，你也要看看他的养育环境有没有比较大的问题，从而让他觉得他自身与外界有了太多"毒"。

父母对孩子的养育，一个特别重要的功能，就是去毒化。孩子因为无助、脆弱与高自恋，很容易生出敌意的"毒"，他们会将这份"毒"喷溅给养育者，如发脾气、说狠话、偷东西、搞破坏等。而养育者作为容器，需要将这份带着"毒"的信息接住，然后进行去毒化处理，最后还给孩子一个"毒性"小了很多的回应。

多位来访者有类似的境地，他们一来到咨询室，就只想滔滔不绝地、一件接一件地讲述他们生活中大大小小的挫折，50分钟内可以讲几十件。这就是因为他们觉得自己身上的"毒"太多，所以需要咨询师"洗毒"。

这些文字看似是比喻，其实是非常真实、直接的表达。敌意太重的人，这份"毒"会外泄演变成生活中的伤害与仇恨，如憋在体内，则会发展出一些疾病。

很多人认为，去做咨询，就是去宣泄，而咨询师就像垃圾桶一样，"兜"住这些宣泄。

如果抱有这样的想法，那就意味着，你自己觉得那些负面情绪是"毒"，而这种感知也会导致对你身体的毒害。

如果咨询师自己也这样感知，那咨询师会生出职业病，如大肚子——垃圾桶的比喻，脊柱问题——总想着为来访者承担，以及虚胖——把自己弄强壮好帮到来访者，等等。

咨询师与来访者也如父母与孩子，咨询师需要有去毒化的能力，深刻地理解来访者的敌意，让它在关系中呈现、表达、流动与转化。这个工作更像是炼金术，一堆垃圾扔进来，最终却炼出了黄金。

如果咨询师能做到这一点，那么咨询对他自己而言也会是极大的疗愈，他的身心会越来越好。

互动：罪疚感，是完整人性的一部分

存不存在"不认为需要有罪的人"呢？人为什么会觉得需要是有罪的？如何才能让自己内心更自恰、更自由地享受并满足自己的需要？激发对方的需要，并将罪恶感转移给对方是否是一种心灵防御机制？

在我的理解中，只要我们是活在"我与它"的关系中，因为有需要而产生一定的罪疚感，就是没法避免的。所以，不存在"不认为需要有罪的人"。当然，有些人可能觉知不到自己的罪疚感，而这意味着严重的心理问题。所以，不必太希望把罪疚感消灭掉。

罪疚感是完整人性的一部分，我们需要体验到它，让它流动，而不是因为它是负面体验的一种，并且是最不舒服的一种，而想去屏蔽它、灭掉它。实际上，它也不能被简单地灭掉，最多是压抑到潜意识中，或者转嫁给别人而已。

依照马丁·布伯的理论，关系有神性的"我与你"。这个时刻，我放下了我的所有期待，也就不再有"需要"了。而一旦有需要，关系就会降格为利用与被利用的"我与它"。这时，罪疚感就会产生。一有需要，就有罪疚感，这有极为深刻的逻辑在。

在通俗的意义上，当关系双方都体验到巨大的愉悦，并享受其中时，罪疚感会明显下降；而当关系是一方从另一方身上索取需要，而另一方有损失时，罪疚感就会加重。

所以，父母带孩子时，满足孩子的需要很重要。而在满足孩子的需要时，能否让关系变成彼此都享受其中，这同样重要。当父母带着满满的欢喜去满足孩子时，孩子的罪疚感会变得很低。

不过，我自己认为，我们没办法在普通关系中去化解罪疚感，而只能是带着它去生活，去构建需要与被需要的关系，它只能是在"我与你"的层面上真正消解。

总之，我们不要轻易设想，把人性中一些不舒服的基本负面体验给灭掉，而是让它们流动，同时觉知它们。

Q：需要和欲望有没有区别？

A：实际上，我自己并没有那么仔细地去区分需要和欲望，所以我常常有些随意地使用"需要""欲望"和"欲求"这些词语。但法国精神分析大家雅克·拉康对这些词语做了非常细致的区分。

拉康的欲望理论，将需求分为三层：需要（need）、要求（demand）和欲望（desire）。需要就是实际需求，例如婴儿得吃奶，不吃会饿，严重挨饿会死。要求是对爱的需求，婴儿在吃奶时，不仅仅是要吃奶，还需要爱。欲望则是在需要和要求的缝隙之间。

像婴儿吃奶时，被喂饱了，这是实际需要被满足了。但是，如果妈妈在喂奶时不高兴，或者不情愿，又或者有逼婴儿吃奶的情况，那么，婴儿会感知到妈妈对他有敌意。这会连带地让他觉得妈妈的奶水有毒，婴儿的进食因此就会出现问题。生理需要被满足了，但情感要求却没有被满足。

这时也存在着权力欲望，即妈妈是按照婴儿的意志来喂养，还是按照自己的意志来喂养。这会非常不一样，前者会让婴儿感觉到被爱，后者则让婴儿感觉到爱的缺乏。可这种差别的背后，是婴儿期待他的权力欲望被满足。

需要是可以被满足的，而欲望是很难被满足的。性欲也一样，生理意义上的需要容易被满足，可如果一个人想尽可能多地占有最有魅力的异性，这个欲望就很难被满足了。

Q：在"怕表达需求"的前提下，"怕被拒绝"和"怕欠下人情"有什么关系吗？不想欠下人情，也是怕被拒绝吗？

A：这是为了避免自己的罪疚感。通常，这是源自一个孩子和匮乏的母亲所构建的关系。当母亲处于匮乏中时，她就算满足了孩子的需要，孩子仍然会感觉到愧疚。孩子会觉得，好像是自己吃了母亲的一块肉，自己的需要被满足了，而妈妈的资源就少了。

特别是，如果妈妈还有意地给孩子制造内疚时，罪疚感会更加强烈。

怕被拒绝的人，当被拒绝时，产生的是羞耻感。怕欠下人情的人，当觉得麻烦到别人时，产生的是罪疚感。它们会很不同：羞耻感是，"我真差，我真蠢，我怎么会傻到找你求助"；而罪疚感是，"对不起，我伤害了你"。

Q：我以前有个上司，他很喜欢麻烦别人。也能感受到那是他的本心，但是总感觉有种距离感：第一，他很喜欢入侵别人的边界，动手动脚；第二，看得出他其实看不起任何人，有时从言语和一些小细节都能看得出来，并且能感受到；第三，他的一切跟你熟络的举动，都会让你感觉太刻意。同样是"爱麻烦别人"，为什么这种人并没有太多朋友？难道"爱麻烦别人"也分境界？

A：没有麻烦，就没有感情。但并不是说，就可以肆无忌惮地去麻烦别人、入侵别人。如果是后者，当然会容易引起人的反感。

在关系中麻烦别人，就是"我"将动力传递到了"你"身上，这样至少是关系开始建立了。这只是开始，而不是结束。就像攻击性一样，如果一个人不表达攻击性，那就什么都不会有，但表达攻击性，并不意味着直接去伤害别人。

第六章　无常

自我的生灭

"自由"这个词，听上去很好，可它还有一个近义词——"无常"。

自由意味着，"我"的能量是展开的、流动的，所以"我"有自由感。但这份自由一大，跳出了一个人的"我"之外，就是一切都是流动的，包括"我"自身，那就是无常。

无常，是更大范畴的自由。万物都在流动、变化、生灭中，包括"我"。

一切被构建之物都会走向毁灭，因为有生就有灭。我们一直讲拥有一个自己说了算的人生，讲成为你自己，讲内聚性自我，但真把自我构建好，即生出了一个内聚性自我之后，这个自我就可以走向损毁了。

并且，在自我形成的过程中和在自我放下的过程中，你会体验到，这个自我是一个"小我"。你越是忠于它，就越能体验到，它通向一个更大的存在，可以称为"大我""真我""道"或"神"。有了一些这种体验后，你就不会那么惧怕"小我"的死亡了。

可以生灭的"我"被损毁，而永恒的"你"呈现出来，所以无常背后，也有恒常。

成为融化的雪吧。

把你自己融洗掉。

一朵白花在寂静中绽放。

——鲁米

我，是一个流动的概念

"这就是我！我就是这样的！"和很酷的人对话时，你可能会听到这种说法。

我的一位来访者 F，是一个年轻女孩。她的问题是，她是一位依赖者，她不能干净利落地做选择，总是陷入极大的犹豫中。她总期待着另一个人帮她做决定、做选择。来找我之前，在长达一年半的时间里，尽管她的人生遇到了很大的难题，迫切地需要她做选择，但她仍然陷在一种动弹不得的处境中，没做任何选择。

在一次关键的咨询中，我们对她一件很小的事情做了细致入微的探讨。她终于明白，做任何选择都会有人受伤，而她最怕内疚，不想欠任何人的，所以她在绝大多数场合都依赖别人为她做选择。这次咨询后，她做了一个梦：

> 我梦见我是一只鸟，在一个黑漆漆的山洞里，山洞里还有很多我的同族。我们都不会飞，挤在山洞的岩石上，各自占据着一个窄小的位置不敢动弹。担心一动弹，就会失去位置，然后掉下去。
>
> 突然，我找不到我的位置了，最后一个位置被一只不是鸟的动物占据了。它冷冷地看着我，不打算提供帮助。我从岩石上掉了下去。掉落的过程，像自由落体一样，我恐慌至极。
>
> 但在跌落中，我突然发现我有翅膀，于是我努力地扑腾翅膀。心里有一种莫名的信念，相信我一定能飞，而我果真飞了起来，再也不怕坠落了。我飞得自在而潇洒。
>
> 我的一些同族也明白了自己可以飞，它们跟着我一起呼啸着飞出山洞，与经过洞口的一群白天鹅会合，飞向蓝天。这时，我发现原来我和我的同族都是粉红色的天鹅。
>
> 我们还飞过大海、森林和湖泊。我发现，我们不仅能飞翔，还可以游泳。
>
> 我们低低地飞过水面时，有人将水溅起，泼向我们。我觉得这没什么，毕竟这对我们构不成任何伤害。

这个梦给了 F 极大的喜悦。从梦中醒来时，她发现是凌晨 3 点多，而那份喜悦一直持续着，直到五六点时，她才又入睡了一会儿，再度醒来后仍是充满喜悦。

这个梦有双重含义：一个是对 F 的生活的隐喻，另一个是对 F 心灵蜕变的表达。

就人生处境而言，我们有很多人像 F 一样，站在一个狭窄的岩石上，拼命去守护着那一点儿可怜的地盘，生怕失去它，而守护的办法也常常是执着于某一种早就习惯的办法。我们所在的地盘和我们守护的方式，这些东西综合在一起，就是所谓的"自我"。对 F 而言，她要守护的这个地盘就是重要亲人的爱与认可，因为她的重要亲人中多是支配欲很强的控制者，所以她守护这个地盘的办法就是扮演一个无助而可爱的依赖者。

但是，这个办法最终失效了。不管她怎么执着于这个办法，这个地盘还是守不住了。她彻底失控了，也就是说，她的自我兜不住她的人生了。于是，在梦中，她从这块岩石上跌落了下来，这是失控的隐喻。然而，在跌落中，她发现，原来自己是可以飞的。

人很害怕失控，觉得失控像是死亡一样可怕，因为失控也的确意味着，这是自我的失效与死亡。不过，这也只是自我或者说"小我"一时的死亡。如果你接受它的发生，你甚至就会发现，它之外还有一个更大的"我"存在着。相反，假如你的一生从来都没有失控过，那意味着，你的一生一直处于一个狭窄的"小我"的控制中。

因为 F 的这个故事，我有了一个比喻，后来在咨询中常使用这个比喻：

> 想象一张桌子上，一个物件（例如一支笔或一个杯子），在桌子的边沿，就要掉下去了。这个物件，就像是你自己。可是，如果真掉下去，会发生什么？你会掉落在宽广的大地上。

海灵格在他的《谁在我家》一书中提到了这样一个比喻：

> 一头熊，一直被关在一个窄小的笼子里，只能站着，不能坐下，更

不用说躺下。当人攻击它的时候，它最多只能抱成一团来应对。

　　后来，它被从这个窄小的笼子里解救了出来，但它仍然一直站着，仿佛不知道自己已获得自由，可以坐、可以躺、可以跑，还可以还击。

在一定程度上，我们都生活在这样的无形的笼子中。并且，除非是遇到一些极限情况，否则会一直执着于用原来的那种方式生活。例如，F 会一直执着于做一个依赖者。

　　但是，极限的情况发生了，而这简直是必然会发生的。它的发生，是为了打破我们的"小我"。例如，F 在一年半的时间里，陷入乱成一团的人生处境中。这看起来很不好，但恰恰也逼迫她不得不放弃原有的方式。一旦放弃执着，那头熊会发现，它可以坐、躺、跑和还击；而 F 则发现，她可以做一个独立的人。

　　如果不再执着，我们会发现，原来世界海阔天空，我们不必非得守在那块可怜的地盘上。我们可以飞翔，可以游泳，可以不必理会别人"泼来"的流言蜚语，我们只需要尊重自己内在的心性。

　　"这个梦是一个巨大的礼物。"F 说。从梦中醒来后，她觉得自己变了，她的生命中的那些问题仍然存在，但不同的是，它们变小了，她可以轻松面对了，而且她深信一定可以找到好的解决办法。

　　我的感觉是，她刚来找我做咨询时，她的任何问题都像是一个无比巨大的问题，将她整个人笼罩住了，令她动弹不得。但慢慢地，她和这些问题拉开了距离，她能够有时像一个旁观者一样，跳出来看这些问题了。现在，这些问题则像一个小圆球一样，可以被她捧在手中，认真地观察了。

　　她是怎么做到这一点的呢？加上这次解梦，她总共来找我做过 4 次心理咨询，难道我神奇地点化了她吗？

　　自然不是。关键是，咨询给了她重要的认识：每当有问题出现时，不要太急着去寻找解决问题的办法，而要先去理解和认识问题。这样做时，问题就是被容之物，而她的自我就是一个容器。以前，她太急着去解决问题，是担心带着死能量的问题会破坏掉自我，但经过咨询，她体验到，问题是可以在关系和自我中被容纳的。

与此同时，她还在做一件事——扫描式感受身体。她对我的方法做了修改，只是去感受手和脚，并且感受时会想象每一根手指和脚趾像小树苗一样会缓缓长大。

F说，那一段时间，她每天都会做这个练习，而且一天会做很多次。结果，她面对事情时越来越镇定，好像有了一个空间笼罩在她身边，让她任何时候都能和问题保持一点儿距离，从而可以比较自如地观察问题了。

这个练习以及任何感受身体的练习（例如高考时做深呼吸），都有一个重要的作用：当你感受到身体的真切存在时，你就知道，除了头脑和意识层面的自我1之外，还有身体和潜意识层面的自我2存在着。当确认了这份更深刻的自我的存在，你对头脑和意识层面的自我就可以不那么执着了。所谓"失控"，所谓"小我的死亡"，它首先是自我1的死亡。

当自我1死亡时，自我2就有了更好的呈现空间。

从自我1到自我2，从小我到真我，自我是有层次的，这一层自我被破坏或死亡，更深一层的自我就会呈现，所以我们不必太担心自我的死亡，甚至有时还可以主动去追寻自我的死亡。

让一切流经你的心

1996年，我读大三，跟着北大心理学系的老师参加了"希望工程"的一个项目。要从来自全国22个省的22个受捐助生中，用心理测试等方法，筛选出3个孩子去美国参加当年进行的亚特兰大奥运会火炬接力。

其间一次唱歌比赛，一个来自贵州的8岁小男孩唱《大中国》。他一开唱，全场哄堂大笑，因为跑调跑得实在太离谱了。但这个小家伙不为所动地唱了下去，哄笑声逐渐消失，最终转为安静地钦佩。甚至，全场可以用"寂静无声"来形容，整个空间里只剩下了他的歌声。等他超烂的歌声结束时，掌声雷动。

这是神奇的投射与认同。

最初，我们向他投射了嘲讽——"你的歌声真难听，你真差"，但小男孩没有认同，他转而向我们投射了"我很好，我很自信"，而且非常坚定。结果，我们认同了他的投射，最后给予他雷鸣般的掌声。

特别难得的是，这个小男孩并无傲气，他就是大气、坚定。同行的《中国青年报》的一名记者成了他的粉丝，每年都去贵州看他。我和他们都没联系了，不知道这个孩子现在过得怎么样，但我相信他会过得很好。

我曾在微博上分享了这个故事，很多网友回复说，自己也经历过或见过这类故事，可都没有这个小男孩的这种结果。为什么呢？

我上大学时，院里举办晚会，有个环节观众只要想表演就可以上台。有个男孩上去唱歌，唱得很难听。他很陶醉，丝毫没有要下来的意思，还唱了很长时间。他唱完以后，底下的观众走了一大半，剩下的人里只有很少人为他鼓掌。为什么差别这么大？

我的理解是，作为主人公，你到底是开放的，还是封闭的？后面的故事中，像那个男孩的那些台上的主角，他们应该是呈一种自闭状态的。他们用自我封闭的方式屏蔽了嘲讽，但其实内心已经被"击穿"，只是没有表现出来。但是，贵州的小男孩是敞开的，他允许嘲讽的能量流经自己，但没有认同它，而后又传递出了大气的自信。这的确不简单，不能简单模仿。

人最根本的需求是渴望被看见，所以都受不了自己的能量被屏蔽。如果被屏蔽，我们就会感觉到被拒绝，于是很容易转而拒绝屏蔽了我们的人。所以，一般性的坚持自我容易把别人从自己身边赶走。

我们不断地讲容器和容纳，而作为一个人，我们的自我需要有容纳力。一方发出的信息，另一方需要把它接住，容纳它，并消化它，特别是负面情绪。可以经由容纳而转化成相对好的信息，然后再传递回去。

当一个人的自我具备这个能力的时候，他就处于一种自由中，外部世界的信息可以被他很好地接受，而他内部的信息也可以很好地向外部世界发出。这时，一切处于流动中。

作为一名摄影发烧友，我多年以来常做一种梦：我眼前出现了无比瑰丽的风景，特别是色彩和层次，醒着时是不可能感受到的；我被深深震撼，于是拿出相机想拍下来；可是，不是相机坏了，就是镜头坏了，总之就是拍不成。

我一直试着解这个梦，但总是不得解。后来，经过华南师范大学的心理学教授、国内荣格派的领军人物申荷永老师的提醒，我才明白，相机是人类头脑制造出来的东西，它是头脑的象征，而且拍下来，就意味着要把这个风景留到我的头脑里，这时是怎么都拍不下来的。因为，一旦升起要拍的欲望，我与风景的关系就变成了"我与它"，而我能感受到梦中风景的瑰丽与辉煌，这一刻是"我与你"的关系。这种关系只能发生在"我与你"的全然相遇中，只能放下头脑自我而敞开自己的全部存在，去拥抱风景的全部存在。

还可以说，当我用相机去拍摄时，这一刻，我和风景之间就有了一个相机隔在那里，我的内部世界和风景的外部世界之间的流动就被切断了。

我们 12 月去南极，那是南极的夏天，而且行程是在南极圈外，所以不冷，温度是零上三五摄氏度。这不是挑战，真正构成挑战的有两个：一个是三十多个小时的飞行；并多地转机。接下来是第二个挑战，从乌斯怀亚坐船去南极，要两天半，其间要穿越西风带。这时，很多人会晕船，晕船的人甚至会难受得死去活来。

说是去南极，但先在路上花了 5 天时间。法国船长还想给我们一个惊喜，把船开进了南极圈，他说那里有一个非常值得去的地方。没想到遇到了暴风雪，然后我们灰溜溜地返回到既定的风景点。七天的行程消磨了很多人的耐心。

到了第七天的早上 5 点，我们幸运地遇到了仙境般的世界，实在是美得没法形容。我觉得近 20 天的行程，哪怕只看到这一处美景，都值了。于是，我拿起相机狂拍，一个早上拍了一千多张照片。

可是，同行的一个朋友，她就在没人的船尾，静静地坐了一个多小时。南极的美景"击穿"了她，这一个多小时，她一直在流泪。她没有动任何念头，去拍照、去分享，她只是彻底沉浸其中。

等后来，我发现一种悖论出现了。我可以和别人分享我的那些照片，可那个美轮美奂的极致仙境却像是离我很远似的。而这位朋友随时说起时，都好像她还在那个早晨似的。

这就是"我与你"和"我与它"关系的不同。说到这儿，我也刚刚有一个领悟，所谓的"它"，也就是我的头脑，头脑貌似可以认识一切，但只有当头脑消失时，"我"才能遇见"你"。

活在当下

当头脑自我（即自我 1）消失时，一个人会体验到和更大的存在的联结，而这是一种极致的美好体验。

我们可以通过什么方法主动放下自我 1，而追求这种体验呢？

人类有很多行为是在追求这种体验的，有的是非常有意识的，有的是看起来在追求其他目的，但其实是在追求这种体验的。非常有意识的行为，例如苏菲旋转。

旋转的目的，是用晕眩让身体超越头脑控制的极限。当头脑彻底失去对身体的控制时，意味着头脑自我在那一刻就被"杀死"了——以一种主动的方式，而在那一刻你会碰触到更大的存在。

正宗的扫描身体练习，需要用打坐的方式，而我习惯了平躺着的姿势，这让这个练习打了很大的折扣。通过不断练习，我发现，在练习中，我会碰触到不同层次的"我"。

第一个层次，就是武志红的"我"。当扫描身体进入状态（即与身体有了基本的联结后），我会对武志红的各种事情中的体验有了极为敏感的感知。那可以放大很多倍，特别是在各种事情、各种关系中的情绪。

第二个层次，是要与身体有了越来越深的联结后才会出现。这时，作为武志红的那个"我"像是消失了，各种各样的故事剧本开始自然出现。每一个故事剧本中，都至少有一个主角和一个配角以及一份动力，而且主角可以是男、是女，可以是成年人、老人或孩子，还可以是动物。并且，他们之间的故事，是作为武志红的"我"都不敢想象的。这时，作为练习的"我"必须集中注意力才能抓到这些故事剧本，不然它们就会像流水一样，来了就走，瞬息万变。

第三个层次，我只在极少数的时候才能体验到。就是随着对身体的觉知越来越敏感，最终突然进入一种合一感，语言、思维和自我三者都消失了。那种境界不可描述，因为它的发生就建立在语言和思维消失的前提下。并且，这时会体验到极度的愉悦。

因为有了第三个层次的体验发生，我才变得对扫描身体练习有点儿痴迷，每天都至少做三遍。可这仍然远远不够，真正修行的人，他们每天会花几个甚至十几个小时做内观，并且是以严格打坐的方式。

其实，我们生活中还有一些方式，是我们看起来在追求另一种东西，实际上可能是在追求"小我"的死亡，如极限运动。

我有来访者和朋友对极限运动上瘾，而且他们从事的极限运动是铁人三项之类的。他们说，自己是在追求那种感觉：当身体达到某个临界点时，感觉自己就要被累死了，但突然间，一种巨大的愉悦和力量会升起；然后，他们的身体像重新恢复了似的，并且这时他们会有一种与周围的世界浑然一体的感觉。这些感觉综合到一起，让他们很痴迷。

对此，也可以用最普通的生理因素来解释。就是，这时候，大脑会分泌出大量的多巴胺，这导致了他们的愉悦感。

这些方式都是很特别的方式，如果你从普通级别入手，最终想获得一种极致的体验，通常要走很长的路、花很长的时间。不过，我们每个人都可以试试，有意识地放下你的头脑，而去和当下任何一个事物建立充满觉知的关系，让自己活在当下。

2007 年，我开始看埃克哈特·托利的《当下的力量》一书，第一次有了"活在当下"的意识，也第一次体验到了一点点什么叫"活在当下"，比如自己曾写过的关于刷碗的经历。

可以说，虽然我洗过无数次碗，可因为有自我 1 的情绪和思维，结果我从未真正体验过，活在当下的洗碗是一种什么样的感觉。

这次活在当下的体验对我影响巨大，后来我常常有意识地提醒自己要活在当下。而且，也的确是受了托利这本书的影响，我启动了扫描身体的练习。托利说你不妨在睡觉前或刚醒来时，试试扫描身体，结果我就一直这么做了。

思维过程和情绪过程有时会影响我，让我不能活在当下。这可能会让一些朋友觉得，情绪过程和思维过程都是障碍。它们的确是"小我"导致的一些防御，但它们都有巨大的价值。

如果把情绪过程视为情绪与情感，那么，情绪主要就是"我"在关系中的受损还是受益的结果。当"我"受益时，会有好的情绪；当"我"受损时，会有坏的情绪。至于情感，则取决于自体和客体之间建立了什么样的关系：当体验到以敌意为主的关系时，就有恨；当体验到以善意为主的关系时，就有爱。

虽然我们一再说"放下自我"，但请大家一定要知道，这是建立在一再讲"内聚性自我""成为你自己"和"拥有一个你说了算的人生"的基础上的。一个还没有形成内聚性自我的人，一开始就去放下自我，根本就不会管自己的情绪、情感。相反，我们要特别重视自己的情绪、情感，去充分觉知它们，大胆地活出它们。只有这样，一个人才是真实地展开了他自己，这是一切的开始。如果一个人一辈子都没怎么鲜明地快意恩仇过，那么，他的人生命题很大可能不是放下自我，而是先活出自我。

头脑的伟大之处

我的文字给一些朋友这样一种感觉——好像一直在否定头脑与思维的价值，但现在，我要为头脑与思维做一个正名。所有的人性部分都极为重要，头脑与思维也是一样。

一天晚上，我的一个朋友在电话里给我讲述她家的"狗血事"。她妈妈是典型的"扶弟魔"，不惜代价也缺乏理智地帮助弟弟（朋友的舅舅），这已经严重损害了自己小家庭的利益。而且，她妈妈的弟弟堪称败家子，帮也没用，就像填无底洞一样。可是，谁劝她妈妈都不行。

我一边听她讲，一边帮她分析局面，然后事情背后的逻辑逐渐变得清晰。也许从根本上来说，是她妈妈在掩饰自己对弟弟的恨，以及重男轻女家庭带来的一个必然问题——她妈妈在家庭中被忽视的感觉，可她妈妈不能面对这种感觉。

谈到恨时，我的这个朋友非常有感觉。她说，先不说对她妈妈是否有帮助，但我的分析倒是碰触到了她内在的恨。这句话刚落下，她就在电话里对我说，突然间她感到特别害怕，一股气从脊柱升起，一直升到后脑勺的位置，头发好像都立起来了。

我安慰她说，没关系，试着不逃走，感受一下这份恨意，看看会怎样。

感受了一下后，她打了一个冷战，然后觉得门口有一双恐怖的眼睛在盯着她看，好像有一个充满怨恨的"鬼"在那里看着她。又过了一会儿，她突然间有眼泪出来，然后也放松了下来。她说，那个"鬼"好像是她自己。

这要解释的是，我的这个朋友看上去是极善良的人，必须要加一个"极"字才能形容她的善良。那意味着，她身上的攻击性被她的头脑给屏蔽了，而且还是屏蔽到了很深的地步。当它们从潜意识中冒出时，就会被她感知为"鬼"。"鬼"，常常就是被我们头脑屏蔽到潜意识中的攻击性，而我们也都知道了，它正是生命力本身。

"攻击性"是一个很大范畴的术语，我们还可以换成小一点儿范畴的术语，那就是"敌意"，更小范畴的表达，则是"恨意"。太多人都需要把敌意给屏蔽到潜意识中，而这必须借助头脑的防御功能才行，所以这是头脑的伟大价值。

为什么要用"伟大"来形容头脑的这种自我欺骗功能呢？因为，当你的心灵还不够和谐、稳定时，一旦觉知到敌意，那就会变得很麻烦。如果你处理不了内在或外在的敌意，那你就会被卡在这里，动弹不得。

例如，我这个朋友的妈妈，她的确是在干非理性的事，不计代价地帮助败家子一般的弟弟。当她意识到自己在干什么，觉知到自己对弟弟的恨意时，她可能会停下这种非理性的行为。但同时，这份敌意可能会一直折磨她，让她没办法去面对弟弟，以及其他相关的亲人。

因为，面对敌意时，我们容易有的逻辑是这样的：

（1）把这份敌意投射到外界。

（2）面对外界的敌意时，本能上是想自己占上风，可又会恐惧被报复。

（3）如果自己不能占上风，而落了下风，就会产生严重的羞耻感——"我怎么这么差劲儿"。同时，也会产生严重的被害焦虑，甚至有一定程度的被害妄想，把对方想得非常强大。而且，会觉得对方就是要阴谋加害自己，哪怕没好处也要这么做。

（4）一旦体验到自己的羞耻感，就会生出强烈的破坏欲，这份破坏欲如果不能向外攻击对方，就会向内攻击自己。

……

这样一来，这份敌意就会在孤独的想象中折磨自己，而一旦它表达在关系中，也很有可能会给关系带来破坏。

所以，当一个人还没有能力处理敌意，也没有一个关系能帮助他去处理敌意时，一个非常好的选择是，使用自我防御机制，把敌意压抑到潜意识中去，这样头脑就觉知不到了。然后，它就可以不大量占据自我 1 的容量，而自我 1 就可以去处理其他事情，生活就可以正常进行了。

头脑自我（即自我 1）就像电脑一样，当一个充满敌意的事件出现时，对于一台水平比较低的电脑，就像是一个 bug 程序，它会占据电脑的内存，严重时会让电脑没法运行。

所以，我们会说"人艰不拆"。对于自我 1 水平很低的人，旁观者可以轻易地看到他身上的敌意，不过直接告诉他并不是一个好选择。大多数时候，你告诉他了也没有多大用处，因为他的自我防御体系会把你的声音给防御掉。

除了敌意，头脑还会屏蔽自体虚弱感。我找我的精神分析师给我做分析已经快四年了，而我们的分析工作进行到两年多时，我不断地意识到，我的自体是多么虚弱无力。

直面自体虚弱感，和直面恨意与敌意一样重要。甚至可以说，它们本质上是一回事，都是敌意（即黑色生命力）。

一直以来，我都在说，你以为的善良可能只是软弱。当彻底觉知到自体虚弱感后，我看到，作为一个滥好人，我太多貌似善意的行为，其实只是软弱。

并且，无论是处理敌意，还是处理自体虚弱感，都不能一蹴而就，都需要时间与耐心。而这时候，自我 1 哪怕看起来有些僵硬，它还是一个非常宝贵的容器。

所以，别恨自己的这个容器，别恨自己的任何一部分人性，让自己慢慢地成长：首先有一个头脑自我，把敌意和自体虚弱感这些"坏"排挤出去；然后逐渐形成"我基本上是好的"这种感觉，以此构建出一个内聚性自我；最后吸纳那些被自己切割出去的"坏"，逐渐整合它们，同时也不断地放下自我 1，甚至连内聚性自我都可能一并消失。而体验到在自我 1 后面有自我 2，而在自我 2 背后还有一个更大的存在。

人是有根本良知的，你的根本良知知道你在做什么，而你的头脑却可以自欺，但头脑的自欺没办法绕过你的根本良知。所以，你怎么做选择、怎么体验和感知这个世界，其实就是在构建你自己的世界，而你就生活在其中。

不过，前面说的那个假设即便成立，我们也别抵触头脑。头脑的确可以让你变得不那么敏感，但同时也给了我们更多行动的可能，以及选择的可能。

互动：自我总是会被打破

"真我"这个词，是源自心灵的三层结构，即把一个人的"我"分成保护层、伤痛层和真我层这三个层次。真我不是普通意义上的真性情，而是根本自我。一旦进入这儿，你会体验到，你的自我和更大的存在相连，所以真我也可以说是"大我"。

当一个人认为他的自我就是自我 1，头脑和思维就是一切时，他就是"虚假自体"。本来头脑只是自我的一部分，却被他当作全部，所以是一种虚假。并且，这时候一个人就会与自我 2 失去联结，身体过程和情绪过程会被阻断，而显得身体僵硬、情绪不自然。"真实自体"则是自我 1 和自我 2 一起存在的一种自体，并且自我 1 是为自我 2 服务的，你必须体验到，你的心理活动是发自自我 2。这时，你才会感觉到自己是真实的。如果主要是发自自我 1，你就会体验到自己是虚假的。

马丁·布伯的"我""你"和"它"的术语，并且逐渐会有一种认识，也许世界可以这样分，属于内部世界的"我"以及"我"之外的整个外部世界的"你"。而如果"我"不能与"你"相遇，就会将"你"降格为"它"。可"我"与"你"、与"它"，依照鲁米的诗，是互为镜像的，都是意识的幻觉。甚至一切都是幻觉，包括时间、空间与物质。

Q：怎样理解自我变化、死亡等无常与形成内聚性自我的关系呢？无常不代表自我更不稳定了吗？

A：我们死死抓着恒常，特别是自我，并惧怕死亡，可死亡无处不在。我们此前讲过，一个念头、一个动力的生灭，就会让我们体验到生死。也许我们惧怕的不是死亡，不是无常，而是无常背后是虚无，或者是有一个充满敌意和力量的邪恶存在。但当发现无常只是无常，那个时候，也就不那么惧怕无常了。

至于内聚性自我，我们一再说，它的形成要建立在"我基本上是好的"

这种感觉上，其实就是我们惧怕"我"是死能量的制造者，是坏的。在这种感觉上，内聚性自我就没法形成。

Q：**如果说失控不是非要歇斯底里的形式而在本质上是一层自我消失，呈现出另一层自我的话，会不会有一天一回头定义不了自己了？**

A：除了内聚性自我，还有一个关于自我的术语——"自我同一性"，指的是一个人有一个基本稳定的自我定义。形成了自我同一性的人，会呈现一种稳定的个性。如果不断地背叛自己，那自然意味着在不断地破坏自我同一性，最终没办法回到原有的定义上。

实际上，人不能两次踏入同一条河流，所谓的"自我同一性"只是一种基本感觉而已，而不是一个人真可以一直用同一种定义来定义自己。

Q：**我遇到事情，总是拖延着，不去解决，我应该去接受自己这种现状吗？怎样才能做到勇敢地面对问题呢？**

A：在这种状态下，你需要得到帮助。可以说，这是你的自我被破坏了，但因为没有内聚性自我，所以破坏后就像是被瓦解了一样。少数时候，这样待着，也是在积聚能量，让瓦解的自我重新聚合，然后就可以出去了。但这会太慢、太难，代价也可能太大，这时候最合适的方法，是去寻求关系的帮助。借助关系的力量，先获得一个外部容器，再内化这个外部容器而增强自己的"自我"这个容器。

有时候，药物治疗也很重要——常常可以降低或升高能量，从而达到一个人的自我能被使用、被控制的程度。

生命的意义在于选择

生命有意义吗？或者说，你的生命有意义吗？

你的肉身终将会死去。并且，比起浩瀚的宇宙，你的肉身如同一粒尘埃，而在时间绵延的长河之中，你的肉身的存续，只是一个不起眼的瞬间。在进化的历程中，你受着巨大力量的推动，而你，竟然会妄谈自由。别说自由了，连自由意志是否存在都有疑问。

可同时，你又深刻地感知到，你真切地存在着，你的生命有非凡的意义。如果你虚度了时光，如果你没有活出你自己，要命的虚无感会侵袭你。

如果生命有意义，那是什么？在我看来，生命的意义就在于选择。在浩瀚的宇宙中，在时间的长河中，在进化的历程中，渺小如尘埃的你的选择，至少对你这个个体而言，有无限的意义。

选择决定了你是谁。在时间、空间与进化的无常中，你的选择尤其可贵。你甚至可以凭借选择，而透过无常，看到恒常。

> 丰满的感觉来了，
> 但它通常需要一些面包
> 才能将它带来。
> 美包围着我们，
> 但通常我们需要走到花园
> 才知道这一点。

人体本身就是一个屏幕，

隐藏或部分地显示

你存在里面的

炽烈的光线。

水，故事，身体，

我们做的所有的事情，都是媒介，

隐藏或显示，隐藏的事物。

研究它们，

并享受被我们有时知道

当时却不知道的秘密

清洗的感觉。

——鲁米

尼奥的选择

《黑客帝国3》的后半部分，尼奥来到机器大帝面前，说他愿意去阻挡史密斯，以换取机器世界和人类世界的和平。当时，获得了复制能力的史密斯已经失去了控制，机器大帝知道这一点。

尼奥的和平提议达成了，但机器大帝问他："如果你失败了呢？"

尼奥说："I won't."（我不会失败。）

接着，机器大帝把尼奥送入了母体。在那里，尼奥和史密斯展开了大战。在大战中，他俩的能力不断升级，逐渐具备了核弹一般的攻击力，不过看起来史密斯总是更胜一筹。将尼奥打得奄奄一息后，史密斯发起了一场演讲：

你为什么不放弃？为了自由、真理、和平或者爱情？都是幻觉。所有的一切本质上都像母体那样虚伪造作，爱情不过是人类发明出来的无聊玩意儿，用来对抗虚无。你不应该看不出来，你该醒醒了！你赢不了的，继续斗下去毫无意义。为什么你还要坚持？

尼奥回答说："Because I choose to."（因为这是我的选择。）

有气无力地说出这句话后，尼奥又恢复了部分战斗力，再次击倒了史密斯。不过，史密斯还是再次变得强大，"道高一尺，魔高一丈"。史密斯终究强过尼奥，而他也再次击倒了尼奥。这是他们搏斗程序中的最后一个回合。

胜利在望时，史密斯突然有了恐惧。他想起自己预见了这一幕，而且还对尼奥说了这样一句话：

"Everything that has a beginning has an end, Neo."（万物有始必有终，尼奥。）

他意识到这可能是个圈套，但还是把手伸进尼奥的身体，把他复制成了又一个史密斯。

然后，尼奥在真实世界中死亡，而母体中对应的这个新史密斯也化作一道光消失了。接着，所有的史密斯都化为乌有。

在这一个情节中，尼奥这两句话让我印象深刻，"我不会失败"和"因为，这是我的选择"。他怎么能那么肯定地说"我不会失败"？他难道也预见了这个最终结局？并且，这个结局也是造物主和先知的安排？都是一个既定的程序而已？

我想用心理学或普通人性的语言体系解读一下。

我的理解是，尼奥之所以说"我不会失败"，是因为他已经做好了死亡的准备。尼奥知道，阻挡史密斯的办法，不是击败他，而是貌似被他击败，并被他复制成一个新的史密斯。复制成新的史密斯后，如果这个"史密斯·尼奥"还想求生，那么他就会被史密斯控制，但他可以求死。当他选择死亡时，他也会感染其他史密斯和他一起死亡。

生命的意义在于选择，因为选择决定了你是谁。

做选择时，外部世界和你的关系会内化到你的内心。而这时候，你的根本良知在看着你。为了生存，为了强大，为了活下去，你可以去做只对"小我"有利的选择，可根本良知还会发挥作用，让你知道，你做了什么样的选择。头脑可以让你自欺欺人，屏蔽根本良知，可内心深处，它是不能被屏蔽的。

你的选择，决定了你活在一个什么样的心灵世界。你的选择越是黑暗，越是执着于"小我"的强大与存续，你就越怕死。不管物理学和生理学怎样解释死亡，选择了黑暗的人都更怕死，因为隐隐地会惧怕：当头脑和肉身都消亡时，有一个抽象的心灵世界等着你，你会害怕坠入黑暗。

并且，如果你一直在追求强大而邪恶，你会隐隐地感觉到，永远有更强大而邪恶的力量存在着。你会坠入其中，并被它所吞噬，就像一个又一个的人被复制成史密斯一样。

相反，你的选择越是光明、越是善良、越是相信爱，你就会越放松。而且，会有一种深刻的坦然，你不是那么怕死，甚至坦然赴死。因为如果死后的心灵是坠入光明中，那有何恐惧？

史密斯对尼奥发表演讲时，重点谈了爱情，说这是幻觉。而尼奥的确坠入了爱情，他爱上了崔妮蒂，也连带着爱上了人类。即便没有死后的世界，我们也知道，有了爱，而且是为所爱的人去赴死，死亡就不那么可怕了。

在《现实：强与弱，善与恶》中，我讲到，善恶或爱恨和强弱，是人性的两个核心维度。在恨、恶（或敌意）中，要分强弱，要比高低，觉得弱的、低的，会有强烈的羞耻感，以及嫉恨和竞争欲。在爱与善意中，强弱、高低、对错的意义就没那么大了。

所以，我们会看到，在只讲强弱的世界里，必定是邪恶盛行。并且，那个最强的人会要求别人绝对服从自己，他会毫无意愿去尊重别人的自由意志。绝对服从，就是史密斯复制史密斯的隐喻。并且，当一个人严重服从另一个人时，也意味着，他允许了这份复制与控制的发生。这之所以会发生，也是因为这个弱者怕死。

然而，凡人皆有一死，不管你生前多么强大，你的肉身终究会死亡。而剥离了头脑与肉身的灵魂是否存在，又将魂归何处，这是人不得不面对的问题。这不是一句"灵魂根本就不存在"就能解决的问题。那些坚定地不相信灵魂存在，同时又不断地选择黑暗的人，他们很容易有一个问题——惧怕黑暗。

在《关系：无回应之地，即是绝境》中，我讲到，那些有最穷凶极恶的反社会人格的人，对他们最可怕的惩罚，不是酷刑，而是关小黑屋。

虽然我一再讲要活出自己，拥有一个自己说了算的人生，但这是因为我从理论和体验上相信，一个人的生命力如果被完整地看见，那么它就会进入光明，而不是在强调，哪怕会严重伤害别人，都要自私地活出自己。

鲁米的诗中一再讲"镜像"。可以说，"我"与"你"互为镜像，"我"的内部世界和"你"的外部世界互为镜像，而从镜子里能看到什么，这是可以选择的。或者说，这是由你的选择所决定的，这就是生命的意义。

衔尾蛇——无常的隐喻

吃和无常，有什么关系？

如果你觉得这个话题有点儿突兀，那意味着，你很可能在防御中，你不想看到一个最基本的事实：当你吃的时候，你是毁灭者。也就是说，你在制造死亡，在制造无常。

这听着有点儿夸张，但不是吗？你在吃的时候，你是在制造毁灭。如果你是在吃素，那么你是在毁灭食物；而如果你是在吃肉，那么你就是在杀生。

生命的意义在于选择，你选择如何和外部事物建立关系，这个关系、这个图景就会内化到你的心灵中。吃，特别是吃肉，这些事情实在太普通了，普通到太容易让你忽视了其中的含义，但的确是有这份隐喻在的。

伸展攻击性时，伤害到所爱的人，你会有内疚；杀死一个生灵，这也是攻击性的伸展，这很容易导致罪疚感。在我看来，这是一种必然。

很多素食主义者选择不吃肉，就是因为这样的逻辑。可是，你吃植物，那植物也是生命啊。就算你不吃作为生命的动物和植物，你吃其他东西，你一样也要毁灭掉这个被你吞吃进来的东西，然后变成垃圾排泄出去。

当然，对大自然来说，排泄物可以是肥料，而很多植物的种子之所以能得到传播，也是借助人类和动物的吞吃、消化和排泄的帮忙。

所以，万物都在一种循环中。你的生，有赖于其他存在的死；而你的死，也会滋养其他存在的生。

并且，万物还在进化中，高级生物吃掉低级生物，以此万物得以进化。同时，吃导致的杀戮，也在维系着整个生态系统的平衡。

　　温尼科特说，婴儿的一切，都是心理的。例如吃奶，这不仅是生理需要，也藏着很深的心理隐喻。婴儿知道，吃奶时，他是在吞吃，如果吞吃有毁灭的寓意，那婴儿该如何面对这种寓意？

　　吞吃，就是原始敌意的开始。婴儿要从乳房中吞吃乳汁，以滋养自己。这时候，他和乳房建立什么样的关系模式就极为重要。

　　最糟糕的是，有些母亲根本不愿意喂养婴儿，她们严重地体验到，婴儿的吞吃是在剥削她们、损毁她们。不仅会损毁她们的美貌，还可能会令她们有严重的匮乏感，结果不愿意去喂养，她们甚至会嫉妒自己的孩子能吃到自己饱满的乳汁。

　　母亲愿意喂养孩子，但她的乳汁和情感很匮乏，例如她生活在糟糕的处境中，自顾不暇。这样虚弱的母亲会带给婴儿这种感知：为了活下去，我要吃奶，可吃奶会伤害到母亲，所以我要克制，能少吃就少吃，能不吃就不吃；真吃时，就充满愧疚。很多母亲是处于这种情形中的，她们的确是远超出自己的能力去喂养孩子。这时，孩子会觉得，自己吃奶就像是在吞吃母亲的生命甚至肉身。

　　最好的情况是，母亲愿意喂养孩子，她情感上充满爱意，同时她的乳汁也是饱满的。而她用饱满的乳汁喂养孩子，带给孩子巨大的满足时，她也会有巨大的满足感，她觉得自己是如此丰盛、饱满的。这份满足感本身，就成了一种正反馈、一种奖励，不需要孩子再给自己额外的奖励了。也就是说，她是心甘情愿地喂奶，同时她是饱满的，甚至因为喂好了孩子，而感觉更美好、更强大。在这种情况下，婴儿就不会觉得吃是一种你死我活的事情。并且，在这种充分被满足的状态下，婴儿会非常自然地对母亲产生巨大的感恩。婴儿会觉得，世界是如此美好，他可以大口地吃奶、大口地呼吸，酣畅地表达。而这一切是由母亲带来的，母亲又是整个外部世界的最初隐喻，于是对母亲和整个世界都会感恩。最初的感恩，就是这样来的。

　　相反，在前两种养育中，婴儿都会有匮乏感，同时又被死能量给裹挟着，于是容易陷入嫉羡中。他们想好好吃、好好吸收各种营养，同时觉得这是在攻击、杀死、剥削对方，即自己的强大与生会导致对方的虚弱与死。这时，他们要么克制自己吃与吸收的欲望，要么就会贪婪地不管对方死活。

有个意象就是"衔尾蛇"，即正在吞吃自己尾巴的蛇。

首先，这是会发生的事实，蛇有时候的确会吃掉自己的尾巴。其次，重要的是，这是在各种文化中都会有的一个象征性表达。衔尾蛇有一些经典形象，它可以是一条蛇绕着一个圆，也可以是一条蛇拧成一个平躺的"8"字形。

如果从无穷的时空来看，万物的进化，就像是一条巨蛇在吞吃自己，一边消灭自己，一边又不断地生长，死能量和生能量彻底是一回事，"不生不灭、不增不减、不垢不净"。

这是一个恒常。

即使这样说，但这种说法也不能直接化解你心中围绕着吃而产生的罪疚感。作为一个个体，你受死能量的驱使，还是会想吃东西。同时，不管你是否觉知到，吃是在制造毁灭，这份毁灭的图景都会内化到你的心灵中，带给你罪疚感。

除非你能完整地觉知到"吃"所带来的各种生死体验。你围绕着吃，围绕着你这个个体的生灭，而产生的罪疚感、感恩、嫉羡、死亡焦虑、毁灭欲、创造欲、爱、恨、敌意、善意等所有的人类体验，都是有价值的，具有恒常的意义。

自性化：从生到死的英雄之旅

约瑟夫·坎贝尔的"英雄之旅"的概念，既是对世界各地神话传说的一个研究，也是借用了他的老师荣格的一些概念，特别是"自性化"的概念。

荣格的心理分析流派使用的"自性"一词，对应的英文是 Self，第一个字母 S，是要大写的，所以这很像是"大我"或"真我"之意。中国的心理分析流派的学者则认为，它也可以翻译为"道"。

总之，自性指的是内在本性，它隐然有超越自我之意，而超越自我像是在自我之外寻求大于自我的东西。自性化则指的是，一个人深入自我，成为他自己，反而会发现有更大的存在。

例如，坎贝尔所说的英雄之旅中，通常会有这样的现象，英雄意识到了自己的一些使命，而要去完成这些使命，英雄需要离开自己头脑构建的生活。他们总是很不情愿，但好像有命运一样的力量，不断让他们遭遇一些类似的处境，让他们发现，有一种东西在召唤自己。他们最终破掉自我，接受了这个既像来自外部命运又像来自内心深处的声音的召唤，而踏上英雄之旅。

英雄之旅，会从"分离"开始，即离开自己的本来生活，也像离开母亲的怀抱。听从"冒险的召唤"，经历种种考验，获得"传授奥秘"，再"归来"，成就一番事业。

在《动力：英雄之旅》一文中，我谈到英雄之旅的三个阶段：花园、沙漠和狮子。

"英雄之旅"这个词容易给人一种昂然向上的感觉，但它完整的过程，是自性化的过程。不仅是要展开攻击性，并将其转化成生能量，还要接受无常与死亡，坦然拥抱死能量和死亡。坎贝尔说，弗洛伊德的精神分析理论只强调了太阳升起的过程，而荣格的理论，同样重视了太阳落下的过程。正如我们的一生，从母亲的子宫里诞生，再分离，展开自己的生命，坦然面对死亡，最终进入坟墓，坟墓是黑暗的子宫。

弗洛伊德的视野极其开阔，当然不可能忽视太阳落下的过程，更不可能忽视死亡这件事。他也特别提出了生本能和死本能，认为这是最根本的动力。不同的是，荣格的自性化理论认为一个人的人性最深处，与"道"相连，所以需要活出来，全然意识到它。而弗洛伊德对本我还是有些恐惧，并认为需要用超我去压制。相对而言，弗洛伊德对人性自身总是心怀恐惧。因此也可以说，他的确没有像荣格那样基本上完成了自性化。

弗洛伊德提出了自我防御体系，而防御的就是不愉快的体验。我总结为自体的虚弱和关系中的恨。一谈到死亡、自体的虚弱和关系中的恨，就可以拔高到自体的死亡和杀死对方这样的级别了。也的确可以说，我们惧怕自体的虚弱，就是在惧怕虚弱的自己被别人的恨意杀死，而惧怕恨意，也是惧怕自己的恨意会去杀死别人。所以可以说，自我防御体系防御的是死亡。

我们一再讲"坏"，而最坏的，就是死亡。特别是我们惧怕"好人"或好的东西也会死，而且会死于"坏"。为此，我们构建了复杂的自我防御体系，不断地制造分裂，为的是获得这种感觉："我"和所爱的"你"是好的，是不会死的，而会死的是"它"，制造恨意与死亡的也是"它"。当完整地完成了自性化过程，就会看到，好与坏是一体的，"我""你"和"它"是一体的，都是自我意识所编织出来的。

这个故事太复杂了，复杂到：最善良的，就是最邪恶的；整体维护生的，原来就是制造死的。

其实，你自己不就是这么回事吗？你渴望生，而你活着，就要不断地去吸取能量，不断地制造其他存在的死亡。当不断地这样做时，你怎么还能简单而坦然地认为自己是善良的呢？

我27岁时，和一个女孩谈恋爱，结果她的朋友说："你怎么和那么老的一个男人在一起？"这句话刺激了我，我才意识到：噢，我已经快30岁了，可我才即将硕士毕业，还没怎么挣过钱呢。

后来33岁以及四十多岁，不断地有类似的刺激出现。之所以被刺激到，是因为我在防御中，不想意识到自己不断地走向衰老。即便现在，说到"衰老"这个词，我还是有抵触。

人太容易这样了，所以别说死亡了，连衰老都是难以面对的。弗洛伊德说："说到底，没有人相信自己会死。换句话说，在无意识中，人人都确信自己会长生不老。"

同时，我们会把死亡投射出去，如弗洛伊德所说："另一方面，我们的确承认陌生人及敌人之死，随时希望他们死去，而且对此不做任何过多地考虑。"

并且，遇到伤害与挫败，我们内心会很容易爆发出脾气，诅咒别人"你去死吧"，这是无处不在的死能量。也的确，生死不仅是肉身的，也藏在我们每一个动力中。我们是如此自恋，所以当一个动力实现了，我们就体验到生；当一个动力破灭了，我们就体验到死。这时，就恨不得把死能量切割掉，并甩到别人身上。当要维系肉身的存续时，我们不仅要像衔尾蛇一样一直去吞吃，同时还会不断地将伤害与挫败中的死能量到处扔。所以，我们怎么敢轻谈善良？

当我们极力地、彻底地（即偏执地）去维护一个事物的生时，我们通常就会变成不断制造死亡的"魔鬼"。例如，雅典曾推出德拉科法，对于任何罪行都只有一个惩罚——死刑，即任何损害雅典的行为都得付出死亡的代价。

但无论你怎么努力，你仍然得不断地面临死亡。你挚爱的亲人会死，而你也会生老病死。亲人和你的肉身的死亡会让你没法逃避，会逼迫你去思考和面对死亡。

当一个人完整地领悟到生死时，这才是自性化的完成。什么叫"完整"呢？荣格有一句话："将整个世界，聚于己心。"意思是，你看到整个世界所呈现出来的所有故事，其实都是人性的完整体现，而这外部世界的一切，同样都藏在你的内心。

存在主义哲学家、小说家加缪说："自杀，是唯一一个真正严肃的哲学命题。"还有哲学家说："死亡是唯一严肃的哲学话题。"对此，我的理解是，如果你的肉身可以不死，你能永生，那么，选择这件事就不必严肃对待了。那样一来，人生就像打电子游戏一样，弄错了可以 cancel（取消）。但是，人生选择，尽管是有巨大的试错空间，不过都是不可逆的，你没有后悔药。

所以可以说，正是因为有肉身死亡的存在，选择才变得如此有意义。

并且，选择的确是有维护"小我"的自恋，和臣服于自性大我这样的区别。你越是拼命维护"小我"的存续，就越是怕死。而你越是能完成自性化过程，你会发现"小我"其实和"大我"相连，你就会变得越坦然。

特别是，这件事不能由头脑认识到就可以完成，它必须是一个体验性的，必须经由"我"的选择，必须经由肉身和其他存在的真切碰触才可能完成。

身体的隐喻

2008 年，我开始学催眠等一系列课程，然后发现身体是如此敏感。它比头脑可靠，并逐渐生出了"身体的隐喻"的想法。

我们怎么知道自己的选择是对是错、是好是坏呢？有测量工具吗？身体，就是一个测量选择的仪器。只是，身体看起来太普通了，人很容易忽略它，要等到一些生死级别的大事发生，才能让自己警醒。

你身边可能有这样的故事，一个人面临着重病带来的肉身死亡的威胁，突然间惊醒过来，开始对人生采取一个全然不同的态度，然后他的身体、精神面貌和生活都有了巨大的变化。

对一个人而言，肉身死亡该是最大的无常了。但直面这份无常，可能会让一个人去反思自己的选择，从而去活出新的可能。

人们对身体、心理和灵性这三者的关系，有着非常复杂、矛盾的态度。在咨询中，我常遇到来访者说："我的这个情绪问题都是身体导致的，和我的心理过程没有关系。"

例如，一位患有躁狂抑郁症的来访者，他必须接受药物治疗来控制他的情绪。但他倾向于解释说，他的一切情绪问题都是由药物导致的，特别是他的精神科医生有时会尝试改变他药物的剂量。这时，他更会把这一时期的所有情绪波动都归为药物剂量的变化。

在精神分析看来，这是一种经典的自我防御机制，把难以忍受的情绪、情感都归为药物这个物质因素，就避免了去直面自体虚弱感和关系中的恨。

如果这位来访者能认真地探讨他的情绪波动时，就会看到，他是在回避一切会破坏他自恋的信息。他主要是"否认"的自我防御机制，从而可以将那些破坏自恋的负面信息给切割得一干二净，让自己的头脑自我（即自我1）完全记不住了。但在和我的咨询中，当能仔细地探讨时，他会重现这份信息，而被我看到。

一次咨询中，他讲到，作为领导，在单位讲话时，他常出现卡壳。而我们试着深入探讨他的内在感受时，我们咨询中也出现了卡壳，简直就要进行不下去了。这时候，他说："我们换个话题吧。"这也是他在单位中使用的方法：当卡壳时，他会有意无意地跳转话题。

我说："这是重要的时刻，我们干脆在这儿好好待一会儿吧。"具体的方法是，我们都闭上眼睛，放松地安静一会儿。

这是在拥抱和接纳这个卡壳，而安静了一会儿后，他有了一个极为细腻的觉知。他说，他有很多精彩的体验和想法，而他希望能百分之百地在其他的情境中得以再现，但这总是会受挫。例如开会时，当他发现不能百分之百地完美再现时，他就会失望至极，然后会卡壳。

必须要澄清的是，他说的这个"百分之百"，不是形容，而是真实渴求。这是全能自恋的一种延伸表达，而躁狂抑郁症患者身上的确是有各种对全能自恋的渴求以及必然遭遇的极致挫败。

并且，即便他觉知得如此清楚，可他还是会觉得这是有可能的。只要他再努力一些，别人再配合一些，就可能实现。但这根本是不可能的，毕竟"人不能两次踏进同一条河流"。于是，我们又多做了一些探讨，而他很快认识到，他的这份完美渴求是注定不可能实现的。不过，当他不再渴求百分之百再现，而是能活在当下时，他可能会创造一些新的精彩时刻，并且很可能会比以前表现得更精彩。

这是一个很经典的例子，说明他的情绪波动不是药物所导致的，而是他的内心活动所导致的。

问题是，人为什么会产生这种自我防御机制呢？因为，人容易持有这样一种逻辑：药物不是"我"，当我认为是药物导致了一些问题时，就会保护"我"的自恋；而如果认识到这些问题是内心活动所导致的，那就是"我"导致的，于是自恋就受损了。

生命的意义在于选择，可一选择，就会有漏洞。选择越多，漏洞就越多，漏洞中藏着死能量。而不做选择或少做选择，就像是避开了死能量一样，但这必然会陷入一种封闭、被动的状态。《超体》中将这一状态称为"永生"。

所以，大胆地去做选择，投入各种你所渴望的关系中，勇敢地展开你的生命。同时，开放地感知你的身体——这个关于选择的测量仪器。选择了爱，就敞开地去体验爱；选择了恨，就全然地去感知恨。当身体一再不舒服的时候，也要问问自己是否选择错了。

身体的舒服与疼痛，只是一个初步的信号，当你一直尊重身体的信息时，你就尊重了"真实自体"，然后透过真实自体，就可能会碰触到更根本的存在。那时候，尽管你的身体可能伤痕累累，但你的心灵却会有饱满、丰盛的感觉。这会让你坦然地面对无常，因为你的心灵感知到，在万物流动、变化的无常中，像是有一种无法言说的恒常存在。

你越是不真实，越是没有活出自己，越是没有碰触到那个更大的存在，你才越是在意身体的死亡。在我们的社会中，关于身体的各种保健（例如按摩和养生），之所以那么发达，可能正是因为太多人一生中都没有根据自己的本心去选择，于是他们更加惧怕身体变差，惧怕肉身的死亡。

肉身的死亡会带来一种终极的"拷问"：你对得起这个肉身的一生吗？

互动：不做选择，你连悲剧都不算

在无常面前，我们容易感觉到自我的虚弱，而且无常太残酷，我们也容易觉得自己人生因为无常就像是悲剧一样。可是，如果你没有做主动的选择，那你的人生连悲剧都不算。

这是古希腊哲学的一种表达。古希腊传说中有很多悲剧英雄。例如《俄狄浦斯王》就是古希腊三大悲剧之一，而杀死父亲并和母亲生了四个孩子的俄狄浦斯就是地道的悲剧。虽然有无常命运的驱使，但俄狄浦斯一直在主动做选择。他虽然没有破解命运，但他却是悲剧英雄。

如果一个人从来不怎么做选择，那还是别觉得自己的人生是悲剧，其实不过是无意义的荒诞剧而已。

Q：**如何根据自己的直觉选择？当遇到问题的时候，如何知道自己的选择不是来自头脑或者潜意识，而是顺应存在的无为而为？**

A：如果说选择是一个人的根本问题，那它的确就可能简单，也不可能只有一种选择。

你讲到的有两个层面：一是按照头脑来做选择，还是按照感觉；二是在"小我"框架内做选择，还是顺应更大的。

就第一个层面而言，在"得到"各种专栏中，你都可以看到不同答案。我认为应该像乔布斯倡导的那样，听从内心并尊重感觉，但不少老师也在引用一些专家的话说应该按照理性来做选择。

就第二个层面而言，这就需要讲讲著名的"约拿情结"，这是马斯洛提出来的。约拿是《圣经》中的人物，他不断地逃避上帝赋予他的使命，但后来发现逃无可逃时，决定接受这份使命。很多人不想走上自我实现之路，就是因为"约拿情结"——由"小我"构建的生活。

这些都没有对错，人可以做各种各样的选择。

Q：根本良知，是指人性本善吗？

A：有点儿抱歉，"根本良知"是我自己生造的一个词，这违背了著名的"奥卡姆剃刀定律"。也就是说，如无必要，不增加实体。

德国家庭治疗大师海灵格认为，人都有良知，而且都是处于爱的。只是不同的人站在不同系统的层面上，而去维护这个系统运行机制。例如，一个人可能是在维护小家庭这个系统，可能是在维护大家族的系统，也可能是在维护社会的系统，还可以站在全人类的系统上，甚至整个宇宙的系统上。

但不管在哪个层面的系统上做选择，都必然有二元对立。你维护了它，也就伤害了其他。为了让自己活得不纠结，人容易启动自我防御机制，而不去意识自己的一些罪疚感。

然而，我假定，人从根本上知道自己选择所带来的后果，那些被防御的罪疚感其实仍然在一个人的心灵中存在着。

我说的根本良知，意思是，人从根本上知道所做选择的善恶、对错等一切。